海上风电结构腐蚀防护

姜贞强　王　滨　沈侃敏　著

中国建筑工业出版社

图书在版编目（CIP）数据

海上风电结构腐蚀防护／姜贞强，王滨，沈侃敏著．
—北京：中国建筑工业出版社，2020.6
ISBN 978−7−112−25190−2

Ⅰ．①海…　Ⅱ．①姜…②王…③沈…　Ⅲ．①海风−
风力发电−发电厂−电厂设备防腐　Ⅳ．①TM62

中国版本图书馆 CIP 数据核字（2020）第 089783 号

本书介绍了国内外海洋防腐蚀现状及趋势、海上风电腐蚀环境及腐蚀机理、涂层防腐技术研究、阴极防护技术研究、海工混凝土结构的耐久性与腐蚀防护研究、浪花飞溅区新型防腐技术研究、海上风电涂层防腐测试试验、海洋生物腐蚀污损防护研究、国外海洋防腐技术标准借鉴与分析、海上风电工程基础结构防腐蚀技术导则等，并列举了工程案例及海上风电工程应用，最后给出了结论及建议。本书可供从事海洋风电工作的相关人员及对此感兴趣的广大读者使用。

责任编辑：张　磊
文字编辑：高　悦
责任校对：芦欣甜

海上风电结构腐蚀防护
姜贞强　王　滨　沈侃敏　著

*

中国建筑工业出版社出版、发行（北京海淀三里河路9号）
各地新华书店、建筑书店经销
北京建筑工业印刷厂制版
北京市密东印刷有限公司印刷

*

开本：787毫米×1092毫米　1/16　印张：15¾　字数：390千字
2021年2月第一版　2021年2月第一次印刷
定价：**98.00**元
ISBN 978-7-112-25190-2
（35946）

前　言

风能作为最成熟及最具商业化发展前景的清洁可再生能源，越来越受到世界各国的重视。截至2019年底，全国风电累计装机2.1亿kW，装机容量已跃居世界第一位，其中海上风电累计装机593万kW。腐蚀会造成各行各业，包括冶金、化工、矿山、交通、机械、农业、海洋开发和基础设施等的材料和能源的消耗以及设备的失效，而且还会进一步引起环境污染、爆炸以及人员伤亡等重大问题。2001年，通过对自然环境、化工、交通运输、基础设施、电力系统和能源系统、机械制造以及军事设施与装备等行业的调查，腐蚀造成的国民经济损失约5000亿元，这还是不完全统计，如果加上矿山、冶金、轻工、食品、造纸以及新型海洋工程等的腐蚀，我国的年腐蚀损失会更大，而据我国2013年对工业腐蚀统计，其造成的损失达到1.5万亿。

海上风电属于新生事物、交叉领域，海上风电机组的设计寿命一般为20～25年，由于海洋复杂的运行环境，防腐蚀问题尤为突出，其防腐系统的可靠性与安全性对风机的安全运行有直接影响，对其防腐系统进行研究具有极为重要的意义。

在浙江省深远海风电技术研究重点实验室和中国电建集团华东勘测设计研究院有限公司的组织下，本书调研收集了国内外海洋工程防腐蚀主要技术发展历程及趋势，通过对国内外大型海上风电场、海上石油平台、海底管线、港口、码头等海洋海岸工程进行调研分析，总结归纳海上风电场工程防腐蚀的关键性问题，并分别论述海上风电腐蚀环境及腐蚀机理、涂层防腐技术、阴极防护技术、海工混凝土腐蚀性及耐久性、海洋浪花飞溅区特种防腐、海生物腐蚀污损防护等。本书的编写得到了国家自然科学基金重点项目（51939002）、面上项目（52071301）以及浙江省自然科学基金青年基金项目（LQ19E09002）的大力支持。

总体而言，本书内容并非某种新型结构或技术的发明，更重要的意义在于其广泛的调研分析，结合实际工程应用提出科学合理的集成式解决方案，并针对中国海上风电腐蚀防护领域的现状，提出革新与优化的思路等。本书主要研究内容为：

（1）调研分析了国内外海洋钢结构及混凝土结构腐蚀防护方法发展过程，海洋重防腐与腐蚀配套技术的进展及未来发展趋势。

（2）海洋工程钢结构，长期处于海洋大气、浪溅、水位变动、水下和泥下的复杂腐蚀环境中，在不同的水位区域其腐蚀行为有着明显的区别，分析了在该环境下金属腐蚀主要是发生化学或电化反应，金属由单质变为化合物的过程，这一腐蚀机理过程既涉及使腐蚀能够进行的热力学问题，同时也涉及影响腐蚀速度的动力学问题；海洋工程混凝土结构的腐蚀和破坏机理众多，主要是：氯盐腐蚀机理、氯离子的导电作用、混凝土碳化、碱－集料反应、硫酸根离子腐蚀、镁离子破坏、冻融破坏和钢筋锈蚀作用等。

（3）对海洋工程的涂层防腐蚀技术进行了相关的调研分析，对涂层发展及海工重防腐主要品种进行了论述，并结合国内外海工重防腐的主要供应商说明其典型涂层配套体系，说明了涂层防腐蚀技术的施工工艺及关键环节，提出了涂层施工主要缺陷及修补方案，对风机基础运输、安装等过程中可能造成的涂层损坏提出其现场修补的技术要求。

（4）通过对牺牲阳极和外加电流的阴极保护法的调研分析，比较得出两种阴极防护措施的优缺点及适宜性，分析两种阴极防护技术的设计计算原理，并率先在实际工程中采用较为新型的外加电流阴极保护及监检测系统，通过工程实证研究，提出阴极防护技术的具体要求。

（5）混凝土材料在国内研究广泛而深入，以前的经验认为混凝土材料的自身抗腐蚀性很强，而调查沿海的港口码头工程看到实际腐蚀的情况触目惊心，通过相关研究，认识到混凝土结构的腐蚀防护应与其耐久性密切结合，分析提出提高混凝土耐久性的具体措施及详细参数要求，并针对钢筋混凝土提出硅烷化、环氧钢筋处理等联合保护措施。

（6）长期以来，海洋浪花飞溅区的腐蚀防护都是腐蚀界最为关注的技术难题，通过广泛调研海洋浪花飞溅区的防腐措施，如海工重防腐涂层、添加合金元素的特种钢材、金属热浸镀层、金属热喷涂、铜镍合金防护、包覆防腐蚀等，分析其机理及应用情况，并依托实际工程应用及电位监测，提出海洋浪花飞溅区几种适宜的防腐解决方案。

（7）本书在国内外海工涂料供应商中选择了4家涂料厂家的5种型号的涂料，委托第三方测试机构进行测试，总体而言，测试结果能较客观地反映在试验中的几种规格涂料的各项性能，基于测试试验及工程应用情况，提出防腐涂层性能测试项目及性能具体要求。对涂层测试建议开展的项目包括：漆膜厚度检测、耐冲击性能测试、耐磨性能测试、柔韧性试验、耐海水浸渍及腐蚀性蔓延试验、耐盐雾试验、耐湿热试验、边缘保持性试验、耐人工循环老化试验、耐阴极剥离性试验等。

（8）海洋生物腐蚀与海洋生物污损息息相关，控制海洋生物污损是最有效的控制海洋生物腐蚀的策略。本书分析了海洋污损生物群落的形成过程及附着机理，并分析提出物理防污法、化学防污法和生物防污法等三大类生物污损防护方案。在实际工程中，实施了添加辣椒素及ICCP阴极防腐并防污系统，并通过工程反馈其生物污损防护效果，对未来海洋生物腐蚀与污损防护的做了相应的趋势分析。

（9）结合前述的ISO 12944、NACE等标准、本阶段研究成果以及在海上风电实际工程应用的情况，提出我国海上风电工程基础结构防腐蚀技术导则，导则内容包括：一般要求、钢结构基础典型防腐蚀配套系统、钢筋混凝土基础防腐蚀指导建议及要求、重防腐涂层测试要求、重防腐涂层施工技术要求、阴极保护系统技术要求、防腐系统运行期检查与维护要求等。其中“钢结构基础典型防腐配套系统”“钢筋混凝土基础防腐指导建议及要求”等章节内容，可供海上风电工程防腐配套选用时参考；而“重防腐涂层测试要求”“重防腐涂层施工技术要求”“阴极保护系统技术要求”“防腐系统运行期检查与维护要求”等章节内容，则可为海上风电工程基础结构防腐蚀实施过程中的材料、测试、施工、检验等各环节应遵照技术标准的参考。总体而言，该导则对于工程设计、施工、检验、工程管理等具有一定的实际指导意义，并可供后续海上风电工程防腐蚀方面的技术规范编制、标准修编等参考使用。

（10）总体而言，国内海洋防腐领域技术水平及行业标准与欧洲差距较大，而海上风电又属于新型领域，虽然国内有机构制定了《海上风电场钢结构防腐蚀技术标准》NB/T 31006—2011 等能源行业标准，但上述标准仍是基于原港口水运行业钢结构及钢筋混凝土防腐提出来的，规范内容及深度尚不够细化与具体，本书借鉴了 ISO 12944 及 NACE 标准的经验，针对海洋防腐蚀几种主要技术方案提出较为具体的技术要求。

由于作者水平有限，本书不足之处在所难免，希望读者批评指正。

目　录

第1章 绪 论

1.1 海上风电与腐蚀防护概念

1.1.1 能源及海上风电发展背景

能源是经济和社会发展的重要物质基础。工业革命以来，世界能源消费剧增，煤炭、石油、天然气等化石能源资源消耗迅速，生态环境不断恶化，特别是温室气体排放导致日益严峻的全球气候变化，人类社会的可持续发展受到严重威胁。目前，我国已成为世界能源生产和消费大国，但人均能源消费水平还很低。随着经济和社会的不断发展，我国能源需求将持续增长。增加能源供应、保障能源安全、保护生态环境、促进经济和社会的可持续发展，是我国经济和社会发展的一项重大战略任务。为减少对一次能源的依赖，保护人类的生存环境，我国政府已承诺走可持续发展的道路，明确经济的发展不以牺牲后代生存环境、资源为代价，并研究、制定和开始执行经济、社会和资源相互协调的可持续发展战略。

风能作为一种清洁的可再生能源，越来越受到世界各国的重视，而随着风力发电技术的日趋成熟，依靠风力发电来增加能源供应的方式越来越受到世界各国的青睐，近十年来风力资源的开发利用得到迅猛的发展。当前，全球已经有70多个国家和地区都在不同程度地发展风电，并制定了一系列鼓励政策来促进风电产业的发展。全球风电产业正以每年超过25%左右的速度快速增长。

为实现国家经济社会发展战略目标，加快能源结构调整，国家相继出台了《可再生能源法》《国家能源发展“十三五”规划》《可再生能源发展“十三五”规划》指导可再生能源的发展。国家能源局在此基础上于2016年12月发布了《风电发展“十三五”规划》，提出了风电发展的具体目标和建设重点，并对2020年以前风电的发展进行了展望，是“十三五”我国风电发展的基本依据。

按照《风电发展“十三五”规划》，计划到2020年，全国海上风电开工建设规模达到1000万kW，力争累计并网容量达到500万kW以上。截至2019年底，全国风电累计装机2.1亿kW，装机容量已跃居世界第一位；其中海上风电累计装机593万kW，位居世界第三位，新增容量连续两年位居世界第一，已提前完成“十三五”规划任务。

广阔的海洋因其拥有丰富、稳定的风能资源，早已引起了人们的关注。但是，由于海上施工作业难度大，复杂多变的海洋环境对机组质量、可靠性的要求较高，运行维护成本高，海上风力发电的发展一直比较缓慢。近年来，随着欧洲各国陆上风电开发趋于饱和及近海风力发电技术有了突破性进展，海上风电开发开始加速。

2000年，丹麦在哥本哈根湾建设的世界上第一个商业化意义上的风电场，安装了

20台2.0MW的海上风机并运行至今。2003年，当时世界上规模最大的Nysted海上风电场在丹麦Lolland建成，总装机容量为165.6MW，离岸距离9km，水深6～10m，共安装了72台Bonus2.3MW风电机组，也标志着欧洲海上风电开发技术逐步成熟。据最新资料统计，全球最大的海上风电场——英国的London Array近海风电场已完成一期630MW的工程建设，最终规模将达到1000MW。

我国海上风电起步较晚，虽然自国家政策层面在积极推动，2005年国家已颁布《可再生能源发展"十一五"规划》提出，主要在苏沪海域和浙江、广东沿海探索近海风电开发的经验，打造百万千瓦级海上风电基地的目标，后续相继出台《国家能源发展"十二五"规划》《可再生能源发展"十二五"规划》，并要求各省编制省级可再生能源、风电的总体规划。但真正实施的海上风电项目很少，截至目前，全部统计已建成的仅有：中海油绥中36-1试验风电机组、科技部江苏响水海上风电试验机组、江苏如东30MW潮间带试验风电场、上海东海大桥100MW示范风电场、江苏如东150MW海上风电示范工程、江苏如东试验风电场扩建项目、江苏如东海上风电示范项目增容50MW工程，总装机规模仅约400MW，占我国风电总装机的4.4‰。

目前，江苏、上海、浙江、广东、海南、河北、山东等沿海省份都制定了各自海上风电发展规划，一些海上风电项目也相继规划成型。据各省规划，可开发的规划海上风电场规模均达到1000万kW甚至2000万kW。例如，江苏省海岸带面积较大，其中海岸滩涂面积在5000km^2，海岸带宽度面积在50km以上，具有沿海风能资源和技术开发的双重优势。《江苏省风力发电发展规划（2006～2020年）》提出，到2010年，全省风电装机达到150万kW，均为陆地风电，风电装机占全省装机容量的2%；计划到2020年，全省风电装机容量达到1000万kW，其中陆地300万kW，近海风电700万kW，风电装机占全省装机容量的5%左右；远期形成2100万kW风电装机容量，其中，陆地风电300万kW，近海风电1800万kW，打造江苏沿海风电"海上三峡"。其他沿海省份亦有类似规划，可以预期，随着我国海上风电技术的不断发展和经验的逐步积累，我国海上风电将迎来一个快速发展的时代。

1.1.2 海上风电防腐的必要性

腐蚀会造成各行各业，包括冶金、化工、矿山、交通、机械、农业、海洋开发和基础设施等的材料和能源的消耗以及设备的失效，而且还会进一步引起环境污染、爆炸以及人员伤亡等重大问题。基于对腐蚀造成的严重危害的认识，工业发达国家都对腐蚀造成的损失进行了调查。1999年美国由CCTcchnologies Laboratories和NACE International负责执行，由交通部（DOT）的FHWA管理的腐蚀调查数据表明，1998年总的腐蚀损失为每年2757亿美元，直接经济损失为1379亿美元。

我国自1999年启动的中国工程院咨询项目"中国工业与自然环境腐蚀问题调查对策"，历时3年，于2001年基本完成。腐蚀调查涉及了自然环境、化工、交通运输、基础设施、电力系统和能源系统、机械制造以及军事设施与装备等，统计我国腐蚀造成的损失约5000亿元。这还是不完全统计，如果加上矿山、冶金、轻工、食品、造纸以及新型海洋工程等的腐蚀，我国的年腐蚀损失会更大。而随着近十几年经济高速发展，相应的腐蚀损失也呈高速增长态势。

海上风电属于新生事物、交叉领域，海上风电机组的设计寿命一般为20～25年，由于海洋复杂的运行环境，对风机基础、塔架、主机部件等风电机组结构提出了很高的防腐技术要求。据腐蚀环境划分，空气腐蚀环境为C1、C2、C3、C4、C5，而水体及土壤环境区域属于Im1、Im2和Im3，海上风电机组所处的海洋环境即属于较为严酷的腐蚀环境C5（海洋大气区）、Im2（海水）和Im3（海泥区）的环境。根据目前掌握的资料，我国沿海多为淤泥质软土地基、温带海域，海上风机基础基本均采用钢结构或钢筋混凝土基础结构，由于长时间受潮水水位变化的影响，防腐蚀问题尤为突出，其防腐系统的可靠性与安全性对风机的安全运行有直接影响，对其防腐系统进行研究具有极为重要的意义。

1.2 海上风电结构腐蚀防护技术

1.2.1 腐蚀防护技术概述

本书主要从以下几点介绍海上风电技术及其工程应用：

（1）国内外海洋工程防腐蚀经验总结。通过对国内外大型海上风电场、海上石油平台、海底管线等海洋工程进行调研分析，总结归纳海上风电场工程防腐蚀的关键性问题以及主要的防腐蚀措施。

（2）海洋腐蚀环境分析与腐蚀机理研究。结合我国东南沿海的海水水质、区域气象、水文环境，对海上风电场的钢结构及混凝土结构的腐蚀机理进行归纳总结。

（3）重防腐涂层技术研究。重防腐涂层技术现已成为海洋工程防腐蚀的主要手段之一，而且也是最有效的手段。本书通过对重防腐涂层的发展调研，提出适合于海洋环境的主要重防腐涂层的保护机理和特性等，并通过测试试验、依托实际工程现场的检测等手段对多种防腐蚀涂料防腐蚀性能进行比较分析，确定适宜海上风电场工程的重防腐涂层配套体系。

（4）阴极保护技术的研究。阴极保护技术是对水下区及泥下区钢结构进行腐蚀防护的主要手段，在海洋工程中重防腐涂层＋阴极防护是应用最成熟最广泛的联合防腐系统，本书将主要研究牺牲阳极阴极保护和外加电流阴极保护技术的关键技术问题和难点，分析其在海上风电工程实施的难点、优缺点、技术控制手段及解决方案。

（5）依托实际工程开展防腐蚀方案应用及实证研究。根据前述研究成果，对依托的海上风电场试验及示范工程，通过比选，确定技术先进、经济合理、质量可靠的防腐蚀方案，并对工程实施过程及实施后的情况进行检测分析，论证主要防腐配套方案的有效性，并提出相关建议。

（6）对海洋生物腐蚀防护技术开展研究。虽然海洋防腐研究较早，但对于海洋生物的防护、海生物对防腐系统的影响等方面开展的深入调查及研究较少，本书拟针对该问题，开展相关的研究，并提出经济、适用的方案供实际工程参考。

（7）防腐工程施工技术的研究。对风电场工程防腐蚀施工关键难点进行分析，研究采用有效的技术手段提高防腐蚀方案施工可靠性，从而提高海上风电工程防腐蚀耐久性。

1.2.2 腐蚀防护技术难点

结合前期工作要求以及项目研究中相关调研分析看，海上腐蚀防护及海生物污损防护领域主要技术难点有：

（1）根据前期调查情况来看，目前海洋工程中涂料防腐蚀年限能达到20年以上的品种较少，本书根据目前海洋工程中主流防腐蚀涂料性能，结合海上风电场工程特点，通过试验、检测的方式寻找海洋工程中合适的防腐蚀涂料，并制定科学、合理的运行、维护方案。

（2）海上风电工程一般离岸距离较远，受波浪、潮流、雾、雨等恶劣气象条件的影响，海上风电场运行维护困难，对风电场防腐蚀系统的防腐蚀效果检测特别是水下防腐蚀系统的检测，难度大，代价高；因此如何将海上风电防腐蚀系统与风电场监测控制系统相结合，提供风电场运行维护效率是风电场防腐蚀研究的另一个难点。

（3）根据目前已建海上风电场、跨海大桥工程、海洋工程防腐蚀情况看，海洋生物附着对于基础结构的防腐蚀效果有较大的影响，目前尚无较好的办法解决该问题，因此在海上风电场工程中寻找到对海洋生物附着具有较好防治效果的方法具有一定的难度。

（4）国内外对于海洋防腐防护研究较早，也取得可喜的成绩，腐蚀防护的手段、方法及技术标准已日渐完善，但对于海洋生物的防护、海洋生物对防腐系统的影响等方面开展的深入调查及研究较少，目前国内外应用最广的方法主要是在涂料或包覆材料等防护层中添加铜、锡等毒性金属或其他毒性物质，对海洋环境及生物造成了一定的破坏，因此欧美国家甚至禁止此类防污涂料在海洋工程中的应用，调研研究对环境友好、并具有长效作用的生物污损防护措施甚为重要。

（5）我国各行业的腐蚀防护标准普遍比较陈旧，对防腐蚀的研究不够深入，规范更新速度也普遍较慢，甚至部分20世纪八九十年代的规范尚在使用。而近20年来国外对于防腐设计及施工方面则陆续提出成套的规范体系，如ISO、NACE、ASTM、PROSIO、SSPC等，规范对于防腐实施的设计、施工、认证、检测、维护修复等均提出较严格且可执行的规定。我国海上风电领域的防腐蚀基本参考相关行业的标准执行，除规范本身的局限性以外，也缺少针对性及适应性。因此，本书中对该方面也做了一些相关分析研究，拟对海上风电防腐蚀设计及施工规范的现状、编制提出相关的技术性建议，并重点对防腐系统的测试手段、性能要求、施工要求、监检测要求提出建议。

1.3 海上风电结构腐蚀防护应用与创新

本书调研收集了国内外海洋工程防腐蚀主要技术发展历程及趋势，通过对国内外大型海上风电场、海上石油平台、海底管线、港口、码头等海洋海岸工程进行调研分析，总结归纳海上风电场工程防腐蚀的关键性问题，对海上风电钢结构及钢筋混凝土结构腐蚀机理开展调查研究，并分别论述海上风电腐蚀防护发展趋势、涂层防腐技术、阴极防护技术、海工混凝土腐蚀性及耐久性研究、海洋浪花飞溅区特种防腐、海生物腐蚀污损防护等。

总体而言，本书并非某种新型结构或技术的发明，更重要的意义在于其广泛的调研分析，并结合实际工程应用提出科学合理的集成式解决方案，针对中国海上风电腐蚀防护领域的现状，提出革新与优化的思路等，在我国最早的潮间带海上风电场中进行应用及实证研究。梳理本书的主要创新点有：

（1）通过对海洋涂层防腐蚀技术的系统分析，并重点针对海洋浪花飞溅区特种防腐研究，提出了适宜于海上风电不同区域的涂层配套方案，并在多个海上风电工程中成功应用。

（2）综合国内外腐蚀防护领域技术标准，通过试验验证，首次建立了海上风电工程不同腐蚀环境的防腐涂层性能测试项目及指标。

（3）通过对牺牲阳极和外加电流的阴极保护法研究，首次在海上风电工程中采用新型的外加电流阴极保护及监检测系统，并提出阴极防护的技术要求。

（4）系统提出了适宜于海上风电风机基础结构防腐系统的材料、施工、测试、修复等技术方案。

（5）通过广泛调研海洋浪花飞溅区的防腐措施，分析其机理及应用情况，并依托实际工程应用及电位监测，提出海洋浪花飞溅区几种适宜的防腐解决方案。

1.4 海上风电结构腐蚀防护经济效益

本书技术研究成果已成功应用于江苏如东 30MW 潮间带试验风电场、江苏如东试验风电场扩建项目、江苏如东 150MW 海上风电示范工程、江苏如东海上风电示范项目扩建 200MW 工程等海上风电项目中，总装机容量占国内已建海上风电装机容量的65%，经过工程运行期监测结果看，防腐效果理想，在 2011～2013 年度上述工程也获得了中国电力优质工程奖、中国水电行业优秀设计一等奖、中国电力科技进步一等奖等奖励，研究成果切合实际工程需要，有着进一步推广的重要价值。

相关成果已应用在浙江普陀 6 号海上风电场 2 区工程、江苏响水 200MW 近海风电示范工程、中广核如东 150MW 海上风电示范工程、福建普陀南日岛 400MW 海上风电场项目、华能如东 300MW 海上风电场项目、中电投江苏滨海海上风电场工程等项目中。我国海上风电规划容量巨大，《可再生能源发展“十二五”规划》计划 2020 年前建成 3000 万 kW 的海上风电场，而各省的风电长期规划容量则更高，本书中的成果推广应用前景广阔。

2001 年，通过对自然环境、化工、交通运输、基础设施、电力系统和能源系统、机械制造以及军事设施与装备等行业的调查，腐蚀造成的国民经济损失约 5000 亿元，这还是不完全统计，如果加上矿山、冶金、轻工、食品、造纸以及新型海洋工程等的腐蚀，我国的年腐蚀损失会更大；国际上常规测算每年腐蚀造成的损失占到 GDP 的3%～5%，我国 2013 年统计工业腐蚀造成的损失达到 1.5 万亿。若按照等比例测算（实际上海洋工程腐蚀造成的损失更高），以腐蚀防护的优化方案 50% 的成本节约计，2020 年前可解决经济损失达到 100 亿。

总体而言，本书内容切合工程实际，具备重要的推广意义，技术经济及社会效益显著。

第 2 章　国内外海洋防腐蚀现状及趋势

2.1　海洋钢结构腐蚀防护方法发展过程

海洋防护技术是人类开发海洋、令海洋造福于人的重要技术领域之一，其中大部分属于防腐蚀技术。随着海洋石油开采、海底输油管线、海上船舶等海上工业的发展，防腐蚀的技术应运而生，并得到蓬勃发展。从 1779 年英国造成的科尔布鲁克德尔大桥至今的 200 多年历史中，腐蚀问题的防护方法大致经过以下几个阶段：

（1）早期工业发达国家由于钢铁种类比较少，钢结构大桥主要采用厚度较厚的大口径钢管、钢材，主要依靠钢材自身的腐蚀余量来达到设计寿命。这种方法浪费大量钢材，且制造和安装费用高，施工周期长，在海洋腐蚀环境由于局部腐蚀和应力腐蚀等不可预见性的破坏导致桥梁过早地报废之事屡见不鲜。

（2）近 50 年来材料学家研制多种耐海水用合金钢，包括 10CrMoAl、316L 和蒙纳尔合金等，虽然其腐蚀速率较普通碳钢低 2 倍多，但价格昂贵，在焊接和应力集中处产生严重的点腐蚀问题，严重降低了使用的安全性。

（3）20 世纪 50 年代（1953～1955 年），美国欧文斯－科宁玻璃纤维公司研制开发出“玻璃鳞片”，并将它与有关树脂混合制成鳞片涂料，用于重防腐领域。20 世纪 80 年代，比利时科学家开发出性能较为优异的高富锌重防腐涂料——Ziga，又名“锌加”。“锌加”是高纯度（99.995%）的锌粉和挥发性溶剂、树脂制成的单组分涂料。与双组分富锌涂料和其他一些单组分富锌底漆相比，“锌加”的含量极高（干膜中含纯锌量高达 96% 以上），溶剂中不含甲苯、二甲苯等有机溶剂，涂料中无 Pb、Cd 等重金属，而且它对钢铁有双重保护功能（阴极保护和屏障式保护），因此，“锌加”在桥梁、隧道、集装箱、船体、污水处理、贮罐等领域得到了广泛的应用。此后，日本罗巴鲁（Roval），我国深圳的彩虹、珠海的冠宇等单位也相继成功研发了类似“锌加”的高富锌防腐涂料。

（4）在 20 世纪 70 年代初期，美国人发明了一种特殊的表面处理新工艺——达克罗（在被涂物件上形成锌铬膜的一种全新的防锈技术），它具有不产生氢脆、防蚀能力强、对环境污染少等一系列优点，从而引起了世人的关注。1976 年前后，它先后被转让给美国的 M.C.I 公司、法国的 DACRAL 公司和日本的 NDS 公司。1990 年，我国由于汽车工业发展的需要，从日本引进了这种工艺，并作为一种比较清洁的生产方式而加以推广。迄今，达克罗工艺在我国已形成了一个崭新的产业。

（5）在钢结构尤其钢管桩表面通过包覆某种材料进行防腐蚀，在 20 世纪 80 年代和 20 世纪 90 年代是比较普遍的防腐蚀措施，在钢结构表面包覆不饱和聚酯和环氧树脂玻璃钢、热收缩 PE 材料、工厂区 PE 塑料挤出包覆夹克材料、包覆水泥和防护涂料联合措施、包覆耐腐蚀金属膜以及近些年采用的包覆 PTC（复层包覆保护）技术等。

（6）自从阴极保护方法技术开发以来，在桥梁、石油平台等海洋工程的腐蚀和防护中应用得相当普遍，但由于在海水中裸露的钢柱上安装阴极保护所需的电流密度太高，通常设计寿命在10～20年，电绝缘性低，保护范围和保护均电位性差，需要安装的阳极块太多，施工进度缓慢。对于安全运行周期较长的海洋结构应用这种方法，需多次更换阴极材料才能达到防护要求，以保障结构长运行的可靠性和整体维护的经济性，这对于运行、维护较为困难的海洋工程而言是较难让人接受的，所以近20年来高性能的牺牲阳极材料逐步被开发出来，单体使用寿命达到30年以甚至更长。

（7）为了改善阴极防护防腐蚀保护的缺点，国内外对海洋防腐蚀技术进行了长期的研究，近30年来海上防腐蚀保护主要采用阴极保护加涂层联合保护的方法对海洋工程基础钢结构进行防护，而涂层保护的范围在大气区、飞溅区和潮差区居多；在海水全浸区和泥下区还是以阴极保护进行防护为主。

（8）通过对金属腐蚀电化学的研究以及恒电位仪等核心部件的技术进度，近20年外加电流的阴极保护（ICCP）也在海洋工程中得到推广应用，特别是对于具备供电条件的海上风电场中，已有不少项目以ICCP来替代更为传统的牺牲阳极方式，并配套智能化程度较高的监检测系统。

2.2 海洋钢结构腐蚀防护与防腐配套技术进展

自20世纪60年代海洋防腐蚀技术取得一系列重大进展，值得我们充分借鉴，这些进展主要有以下几方面。

2.2.1 海洋钢结构腐蚀防护技术的进展

（1）重防腐涂料——厚浆涂料的开发并成为防腐主体品种

美国和日本是两个海洋大国，也是海洋工业最为发达的国家之一，较早就研究并提出重防腐蚀涂料并用于海洋工程。重防腐蚀涂料比常规的防腐涂料的寿命要提高两到三倍，具有极大的经济价值，目前主要重防腐涂料有：乙烯树脂厚浆涂料、氯化橡胶厚浆防腐涂料、环氧焦油沥青厚浆防腐涂料、聚氨酯沥青厚浆涂料等。厚浆涂料涂层厚度也由最初的一道涂50～60μm，发展到一道涂400μm甚至1000μm，因此采用这样厚度的涂料仅涂1～2次即可满足大多数海洋工程的重防腐的要求。

（2）玻璃鳞片涂料

目前国外研制的不饱和聚酯和鳞片状的玻璃填料配合而形成聚酯玻璃片增强涂料，涂1～2道即可耐海水飞溅侵蚀15年以上，其底材处理方式与环氧涂层和乙烯涂层要求相同。玻璃片涂料的品种主要有环氧沥青型、环氧胺固化型、聚酯型、环氧型涂层。近年来厚度达300～1000μm的玻璃片涂料，已经进入实用阶段，鉴于鳞片状的玻璃能提高涂层的耐水汽渗透、耐化学性，主要用于海上钻井平台钢结构的防腐蚀保护。

（3）无溶剂型重防腐涂料

无溶剂型重防腐涂料既能达到长效防腐蚀，保护海洋钢结构，又没有溶剂散落在海水中，保护海洋环境的目的。该防腐涂料对于水下设施的防腐尤为重要，具有较广的发展前景。该技术的关键是低黏度活性稀释剂和低温能适应潮湿甚至水下可用的固化剂。随着水下施工配套技术的发展，水下直接施工的无溶剂型涂料，在国外已愈加受到重视，他们中的代表形式主要为无溶剂环氧型、无溶剂聚氨酯型、无溶剂聚氨酯-玻璃鳞片配合型涂料，一次可厚涂 500～1000μm，在复杂海洋工程、寒冷海域等条件较为苛刻的海洋环境中应用较为广泛。

（4）渗锌或富锌涂层

实践表明，在海洋及恶劣的工业大气环境下，渗锌层优于热镀锌、电镀锌和不锈钢。如在同一腐蚀环境中，不锈钢于 600d 后其表面已布满了锈点，而渗锌产品在 1600d 后，其表面仍无锈迹。渗锌产品可以与涂料结合形成复合防护层。由于渗锌层与防腐涂料具有良好的融合性，所以其与结构物表面的结合力也较高，并且具有较优异的耐磨性和耐擦性，涂覆工艺基本无污染。

（5）交美特

欧盟《未来化学品政策战略》（白皮本）已经出台，《关于化学品注册、评估、许可和限制》（简称 REACH）的法案已在 2006 年实施。由于对 Cr（Ⅵ）认识的深化，已用法规的形式限定了它的含量。在此情况下，原认为比较环保的达克罗工艺，由于在正常工艺规范操作下，还有少量的铬以可溶性 Cr（Ⅵ）的形式保留在达克罗涂层中。法国 Dacral 公司更改了达克罗涂液的配方，推出了 Dacromet LC 的低铬达克罗。美国 MCI 公司研发了不含铬的交美特涂层来取代达克罗涂层。用于紧固件和小零件的交美特涂层。交美特涂层完全保留了达克罗高抗蚀、涂层薄、无氢脆的优点，有效地解决了有害的 Cr（Ⅵ）的问题，从真正意义上实现了清洁生产，满足了欧盟有关法规对产品制件中所提出的环保要求，因而无铬达克罗工艺必将在不久的将来完全取代电镀锌、热镀锌、电弧喷锌和旧有的达克罗工艺。这是时代的要求，也是技术进步的必然趋势。

（6）聚脲弹性涂料

喷涂聚脲弹性涂料是继高固体分涂料、水性涂料、紫外光辐射固化涂料、粉末涂料等低（无）污染涂料之后，为了适应环保的需求而研发的一种新型无溶剂、无污染的涂料产品和施工技术。聚脲涂料是一种弹性体物质，疏水性强，对环境温度不敏感，甚至可以在水上、冰上喷涂成膜，在极其恶劣的情况下也可正常施工。而且涂膜致密、连续和无接缝，既柔韧有余，又刚性十足，能完全隔离空气中的水和氧气（O_2）的渗入，防腐性能十分优异。聚脲涂膜同时还具有耐磨、防水、抗冲击、抗疲劳、耐老化、耐高温、耐辐射等多种功能。目前，聚脲弹性涂料已在海洋结构的海洋灯塔、水池防水、船舶中得到应用。

2.2.2　防腐配套技术发展

（1）防腐涂料配套技术发展

好的防腐涂料还需先进的配套技术，才能获得有效的保护涂层。随着科技的发展，特别是电子计算机的应用，大大提高了人们对信息的处理能力，加快了配套技术的完善和实用速度。20 世纪五六十年代，人们只注意涂料品种的自行配套或不同涂料品种的简单配套。70 年代首先扩大了防腐底漆的研制和应用范围，美国北卡罗来纳州 Kure 海滨设施采用无机富锌底漆现已有 30 多年的历史，至今仍完好，其关键因素即是涂料配套合理，施工表面处理严格。随着海上石油工业的发展，环氧富锌底漆和无锌底漆也开始更新，20 世纪 80 年代推出厚膜富锌底漆，这一突破性进展，明显提高防腐涂层的抗冲、耐磨、柔韧性和施工适应性，为多宗涂料的配套使用提供了可能。

目前运用较为成功的防腐涂料配套技术有：无机富锌底漆一道＋厚浆型乙烯涂料三道美 Moibil，一般大修期 10 年以上，该类型防腐涂层主要运行在海上石油平台上，在墨西哥湾采用平台有较多应用；无机富锌＋乙烯树脂涂料配套体系，主要用于英国北部北海油田和北欧油田；无机富锌＋厚浆氯化橡胶体系、乙烯－丙烯酸体系等在海洋及海岸工程中也有较广泛的应用；近 30 年，厚浆型纯环氧或聚氨酯玻璃鳞片涂料在海上石油平台及海上风电基础上得到很大的推广应用。

（2）阴极防护＋厚浆型海工涂料＋腐蚀裕量的联合防护

近 30 年来，随着海洋工业技术进步、经济发展以及世界各国对海洋工程的重视，海洋工程结构往往不再是某一种防腐方式，而是涂料、阴极防护、预留腐蚀裕量甚至增加一些特种防腐的联合防护方案，比如在海洋固定平台中，厚浆型纯环氧或聚氨酯玻璃鳞片涂料＋牺牲阳极或外加电流＋预留腐蚀裕量就是备受推崇的联合防护体系。

（3）新型毒剂长活性无污染防污技术发展

海洋生物特别是藤壶、海鞘、藻类对海洋钢结构构筑物的污损破坏也是相当严重的，因而关于防污技术的进展，也是海洋工程作业所关心的重要问题。长期以来在海上工程中采用 Cu_2O 做毒剂，近年来又大量采用有机锡化合物做毒剂，防止海洋生物对海上钢结构的污损破坏。这些毒剂防治海洋生物的效果虽好，但可食用的海生物（鱼、虾、贝类）也受到毒害，威胁到海系生物链，甚至危及人类自身。近年来，由于人们对环保的日益重视，相关国家正在制定限制含锡等重金属毒料的防污漆的处理措施，研究重心转向到新型毒剂，即只针对有污损能力的海生物，不污染海洋的毒剂。目前已研制的新型防污漆主要有氨基酸改性氯化橡胶防污漆、马来酰亚胺－蔗糖化合物等新型毒剂。

（4）无附着防污技术发展

无附着防污技术主要通过增加构件表面的光滑度，令海生物无法黏附和生长，从而达到防污的目的。目前已研制的室温固化硅橡胶，加入特殊石蜡或硅油制成的无毒剂防污涂料；英国 Thornton 公司近年开发一种更为经济有效的硅橡胶－普通矿物油胶层，可慢慢连续渗出矿物油防止海生物污损；美国海军研究所在聚氨酯涂料中分散有聚四氟乙烯粉末，这种涂料虽不能有效防止海生物附着，但可简易清除，是一种既经济又适用的防污处理措施。目前在海洋防污领域，虽有各式各样的进展，但在国内尚无非常具有突破性的材料与技术。

2.3　海洋钢结构防腐技术发展趋势

21 世纪世界经济将迈入海洋经济时代，辽阔的海洋有待我们进行合理的开发利用，海洋防腐蚀防污技术大有用场，也具有较广阔的发展前景。尽管现实中存在许多不利的因素，这些技术的发展需要在实践过程中不断地积累经验得到提高，有时可能还会很不顺利，但总的发展趋势是防腐防污愈加受到人们的重视，其发展速度、形式和内容都将深刻影响技术进步的进程。

为了解决钢材表面在苛刻工况条件下的重防腐问题，世界各国的科学家们利用各种不同的防腐蚀机理和复合的防腐蚀技术，开发出许多不同的重防腐涂层，以适应各行各业的防腐蚀需求。如利用改变钢材原有的组成和结构达到防腐目的，开发了粉末渗锌、多元合金共渗等方法；利用延长腐蚀介质到达基体的时间（延长基体的使用寿命），发明了鳞片涂层；利用屏蔽加阴极保护的原理，开发出了达克罗、交美特、“锌加”等等。在科学技术飞速发展的今天，人们在创造出空前巨大的物质财富的同时，在可持续发展的道路上，却出现了难以克服的巨大瓶颈。资源、能源的大量消耗，迫使人们开发节能降耗、低碳、与人友善、与环境友善的新技术。

随着科学技术的不断进步，海洋防腐技术发展主要有以下发展趋势：

（1）重防腐涂料将成为防腐涂料的主体。随着 20 世纪 90 年代重防腐涂料在厚涂、长效防腐（十数年以上）和施工工艺方面取得突破性进展，将逐渐成为海洋涂料的主体品种。主要品种包括环氧沥青型厚涂涂料、无溶剂型环氧重防腐涂料、聚氨酯沥青重防腐涂料、不饱和聚氨酯沥青重防腐涂料等。

（2）鳞片涂料的应用将逐步实现系列化。重防腐涂料的成功不仅依靠基料的改进，关键在于颜填料的变革，其中高防腐型玻璃鳞片（2～5μm×250～400μm）超细云铁鳞片、铅鳞片、锌鳞片、不锈钢薄片等将成为系列品种，以此来适应不同海洋环境防腐要求。

（3）稳定型富锌涂料成为主要底漆品种。多组分富锌涂料给施工带来许多不便将逐步被淘汰，单组分富锌涂料由于锌粉表面处理技术的提高和助剂的配套性好将得到较多地使用，其中稳定型富锌涂料将成为主要底漆产品。

（4）有机－无机复合型防腐涂料进一步发展。有机涂料和无机涂料是两大类别，互有长短，一般而言，常温下干燥的有机涂料多是含溶剂较多的涂料，不利于人员健康，无机涂料的涂膜多属于脆质、不耐温变和高速水流冲击。如将二者有机结合起来，其优点就会充分体现。预计未来数十年附着力好、耐热、耐腐蚀的复合型涂料，未来将会在海洋防护方面大显身手。

（5）低毒、低污染型防污涂料的发展。防污涂料的毒剂体系，对防污对象、防污效果以及海水的污染程度影响甚大，因此低毒、低污染型防污涂料一直是海洋工程技术人员所追求的目标。有机铅、锡等毒剂在防污的同时也毒害可食用的海生物，进而会危及人类自身的安全，因而今后低毒防污涂料，主要是低表面能防污涂料如有机硅、有机氟涂料将得到较大的发展。他们防污机理均是利用表面光滑、不附着海生物，即便附着，在较低的水冲压力下，就可以脱离海生物原理。

（6）防腐、防污技术的一体化。多年来海洋工程钢结构的防腐和防污一直是两种涂料相配套，一般底漆为防锈防腐涂料，面漆为防污涂料。防腐防污一体化技术将使二者结为一体，既经济又便于施工。基料–毒剂体系和防腐助剂颜料的技术结合，使得防腐防污效果可达到最优效果。

（7）涂层保护与电化学保护配套技术的完善。海洋工程因施工不便，应尽可能地延长大修时间间隔，因此，采用涂层防腐与电化学保护配套技术十分必要。为和电化学保护相适应，要求涂层具备耐电压性，涂料配方的设计可根据适当电位，如对涂料配套品种、层次和涂漆道数做出最佳设计。该技术的发展，将对海洋工程结构形成长期有效的保护系统。

以上技术发展将给未来海洋工程的防腐蚀、防污染带来崭新的面貌，海洋防腐蚀、防污处理技术的进步，也必然促进海洋事业的进一步发展。

2.4 海洋环境条件下混凝土结构工程防腐的发展趋势

由于海上风电是一门新兴行业，应用混凝土基础的风场较少，运营时间较短，还没有专门针对风电场采用的混凝土基础防腐蚀、耐久性进行相关研究，但与海上风电场使用环境类似的沿海码头、跨海大桥等领域对此则研究较早，其丰硕的研究成果可较好地为海上风电混凝土结构防腐蚀研究所借鉴。

2.4.1 国外海洋混凝土结构防腐蚀研究进展

早期，波特兰水泥主要应用于兴建大量的海岸防波堤、码头、灯塔等，这些构筑物长期经受外部介质的强烈影响，其中包括物理作用（如波浪冲击、泥沙磨蚀以及冰冻作用）的影响和化学作用（溶解在海水中的盐的作用）的影响，导致上述构筑物的迅速破坏。因此，早期的研究主要集中在了解海上构筑物中混凝土的腐蚀情况。在19世纪40年代，为了探索在那些年代建成的码头被海水毁坏的原因，卓越的法国工程师维卡对水硬性石灰以及用石灰和火山灰制成的砂浆性能进行了研究，并著有《水硬性组分遭受海水腐蚀的化学原因及其防护方法的研究》一书，是研究海水对水硬性胶凝材料制成的混凝土腐蚀破坏的第一部科研著作。1880～1890年，当第一批钢筋混凝土构件问世并首次应用于工业建筑物时，人们便开始研究钢筋混凝土能否在化学活性物质腐蚀条件下的安全使用以及能在工业大气环境中混凝土结构的耐久性问题。

20世纪20年代初，随着结构计算理论及施工技术水平的相对成熟，钢筋混凝土结构开始被大规模采用。1925年，美国开始在硫酸盐含量极高的土壤内进行长期实验，其目的是获取25年、50年以至更长时间的混凝土腐蚀数据，联邦德国钢筋混凝土协会利用混凝土构筑物遭受沼泽水腐蚀而损坏的事例，也对混凝土在自然条件下的腐蚀情况进行了一次长期试验。1934～1964年间，卡皮斯和戈拉夫对混凝土在海水中的腐蚀进行了实验研究，并提供了许多有关混凝土结构物在自然条件下使用情况的可靠数据以及有关水泥种类、混凝土配合比和某些生产因素对混凝土抗蚀性影响的见解。1945年，Powers等人从混凝土亚微观入手，分析了孔隙水对孔壁的作用，提出了静水压假说和渗透压假说，开始了对混凝土冻融破坏的研究。1951年，苏联学者A・A・贝科夫、B・M・莫斯克文等较早地开始了对混凝土中钢筋锈蚀问题的研究，其目的是解决混凝土保护层较小的薄壁结构的防腐问题和使用高强度钢制作钢筋混凝土构件的问题，其成果反映在B・M・莫斯克文的专著《混凝土的腐蚀》和《混凝土和钢筋混凝土的腐蚀及其防护方法》；同时，在大规模研究工作的基础上制定了防腐标准规范，如CH262-63、CH262-67建筑结构防腐蚀设计标准，为后续工作奠定了基础。

进入20世纪60年代，混凝土结构的使用进入高峰，同时混凝土结构的防腐蚀及耐久性研究也进入了一个蓬勃发展的时期，得到了不少有益成果。1962～1964年，Gjorv对挪威大约700座混凝土结构做了腐蚀调查，当时已经使用20～50年混凝土结构的占2/3，在浪溅区，混凝土立柱显示破损的断面损失率大于30%的占14%，断面损失率为 10%～30% 的占 24%，板和梁钢筋锈蚀引起严重破损的占 20%。Gjorv 认为，破坏是由于混凝土因冻融作用引起开裂，致使氧化物深入混凝土之中，加剧了钢筋锈蚀破坏。1968 年，他又对一座有 60 年历史的码头作拆除前更详细的腐蚀调查，发现在海水浪溅作用更多的码头外侧梁，板的钢筋严重腐蚀破坏，更印证了这一点。

1978～1993 年间 6 次召开了建筑材料与构件耐久性国际学术会议；2001 年 3 月国际桥梁结构协会（LABSE）代表 CB、ECCS、FB、RLEM 等组织在马耳他岛召开了“安全性，风险性与可靠性——工程趋势”的国际学术会议。这些学术活动的开展大大加强了各国学术界之间的合作与交流，取得显著成果，部分科研成果已应用于工程实践并成为指导工程设计、施工、维护等的标准型技术文件。

2.4.2　国内海洋混凝土结构防腐蚀研究进展

（1）起步阶段

我国从 20 世纪 60 年代开始了混凝土结构的防腐蚀及耐久性研究，当时主要的研究内容是混凝土的碳化和钢筋锈蚀。由于各种原因，研究进展极为有限。

（2）20 世纪 80 年代情况

1980 年由中交第四航务工程局主持，南京水利科学研究院等相关单位参加对华南地区 18 座沿海码头进行了调查，这些码头从建成到被调查的时间仅为 5～10 年，却发现已经有 88.9% 的码头结构都发生了严重或较严重的钢筋锈蚀破坏。此后，南京水利科学研究院、三航局科研所、上海交通大学及中交第三航务工程勘察设计院等单位对华东地区以及天津港湾工程研究所对北方地区 30 余座海港码头进行了调查。调查结果与华南地区类似，如连云港杂货一、二码头于 1976 年建成，1980 年就发现有裂缝和锈蚀，1985 年其上部结构已普遍出现顺筋裂缝，1980 年建成的宁波北仑港 10 万 t 级矿石码头，使用不到 10 年其上部结构就发现严重的锈蚀损坏；天津港客运码头 1979 年建成，使用不到 10 年，就发现前承台面板有 50% 左右出现锈蚀损坏。

20 世纪 80 年代海港码头调查结果表明，我国于 80 年代前建成的高桩码头混凝土结构大部分仅 5～10 年就出现锈蚀破坏，即使加上钢筋锈蚀开裂的时间，寿命也就是 20 年左右。

调查结果令人震惊，究其原因除了施工质量存在一定问题外，主要是当时对氯离子侵入引发钢筋锈蚀的严重性认识不足，从当时执行的《港口工程技术规范》JTB 269—1978（以下简称 78 规范）可以看出：没有针对防止氯离子渗入引发的钢筋锈蚀制订有效措施，几个关键的技术指标规定不合理，如混凝土水灰比最大允许值偏大、保护层厚度偏小、无最少水泥用量规定以及粗骨料最大粒径规定不合理等，造成混凝土护筋性能差。交通部高度重视此阶段调查成果，拨专款在广东湛江、海南八所、江苏连云港以及天津港等海港修建了暴露试验站，旨在对我国典型海水环境混凝土结构耐久性影响因素及耐久性损伤破坏规律进行系统研究，并组织了相关单位对当时的标准进行修订，于 1987 年颁布实施了《海港预应力混凝土结构防腐蚀技术规定》JTJ 228—1986（以下简称 87 规范）。

（3）20 世纪 90 年代

20 世纪 90 年代后期，广州四航工程技术研究院（原交通部四航局科研所）、南京水利科学研究院等对按87规范设计施工的我国东南沿海部分码头进行调查，从总的调查情况来看：执行87规范后修建的码头腐蚀破坏情况明显减轻，如赤湾港各码头、蛇口集装箱码头、北仑电厂码头虽已使用了10年左右，基本上未出现严重破坏现象，说明87规范对混凝土耐久性指标的修订，对提高海港工程混凝土耐久性来说效果是显著的。根据耐久性预测推算，按87规范设计施工的海港码头使用寿命可达30年。

虽然87规范对提高港口工程混凝土结构的耐久性起到了重要作用，但如果设计和施工质量控制得不好，港口工程仍可能在较短的使用年限内发生破坏，如1992年建成的惠州港油气码头，结构设计的保护厚度、混凝土施工配合比均不满足规范的规定，且混凝土施工质量差，缺陷多，使得该码头在使用了短短的8年后即出现严重破坏情况，已严重危及码头使用的安全性，不得不于2001年实施全面大修。

为进一步提高海港工程混凝土结构耐久性，交通部再次组织对规范的修订，于1996年颁布实施《水运工程混凝土质量控制标准》JTJ 269—1996、《水运工程混凝土施工规范》JTJ 268—1996。1996年规范将浪溅区混凝土保护层最小厚度规定为65mm、最大水灰比不得大于0.40、混凝土拌合物允许外掺粉煤灰、矿渣粉、硅灰等掺合料三项重大修改和补充，尤其是在系统研究基础上，国内率先允许外掺活性矿物掺合料配制混凝土，奠定了活性掺合料作为提高混凝土抗氯离子渗透性能措施的技术基础，各项耐久性控制指标达到国际先进水平。

为了阻止或减少海水中氯离子对混凝土结构的侵蚀作用，我国相关单位从20世纪80年代开始围绕着提高海洋环境混凝土结构耐久性开展了系统的防护技术研究，开发了适合于海上浪溅区和大气区的憎水型硅烷浸渍防护技术、适合于潮汐浪溅区可在潮湿表面施涂固化的隔离型涂层防护技术、可阻止渗入的氯离子对钢筋侵蚀作用发生的钢筋阻锈剂和环氧涂层钢筋技术等。至20世纪90年代末，我国交通行业相关科研单位长期不懈的研究形成了大量的科研成果，出现了大批耐久性新技术和新材料。为推广应用新技术、新材料，在总结成果的基础上，2000年交通部又制订颁发了《海港工程混凝土结构防腐蚀技术规范》JTJ 275—2000。该规范首次规定了耐久性质量控制指标，解决了长期以来混凝土耐久性质量控制无据可依的问题；确定了大掺量掺合料配制高性能混凝土的技术途径，并将高性能混凝土作为提高海港工程混凝土结构耐久性的首选措施；国内率先系统性对海工混凝土结构进行了附加防腐措施的规定。

（4）2000年以后

2006～2008年，作为交通部“十一五”重大专项课题的一项重要内容，本书作者所在单位联合国内研究所和工程单位组成课题组又一次开展全国范围内的调查工作。区别于以往的调查，这次调查采用统一的调查方法，调查范围覆盖了我国典型环境地区，如彩图1所示。除外观普查外，还进行了氯离子分布、钢筋锈蚀等专项检测，调查内容更系统全面；调查了北方、华东及南方共31座码头，北至营口港、丹东港（彩图2），南至湛江港（彩图3），规模大，数据样本多。

调查的重点是1996年前后建成的海港码头。1987～1996年间建成、使用时间为13～17年的码头，多数构件表面出现锈蚀痕迹，说明混凝土中的钢筋已经发生锈蚀，部分出现了较为严重的锈蚀开裂现象。1996年以后建成的码头有的使用时间已超过10年，但从对使用了10年左右的码头调查情况来看，基本未出现钢筋锈蚀情况。由于经历了数次修订，耐久性相关标准规定日渐完善，高性能混凝土和防腐蚀措施被广泛应用，加上设计施工技术水平的不断提高，2000年后执行按现行标准建成的我国海港工程混凝土结构，虽然由于使用时间较短，暂时还未获得充足的耐久性调查数据，但根据所获得的数据进行推断，耐久性使用寿命可以达到50年以上。

此外，在设计标准方面进一步地提高，交通部组织对《水运工程混凝土质量控制标准》JTS 202—2—2011进行修订，并针对海工高性能混凝土被作为提高耐久性重要措施而被广泛使用的情况，组织制定《海港工程高性能混凝土质量控制标准》JTS 257—2—2012。为了克服传统仅靠经验的设计方法不足问题、保证目标设计使用寿命、提高耐久性设计的技术可靠性，交通部还在新的水运工程标准体系表中增加了《水运工程结构耐久性设计标准》JTS 153—2015。

2000年后，引进开发了既可用于新建工程也可用于已建工程的混凝土结构外加电流阴极保护技术，保护年限可达50年以上，其联合海工混凝土涂料、环氧钢筋以及高性能混凝土等手段，并成功应用于部分跨海大桥项目，如上海东海跨海大桥、杭州湾跨海大桥以及2014年开工建设的港珠澳跨海大桥等。

第3章　海上风电腐蚀环境及腐蚀机理

3.1　海上风电腐蚀环境初步调查

3.1.1　海洋区域划分

我国有超过20000km的海岸线，由北到南气候条件相差很大。表3-1为我国典型沿海海域的海港工程自然条件。

我国典型地区港口位置和自然条件　　表3-1

沿海港口	地理位置	气温（℃）			相对湿度（%）	海水含盐量（%）
		最高	最低	平均		
八所	海南北黎湾	38.7	1.4	24.5	85	3.36
湛江	雷州半岛	37.3	4.0	23.5	85	2.20～3.00
北仑	涌江口外	39.4	−10.0	16.3	80	2.50～2.80
连云港	海州湾以南	38.5	−10.4	14.2	70	2.90
天津	渤海湾西部	38.9	−20.4	12.0	75	3.66

一般地，根据地理纬度以及腐蚀原理的不同可将我国沿海划分为以下三块：

（1）华南区：广东、广西、海南等华南沿海地区属亚热带气候，各地年平均气温均在20℃以上，相对湿度大，夏季台风多；我国东南方地区气温高，阳光直射下海水的蒸发量大，空气湿度大，且夏秋季节多有台风。

（2）中部区：福建、上海、浙江、江苏等华东沿海属温带气候，相对南海地区平均气温要低10℃左右，每年受台风的影响也相对较少，但季节性的温差较大。

（3）北部区：天津、辽宁、山东等北方沿海属寒冷地区，最冷月平均气温一般都在−4℃以下，年天然冻融循环次数均在50次以上。

我国海水的含盐量以纬度较高的渤海海区较低，黄海、东海逐渐升高，纬度较低的南海盐度较高，但总体上海水中盐度变化量不大。由于华南高温高湿等特点，使得海水腐蚀环境最恶劣。连云港为我国最北的不冻港，以连云港为界的华东及华南地区港口均为不冻港，北方地区的港口为受冻港，这些地区海港码头除具有海水环境的腐蚀特点外，还受冻融腐蚀的影响。

3.1.2　海洋腐蚀环境初步调查

以下根据某海上风电场具体海洋环境条件，对海洋腐蚀环境初步调查，参考《岩土工程勘察规范》GB 50021—2009，并以此为依据分析其对海上风电场风机基础结构防腐蚀的影响。

该海上风电场地处北纬34°～35°之间，属温带和亚热带湿润气候区，季风气候明显，风向有规律地季节性更替，夏季盛行东南风，冬季盛行东北风，年平均气温13.6℃，最高气温38.7℃，最低气温－17℃。年平均降水量895.3mL，年平均日照2399.7h。气候温和湿润，四季分明，降水充沛。根据相关测试的数据表明，该海域处于高盐度水流的区域，海水和地下水主要为咸水、微咸水，水质化学类型为Cl-Na（K）型，海水的Cl^-、SO_4^{2-}含量为15804.5～18352mg/L。该区域风浪大，风速、风向季节变化较为明显；水流急，最大流速在3m/s以上；潮差大，工程区水体以含悬沙为主，大潮涨落潮平均含沙量为0.51～0.96kg/m³（表3-2）。

典型海上风电场海水腐蚀性评价表　　表3-2

内　容	水对混凝土结构的腐蚀性评价				
	按环境类型（Ⅱ类）		按地层渗透性（A类）		
	SO_4^{2-}	Mg^{2+}	pH值	HCO_3^-	侵蚀CO_2
	（mg/L）	（mg/L）		（mmol/L）	（mg/L）
《规范》弱腐蚀性规定	500～1500	2000～3000	5.0～6.5	1.0～0.5	15～30
《规范》中等腐蚀性规定	1500～3000	3000～4000	4.0～5.0	＜0.5	30～60
海水1	1966	492	8.18	1.94	—
腐蚀性评价	中等	无	无	无	无
海水2	1400	1053	7.97	2.15	—
腐蚀性评价	弱	无	无	无	无
海水3	1450	975.8	8.02	1.94	—
腐蚀性评价	弱	无	无	无	无

内　容	对钢筋混凝土结构中钢筋的腐蚀性评价（长期浸水/干湿交替）	对钢结构的腐蚀性评价	
	$Cl^- + SO_4^{2-}$	$Cl^- + SO_4^{2-}$	pH值
	（mg/L）	（mg/L）	
《规范》弱腐蚀性规定	＞5000/100～500	＜500	3～11
《规范》中等腐蚀性规定	－/500～5000	≥500	3～11
《规范》强等腐蚀性规定	－/＞5000		
海水1	15804.5	17279	8.18
腐蚀性评价	弱/强	中	
海水2	17302	18352	7.97
腐蚀性评价	弱/强	中	
海水3	16190.5	17278	8.02
腐蚀性评价	弱/强	中	

注：表中所说《规范》为《岩土工程勘察规范》GB 50021—2009。

根据《海港工程钢结构防腐蚀技术规范》JTS 153—3—2007 对我国近海多个海域不同区域钢结构腐蚀情况的调查，海洋环境中在不同的水位区域下其腐蚀情况如表 3-3 所示，表 3-4、表 3-5 是收集到我国东海某海域长期腐蚀观测资料，根据规范统计数据及上述观测资料表明，我国沿海海域海水对钢结构具有中等腐蚀性，一般年平均腐蚀速率在 0.1～1mm/ 年，对海水中钢结构应采取必要的重防腐蚀防护措施。

碳素钢的单面腐蚀速度（mm/年） **表 3-3**

部 位	平均腐蚀速度
大气区	0.05 ～ 0.1
浪溅区（有掩护条件）	0.2 ～ 0.3
浪溅区（无掩护条件）	0.4 ～ 0.5
水位变动区、水下区	0.12
泥下区	0.05

钢结构在东海某海域全浸区的腐蚀数据 **表 3-4**

钢种	腐蚀速率（mm/ 年）			平均点蚀深度（mm）			最大点蚀深度（mm）		
	1 年	4 年	8 年	1 年	4 年	8 年	1 年	4 年	8 年
A3	0.19	0.16	0.14	0.59	1.24		0.83	1.95	C（3.8）
16Mn	0.15	0.15	0.14	0.37	1.18		0.60	2.00	C（4.4）

注：C 为穿孔，括号内数字为试样原始厚度（mm）。

钢结构在东海某海域潮差区的平均点蚀深度 **表 3-5**

钢种	腐蚀速率（mm/ 年）			平均点蚀深度（mm）			最大点蚀深度（mm）		
	1 年	4 年	8 年	1 年	4 年	8 年	1 年	4 年	8 年
A3	0.27 ～ 0.29		0.1	0.51	0.85		0.60	1.73	C（3.8）
20 号	0.27 ～ 0.29		0.13	0.36	0.96		0.89	1.49	C（4.4）

注：C 为穿孔，括号内数字为试样原始厚度（mm）。

3.2 海上风电工程腐蚀特性及防护要点

3.2.1 海上风电腐蚀环境特征

海上风电场设计寿命一般为 20～25 年，拟建海上风电场区域多位于我国浙江、江苏、福建、广东、山东、河北等近海及潮间带海域，这些海域海水多为高矿化度的氯化钠（钾）型水，对钢结构、钢筋具有较强的腐蚀性。海洋腐蚀环境研究主要是从环境角度来考察海洋环境对材料的腐蚀能力问题。

海水不仅是盐度在 32‰～37‰，pH 值在 8～8.2 之间的天然强电解质溶液，更是一个含有悬浮泥沙、溶解的气体、生物及腐败的有机物的复杂体系。影响海水腐蚀的有化学因素、物理因素和生物因素等三类，而且其影响常常是相互关联的，不但对不同的金属影响不一样，就是在同一海域对同一金属的影响也因金属在海水环境中的部位不同而异。

影响金属在海水环境中腐蚀的化学因素中，最重要的是海水中溶解氧的含量。氧是在金属化学腐蚀过程中阴极反应的去极化剂，对碳钢、低合金钢等在海水中不发生钝化的金属，海水中含氧量增加，会加速阴极去极化过程，使金属腐蚀速度增加；对那些依靠表面钝化膜提高耐蚀性的金属，如铝和不锈钢等，含氧量增加有利于钝化膜的形成和修补，使钝化膜的稳定性提高，点蚀和缝隙腐蚀的倾向性减小。

海水的盐度分布取决于海区的地理、水文、气象等因素。在不同海区、不同纬度、不同海水深度，海水盐度会在一个不大的范围内波动。水中含盐量直接影响到水的电导率和含氧量，随着水中含盐量增加，水的电导率增加而含氧量降低，所以在某一含盐量时将存在一个腐蚀速度的最大值。

一般说来，海水的 pH 值升高，有利于抑制海水对钢的腐蚀。海水的 pH 值主要影响钙质水垢沉积，从而影响到海水的腐蚀性。pH 值升高，容易形成钙沉积层，海水腐蚀性减弱。在施加阴极保护时，这种沉积层对阴极保护是有利的。

流速和温度是影响金属在海水中腐蚀速度的重要物理因素。海水的流速以及波浪都会对腐蚀产生影响。随流速增加，氧扩散加速，阴极过程受氧的扩散控制，腐蚀速度增大；流速的进一步增加，供氧充分，阴极过程受氧的还原控制，腐蚀速度相对稳定；当流速超过某一临界值时，金属表面的腐蚀产物膜被冲刷，腐蚀速度急剧增加。水下若存在一些动力装置，由于高速运动，会形成流体空泡，产生高压冲击波，造成空泡腐蚀。海水温度升高，氧的扩散速度加快，这将促进腐蚀过程进行，同时，海水中氧的溶解度降低，促进保护性钙质水垢生成，这又会减缓金属在海水中的腐蚀。温度升高的另一效果是促进海洋生物的繁殖和覆盖导致缺氧，或减轻腐蚀（非钝化金属），或引起点蚀、缝隙腐蚀和局部腐蚀（钝化金属）。

海洋环境中存在着多种动物、植物和微生物，与海水腐蚀关系较大的是附着生物。最常见的附着生物有两种：硬壳生物（软体动物、藤壶、珊瑚虫等）和无硬壳动物（海藻、水螅等）。海生物对腐蚀的影响很复杂，但仍会造成以下几种腐蚀破坏：海生物的附着并非完整均匀，内外形成氧浓差电池；局部改变了海水介质的成分，造成富氧或酸性环境等附着生物穿透或剥落破坏金属表面的保护层和涂层。在海底缺氧的条件下，厌氧细菌，主要是硫酸盐还原菌是导致金属腐蚀的主要原因。

根据对已建海洋及海岸工程调查，往往在飞溅区和水位变动区也属于设置靠泊、人员登陆爬梯等附属构件的区域，而该区域不仅由于人类活动和海面漂浮物对结构会造成磨损，上述海生物附着也会对人员上下造成不利影响。

对于海底沉积物环境来说，沉积物的类型是影响腐蚀的另一重要因素。海底沉积物和陆地土壤相比，相同之处都为多项非均相体系。不同之处是前者是固液两相组成的非均匀体系，后者为气、液、固三相组成的非均匀体系。海底沉积物腐蚀实际是海水封闭下被海水浸渍的土壤腐蚀，是土壤腐蚀的特殊形式。

3.2.2　海上风电腐蚀特性及防护要点

海上风电场与海港码头、海上大桥、海洋采油平台等大型海上构筑物类似，工作环境非常接近，腐蚀环境恶劣，防腐蚀施工、维护、维修较困难，工程费用昂贵。但不同的是海上风机属于高耸建筑物，其典型结构如彩图 4 所示，在运行过程中受到的风和波浪引起的应力作用更加复杂，而高应力、疲劳应力的突出特点往往也会与腐蚀耦合，而产生腐蚀疲劳和疲劳腐蚀问题，因此，用于海上风电场风机基础结构的防腐蚀措施应具有优异的防腐蚀效果、施工简单、使用年限长、不需维护管理的特点。

当前我国规划海上风电容量巨大，而规划项目处于不同的海域环境，如 3.1 节所述海水的不同成分、温度、流速等都对防腐蚀产生相异的影响，因此在开展防腐蚀设计施工前，应做好相关的调查。并且，海上风电基础结构形式多样，而不同结构形式防护要点不一样，需要针对性进行研究。

海上钢结构的防腐蚀，目前在世界各国都已经制定了有关的标准和规范，如国际标准《石油和天然气工业—海上固定式钢质结构物》ISO 19902：2007、挪威船级社标准《海上钢结构设计》DNV—OS—C101—2004、美国腐蚀工程师协会标准《海上固定式钢质石油生产平台的腐蚀控制》NACE RP 0176：2003、我国交通部标准《海港工程钢结构防腐蚀技术规范》JTS 153—3—2007、我国石油天然气行业标准《海上固定式钢质石油生产平台的腐蚀控制》SY/T 10028—2000 等。

海上风电最早在欧洲得到开发与利用，至今已有近 20 年的历史，在海上风机基础结构的防腐蚀方面，已取得很多的应用实践经验，挪威船级社标准《海上钢结构设计》DNV—OS—J101，对风机基础结构的防腐蚀已作出规定。由于该标准的有效性和权威性，目前已在欧洲地区多个海上风电场建造中得到广泛应用。根据国内外多年海洋工程钢结构防腐蚀实践经验及我国目前的技术能力，对海上风机塔架、基础结构中钢结构一般采取涂层保护、阴极保护的防腐蚀处理措施，防腐蚀措施的使用年限须达到 25 年以上。

结合海洋腐蚀环境的不同区域划分，以及海上风电结构物特点，各区域主要防护手段如下：

大气区：主要采用海工涂料或金属热喷涂防腐。

浪溅区和水位变动区：主要采用涂料保护、金属热喷涂保护或采用特种包覆材料保护（阴极防护也可起部分作用），对于重要的构件重要部位，在涂料保护和金属热喷涂保护的基础上可采取增加钢结构的腐蚀余量方式进行防腐蚀保护。

水下区：采用阴极保护、阴极保护与涂料或金属热喷涂联合保护的措施，涂料和金属热喷涂的作用主要有改善阴极保护电流分布和减少阳极用量的作用。

泥下区：主要采用阴极保护的防腐蚀作用，也有重要的工程泥下区也联合采用了防腐涂层防护。

根据海上风机所处的各部分不同，海上风机叶片、机舱、塔架均处于海平面以上，主要受海上盐雾影响比较严重，该部分所受海洋环境影响比风机基础所受影响要小；海上风机基础结构由于所处环境分别位于浪溅区、水位变动区、水下区、泥下区，环境条件较为复杂，浪溅区、水位变动区分别受到海水、阳光暴晒下干燥空气交替影响，所受腐蚀情况最为严重；水下区和泥下区受风电场区域海洋洋流、泥沙等环境影响，其所受腐蚀情况相对居中。

由于风机塔架处于海洋大气区，该部分防腐蚀保护难度较风机基础所处飞溅区、水位变动区、泥下区要小，且其防腐蚀技术相对较为成熟，因此本章将重点分析风机基础防腐蚀技术及防腐蚀方案。

3.3　海上风电基础结构概述

3.3.1　风机基础概述

随着我国海上风电场的建设发展，现阶段已建成或在建的海上风电场采用的基础形式除渤海绥中一台机利用了原石油平台外，上海东海大桥海上风电场和科技部江苏响水海上风电试验机组采用混凝土高桩承台基础，江苏如东潮间带海上风电场项目则采用了混凝土低桩承台、多桩导管架及大直径单桩基础等基础类型。

若考虑 2014 年已完成工程试桩即将开工建设（或已开工建设）的项目，珠海桂山海上风电采用桁架式导管架基础，江苏响水近海风电场采用大直径单桩基础和负压筒式基础，江苏如东 200MW 潮间带海上风电场采用多桩导管架基础和大直径单桩基础，浙江普陀 6 号海上风电场和东海大桥二期海上风电场采用混凝土高桩承台基础，福建南日岛海上风电采用混凝土高桩承台基础和混凝土空腔重力式基础。

以下对单桩基础、多桩导管架基础（或桁架式导管架基础）、混凝土高桩承台基础、重力式基础、负压筒式基础等分别予以叙述。

（1）单桩基础

单桩基础采用一根钢管桩，如彩图 5 所示，钢管桩直径 4～9m，桩长数十米，采用大型沉桩机械打入海床，上部用连接段与塔筒连接。连接段与钢管桩之间采用灌浆连接，连接段与塔筒之间采用法兰连接，连接段同时也起到调平的作用。

单桩基础目前在已建成的近海风电场中得到广泛应用，单桩基础适用于浅水及中等水深水域。单桩基础的优点是施工简便、快捷，基础费用较小，并且基础的适应性强。国内已建成的江苏如东 150MW 海上风电场中大部分风机基础即采用了该种基础结构形式。

（2）多桩导管架基础

多桩导管架基础用 3 根或 3 根以上的钢管桩打入海床，并用导管架与之相连。导管架下部与钢管桩之间采用灌浆连接，上部与塔筒之间采用法兰相连，导管架同时起到基础调平的作用。导管架可以适应各种水深，当水深较浅时可以是简单的桁架结构（彩图 6*a*）；当水深较深时则为复杂空间桁架（见彩图 6*b*）。

导管架与钢管桩之间连接，当水深较浅时可以在水面上，当水深较深时则在水下连接。导管架基础适应性广，尤其适合于单机容量大、水深较深的项目，其对海床地质条件要求也不高。国内的江苏如东潮间带试验风电场项目，亦成功采用 3 桩及 5 桩、6 桩导管架基础。

（3）群桩式混凝土承台基础

群桩式混凝土承台基础根据承台的位置可分为高桩承台基础和低桩承台基础，如彩图 7 所示。

高桩承台群桩基础为海岸码头和桥墩常见的结构，由基桩和承台组成，其基桩可采用预制桩或钢管桩；上部承台为现浇钢筋混凝土结构。低桩承台基础为陆上风电场常见基础形式，由基桩和低承台组成，基桩可采用 PHC 桩和钻孔灌注桩。该基础形式在国外海上风电场未采用过，国内的东海大桥海上风电场、科技部江苏响水海上风电试验机组等项目均成功采用。江苏如东 30MW 潮间带风电场前期几台基础采用过混凝土低桩承台基础，但基础结构类型相似，在此并不展开论述。

（4）重力式基础

重力式基础一般为钢筋混凝土结构，如彩图 8 所示，结构和建造工艺简单，主体均是在陆上预制，运输到海上后进行整体安装，它依靠自身的重力保持平衡，传统的重力式基础适用于水深不超过 10m，天然地基较好海域的风电场建设，不适合软地基及冲刷海床，其在适宜的水深及海床条件下，相对成本在各型基础中是很低的。笔者单位 2014 年设计完成了重力式空腔基础，空腔内部填充砂或土，其承载力原理相同，但由于以砂土等价格低廉的材料替代了大部分的混凝土，因此其可适用于水深达到 30m 的海床地质条件较好的海域。

该两类重力式基础在所有各型基础中，仍然是体积最大、重量最大的基础，但由于陆上预制，材料成本最低。丹麦的 Vindeby、Tunoe Knob 和 Middelgrunden 等地质条件较好的海上风电场均采用了钢筋混凝土重力式基础。

（5）负压筒型基础

负压筒型基础是介于重力式基础结构与桩式基础结构之间的一种新型海上风电基础形式，如彩图 9 所示，采用全钢结构、全混凝土结构或钢－混凝土组合的筒体结构。筒型基础均在陆上预制，然后可通过驳船运输或浮运至现场，在自重和负压的作用下克服土体阻力沉放至预定深度，在安装完成后主要也是依靠重力来抵抗各种海洋环境荷载的作用。

负压筒型基础目前在世界范围内应用案例很少，作为海上风电基础形式基本处于试验阶段，负压筒型基础的受力机理、沉放安装及不均匀沉降的控制难度相对较大。

3.3.2　海上升压站基础概述

从 2001 年开始，欧洲海上风电场建设开始进入商业化示范阶段，这个阶段的海上风电场的总装机容量较大，不少风电场的容量超过 5 万 kW，部分风电场离岸距离超过 10km，采用海底电缆与陆上升压站相连接的方式会导致线路压降大，占用海域面积多，电能损耗和投资大。因此，从这个阶段开始，离岸远且总装机容量较大的海上风电场一般均设置海上升压站。

综合国内外已建海上风电项目的海上升压站，海上升压站基础一般采用单桩、重力式、导管架等基础形式，如彩图 10～彩图 12 所示。

国外海上升压站基础大多采用单桩、重力式或导管架基础。目前大多数海上风电场升压站在上部结构总重量约为 1000t 及以下时采用单桩基础形式，在地质条件许可、水深较浅时采用重力式基础，在水深较大且上部结构总重量超过 1000t 时则采用导管架基础。国外个别风电场采用吸力式加导管架或重力式加导管架作为下部结构，如彩图 13 所示。

（1）单桩式基础

单桩基础采用一根钢管桩，钢管桩直径 4～7m，桩长数十米，采用大型沉桩机械打入海床，上部用连接段与塔筒连接。采用与风机基础相同的处理方式，连接段与钢管桩之间采用灌浆连接，连接段与塔筒之间采用法兰连接，连接段同时也起到调平的作用。

单桩基础目前在已建成的海上风电场中得到了最广泛的应用，单桩基础特别适于浅水及中等水深水域。单桩基础的优点是施工简便、快捷，基础费用较小，并且基础的适应性强，但只适用于海上升压站上部结构不大的情况。

（2）重力式基础

重力式基础为预制混凝土基础，基础重一般 1000 余吨，在陆上预制。预制基础养护完成后，用驳船运至现场，用大型起吊船将基础起吊就位。重力式基础就位前需将海底冲平，就位后再在基础底板方格内抛填块石以增加基础自重和稳定性。重力式基础连接钢桶过渡段，在过渡段上连接构架，海上升压站上部结构直接安装在构架的四个角点上。

重力式基础是适用于浅海且海床表面地质较好的一种基础类型，靠其自身重量来平稳风荷载、浪荷载等水平荷载。这种基础安装简便，基础投资较省，但对水深有一定要求，一般不适合水深超过 10m 的风电场，并对海床表面地质条件也有一定限制，不适合淤泥质海床。同时要求上部结构重量较小。瑞典的 Lillgrund 等风场（彩图 14）采用此种类型的基础，同时该风电场的风机基础也采用这种基础形式。

（3）导管架基础

导管架基础用 3 根或 3 根以上的钢管桩，并用导管架相连，一般采用 4 桩导管架基础。导管架与海上升压站上部结构支腿之间相连。

导管架基础适用性加强，适合于各种水深与地质条件，同时该种基础形式海上升压站与石油平台类似，工程经验较多。

（4）其他基础

1）负压筒式基础

负压筒式基础是靠水压力使基础稳定，这种基础支脚上带有吸盘，吸盘与其下面的地面止水后抽水和抽气，吸盘上面就产生一个向下的水压力，此压力用以平稳风荷载、浪荷载、自重、设备荷载等荷载。甚至也有概念设计出现在吸力式基础上连接导管架的形式，然后导管架与上部结构连接。

负压筒式基础在 3.3.1 节介绍风机基础时也做了相应的叙述，由于省去了桩基，也不用笨重的重力墩，所以基础投资较省，但这种基础的受力机理分析、沉放安装及不均匀沉降的控制难度相对较大，经调研，Global Tech 1 海上风电场曾开展过概念性设计。

2）重力式基础加导管架

重力式基础连接导管架作为海上升压站的下部结构，目前，仅 Anholt 风电场采用这种形式，并且已安装完成，如彩图 12。

3.3.3 风机基础结构按腐蚀特点分类

根据现阶段国内外已有的风机基础及海上升压站基础结构形式，基本以单桩基础、导管架基础、混凝土承台基础和重力式基础为主，不乏部分筒型基础，其中单桩基础和导管架基础为钢结构，重力式基础为钢筋混凝土结构，承台基础和筒型基础为钢筋混凝土结构或钢结构复合结构。

根据各基础形式的材料属性，按照钢结构防腐和钢筋混凝土防腐的不同手段，可对处于相同环境分区的不同基础形式采取相同的防腐蚀配套体系。参照《色漆和清漆——防腐漆体系对钢结构的防腐蚀保护》ISO 12944 中对腐蚀环境的分类和第 3.1 节所述海上风电腐蚀环境特征，将海上风机基础结构和海上升压站基础结构进行腐蚀环境分区，如表 3-6 所示。

海上风机基础和海上升压站基础腐蚀环境分区 **表 3-6**

国内规范对腐蚀环境分区	ISO 12944 对腐蚀环境分区
大气区	C5-M（高含盐度的海洋和海上区域）
浪花飞溅区	Im2（海水全浸区域）
潮差区	
水下区	
泥下区	Im3（海泥区）

3.4 海上风电钢结构腐蚀特点及机理分析

3.4.1 海洋环境条件下钢结构腐蚀特点

海上风电钢结构长期处于海洋大气、浪溅、水位变动、水下和泥下的复杂腐蚀环境中，显著地加速了钢结构本体的腐蚀速度。参照《海港工程钢结构防腐蚀技术规范》JTS 153—3—2007，在无掩护条件下，其典型的腐蚀环境区域分界如下（彩图 15）：

（1）大气区：主要受到海盐微粒和陆地大气的影响；大气区下边界：H_1 ＝设计高潮位＋ $H_{1\%}/2+1.0$。海洋大气区腐蚀特点表现为：钢铁结构在海洋环境海洋大气与内陆大气有着明显的不同。海洋大气湿度大，易在钢结构表面形成水膜；海洋大气中盐分多，它们积存钢结构表面与水膜一起形成导电良好的液膜电解质，是电化学腐蚀的有利条件，因此海洋大气比内陆大气对钢结构的腐蚀程度要高 4～5 倍。

（2）飞溅区：海水飞溅造成的干湿环境以及阳光照射导致的温度升高，形成最苛刻腐蚀环境；浪溅区下边界：H_2 ＝设计高潮位－ $H_{1\%}/2$。飞溅区腐蚀特点表现为：海洋飞溅区的腐蚀，除了海盐含量、湿度、温度等大气环境中的腐蚀影响因素外，还要受到海浪的飞溅，飞溅区的下部还要受到海水短时间的浸泡。飞溅区的海盐粒子量要远远高于海洋大气区，浸润时间长，干湿交替频繁。碳钢在飞溅区的腐蚀速度要远大于其他区域，在飞溅区，碳钢会出一个腐蚀峰值，在不同的海域，其峰值距平均高潮位的距离有所不同。腐蚀最严重的部位是在平均高潮以上的飞溅区。这是因为氧在这一区域供应最充分，氧的去极化作用促进了钢结构的腐蚀，与此同时，浪花的冲击有力地破坏保护膜，使腐蚀加速。

（3）潮差区：潮差区受到海水潮汐的作用；潮差区下边界：H_3 = 设计低潮位 −1.0m。潮差区腐蚀主要表现为：在潮差区的钢铁表面经常与饱和空气的海水相接触。由于潮流的原因钢结构的腐蚀会加剧。

（4）全浸区：潮差区下边界或浪溅区下边界至海床泥面，海水的腐蚀性主要受溶解氧、流速、温度、盐差、pH 值以及污染因素和生物因素等共同作用的影响。全浸区腐蚀特点表现为：全浸区全浸于海水中，比如导管架平台的中下部位，长期浸泡在海水中。钢结构的腐蚀会受到溶解氧、流速、盐度、污染和海生物等因素的影响，由于钢结构在海水中的腐蚀反应受氧的还原反应所控制，所以溶解氧对钢结构腐蚀起着主导作用。其次是平均低潮位以下附近的海水全浸区钢桩的腐蚀峰值。然而，钢桩在潮差带出现腐蚀最低值，其值甚至小于海水全浸和海底土壤的腐蚀率。这是因为钢桩在海洋环境中，随着潮位的涨落，水线上方湿润的钢表面供氧总要比浸在海水中的水线下方钢表面充分得多，而且彼此构成一个回路，由此成为一个氧浓差宏观腐蚀电池。腐蚀电池中，富氧区为阴极，相对缺氧区为阳极，总的效果是整个潮差带中的每一点分别得到了不同程度的保护，而在平均潮位以下则经常作为阳极而出现一个明显的腐蚀峰值。

（5）海泥区：海床面以下，溶解氧、温度以及厌氧生物的作用是影响腐蚀性的主要因素。海泥区腐蚀特点表现为：海底沉积物的物理性质、化学性质和生物性质随海域和海水深度的不同而不同。海泥实际是上是饱和了海水的土壤，它是一种比较复杂的腐蚀环境，既有土壤的腐蚀特点，又有海水的腐蚀行为。海泥区含盐度、电阻率低，但是供氧不足，所以一般的钝性金属的钝化膜是不稳定的。海泥中含有的硫酸盐还原菌，会在缺氧环境下生长繁殖，会对钢材造成比较严重的腐蚀。

表 3-7 中列出了海洋环境下钢结构在不同的水位区域其腐蚀行为有着明显的区别。

海洋环境条件及金属材料腐蚀行为　　　　**表 3-7**

海洋环境区分	环境条件	材料的腐蚀行为
大气区	由风带来的细小海盐颗粒。影响腐蚀性的因素是距离海面的高度、风速、风向、降雨周期、雨量、温度、太阳照射、尘埃、季节和污染等	阴面可能比阳面损坏得更快。雨水能把表面的盐冲掉，而粉尘、盐一起也可能对钢结构有特殊的腐蚀性。该区域同时存在紫外线、高温以及低温的交替影响，对防腐产生老化作用等
飞溅区	紫外线照射，并且潮湿供氧充分的表面，无海生物污染	各种腐蚀介质充分，属腐蚀最严重的区域，该区域同时存在紫外线、高温以及低温的交替影响，对防腐产生老化作用，比在其他区域更易损坏
潮差区	随潮水涨落而干湿交替，通常有充足的 O_2、CO_2，该区域还存在人员和维护船登陆，以及海面漂浮物撞击	在整体钢桩的情况下，位于潮差区的钢管桩可充当阴极区，并可因处于长尺度潮差区以下钢的腐蚀而得到一定程度的保护。在潮差区，对单独的短尺度的钢管桩有较严重的腐蚀

续表

海洋环境区分	环境条件	材料的腐蚀行为
全浸区	在岸边的浅海海水通常为氧所饱和。污染、沉积物、海生物污损、海水流速等都可能起重要作用。 在深海区，氧含量变小。深海区的氧含量往往比表层低得多	在浅海腐蚀可能比海洋大气中更迅速。可采用保护涂层和阴极保护来控制腐蚀。在多数浅海中，有一层硬壳及其他生物污损阻止氧进入表面，从而减轻了腐蚀，但海生物污损本身对腐蚀层却又造成复杂的腐蚀。 在深海区该区域钢的腐蚀较轻
海泥区	往往存在硫酸盐还原菌等细菌。海底沉积物的来源、特征和性状不同	海底沉积物通常是腐蚀性的。有可能形成沉积物间隙水腐蚀电池。部分埋设的钢样板有加速腐蚀趋势。硫化物和细菌可能是影响因素

3.4.2 海洋环境条件下金属腐蚀机理分析

金属腐蚀指在环境中发生化学或电化反应，金属由单质变为化合物的过程，这一过程能否进行是腐蚀的热力学问题，进行的速度如何是腐蚀的动力学问题，以下先描述化学及电化学腐蚀机理，再从金属腐蚀的热力学和动力学两方面加以细述。

1. 主要的化学及电化学腐蚀机理

金属与电解质溶液接触时，由于金属表面的不均匀性，如金属种类、组织、结晶方向、内应力、表面光洁度、表面处理状况等的差别，或者由于与金属不同部位接触的电解液的种类、浓度、温度、流速等有差别，从而在金属表面出现阳极区和阴极区。阳极区和阴极区通过金属本身互相闭合而形成许多腐蚀微电池和宏观电池。金属电化学腐蚀就是通过阳极和阴极反应过程进行的。

常见的金属表面和介质的不均一性，如在介质溶液里碳钢和铸铁中的 Fe_2C 和石墨杂质为阴极，而铁是阳极；金属表面膜有微孔时，孔内金属呈阳极，表面膜是阴极；金属受到不均匀的应力时，应力较大（或应力集中）部分为阳极；金属表面温度不均匀时，温度较高区域即为阳极；溶液中氧或氧化剂浓度不均匀时，浓度较小的地方为阳极等。阳极和阴极组成了腐蚀电池，腐蚀电池有些是宏观电池，而更多出现的是微电池。

宏观电池腐蚀，常见的两种如彩图 16、彩图 17 所示：

（1）电偶腐蚀：即在电解液中，异种金属接触，惰性金属为阴极，活泼金属为阳极，由此使得活泼金属腐蚀加速。

（2）氧浓差腐蚀电池：即同一金属不同部分接触的介质含氧量不同，接触高含氧量介质的金属部分为阴极，接触低含量介质的金属部分为阳极。

盐度、温度、pH 值是影响钢结构电化学腐蚀最主要的原因。盐度的定义是每 1000g 水中溶解的固体物质的总质量，盐度越高，电阻率越低，腐蚀性越强。海洋大气盐雾含有氯化物颗粒，吸湿后增加了液膜的导电，同时 Cl^- 本身具有很强的侵蚀性，从而加剧腐蚀。pH 值对腐蚀的作用随金属而异，通常，水的 pH 值越低，酸性越大，腐蚀性越强。而腐蚀反应速度随温度的提高而增大，钢铁的腐蚀速度基本上每提高 10℃而增加一倍。

金属的化学腐蚀指的是金属的直接氧化。这里“氧化”的含义是广义的，它的反应物可以是金属氧化物，也可以是硫化物、卤化物、氢氧化物或其他化合物。金属失去电子，与其化合的物质获得电子。腐蚀产物膜的破裂、逸散和流失使金属不断暴露在氧化介质中，腐蚀过程继续发生。空气是无处不有的腐蚀介质，其主要成分是氧，温度升高会使氧化腐蚀加速。

2. 腐蚀热力学

（1）自由能

金属单质变为相应腐蚀产物的自由能变化值 ΔG 可用于判断腐蚀反应的可能性。例如，部分金属在含氧的大气中是否发生腐蚀反应，可用表3-8 ΔG 数据判断。

金属腐蚀自由能变 **表3-8**

金属	腐蚀产物	自由能变 ΔG（kcal/100g）
Mg	$Mg(OH)_2$	−66.9
Al	$Al(OH)_3$	−58.4
Zn	$Zn(OH)_2$	−45.2
Cr	Cr^{3+}	−40.6
Fe	Fe^{2+}	−39.2
Cu	Cu^{2+}	−19.8
Ag	Ag^{+}	−9.2
Pt	Pt^{2+}	+2.7
Au	Au^{3+}	+3.2

金和铂 $\Delta U>0$，在大气中不发生腐蚀反应，其他金属 $\Delta U<0$，在大气中被腐蚀。其他条件下腐蚀的可能性可由相应的 ΔG 判断。值得注意的是，表中 ΔCT 负值愈大表示腐蚀反应的倾向性愈大，但并不表示反应速度大，例如，Al在大气中腐蚀倾向性比Fe大，但Al的腐蚀速度却比Fe慢得多，这是因为Al表面生成一层保护膜，铁锈无保护作用，或者说Al腐蚀反应的活化能比Fe大得多。

（2）电位序

金属腐蚀多为电化腐蚀，电化腐蚀能否发生，同样可由其自由能变化值 ΔG 来判断，$\Delta G<0$ 则发生腐蚀，因为 $\Delta G=-nFE$，$E=\varphi_{正}-\varphi_{负}$，所以，金属是否会产生腐蚀，也可用金属电极电位的次序（简称电位序）来判断，部分金属的标准电位序见表3-9所示。

金属标准电位序 **表3-9**

腐蚀产物	电位（V）
$Mg=Mg^{2+}+2e$	−2.363
$Al=Al^{3+}+3e$	−1.662
$Zn=Al^{2+}+2e$	−0.763
$Fe=Fe^{2+}+2e$	−0.440

续表

腐蚀产物	电位（V）
$H = 2H^{+} + 2e$	0.000
$Cu = Cu^{2+} + 2e$	+0.337
$O_2 + 2H_2O + 4e = 4OH$	+0.401
$Ag = Ag^{+} + e$	+0.799
$Pt = Pt^{2+} + 2e$	+1.200

在标准状况下，凡是排在表中下面的金属和排在上面的金属在溶液中互相接触就会构成一个电池，使电位低的金属加速腐蚀。由电位序也可预测金属是否被酸或被氧腐蚀，如铜不被酸腐蚀，但酸中含氧，则铜将被腐蚀。

应注意：① 实际环境复杂，电位偏离标准值，须计算或测定以重新确定电位序，然后才能用于判断腐蚀可能性；② 电位序与 ΔG 一样，只能预测腐蚀反应的可能性，不能预测反应速度。因为电位：

$$\varphi=\varphi_0+\frac{RT}{nF}\ln\frac{[\text{氧化态}]}{[\text{还原态}]} \tag{3.4-1}$$

所以对有 H^+参与的反应（即［氧化态］或［还原态］中含有 H^+时），电位与 pH 值与电位数据做得电位–pH 图。腐蚀体系的电位–pH 图广泛用于电化腐蚀分析。例如，铁/水 25℃下的电位–pH 图如彩图 18 所示。

图中斜线表示有 H^+参与的反应，水平线表示没有 H^+参与，由图可知，电位低至一定值，铁进入免蚀区而不被腐蚀，这是阴极保护的理论依据：pH ＝ 9～13 时，升高电位铁进入钝化区，这是阳极保护理论依据；强碱性时，铁易主成 $HFeO_2^-$而被腐蚀等。

其他金属的电位–pH 图与此图类似，其实用价值在于：① 预测金属在某种条件下腐蚀能否发生；② 预测腐蚀产物的组成；③ 预测减缓腐蚀的条件。

这类图的不足点在于：① 它们由热力学数据做得，只能预测反应能否进行，不能预测反应速度；② 不能预测腐蚀产物的具体情况，如膜的生成位置，附着情况，保护效果等。除此以外，实用时还要注意实际情况比较复杂，电位–pH 图会产生偏移。

3. 腐蚀动力学

热力学只能指明反应的可能性，不能说明反应速度，而动力学用于解决反应速度，即能说明腐蚀速度。

（1）腐蚀电池

两种不同金属在溶液中互相接触，由于它们的电位不同将构成一个原电池。即使在同一金属表面，由于各部分性质不均一（如含杂质，膜破口）以及溶液各部分不均一（如浓度，温度不同），而存在电位差，构成原电池。电位较低部分构成阳极，其反应为金属的离子化：$M = M^{n+} - ne$。由于它与阴极接通，所以就有电子流到阴极，如果阴极没有吸收电子的作用，电子流动会中止，阳极金属的腐蚀（离子化）将实际停止，但是溶液中经常存在几种吸收电子的作用：如溶有氧，含 H^+，或含其他氧化剂（如 Fe^{3+}、Ag^+等），当阴极电子被吸收后，电子就源源不断地从阳极流往阴极，结果阳极金属不断被腐蚀。

显然，腐蚀速度与上述电子流动速度有关，设 $\varphi_{阴}-\varphi_{阳}$分别为阴极和阳极的有效电位，R 为电池总电阻（金属电阻和溶液电阻之和）则腐蚀电流为：

$$I=\frac{\varphi_{阴}-\varphi_{阳}}{R} \qquad (3.4\text{-}2)$$

t 秒时间内金属被腐蚀的克数 W 为：

$$W=\frac{tM}{nF}I \qquad (3.4\text{-}3)$$

式（3.4-2）、式（3.4-3）说明，金属的腐蚀速度决定于有效电位与电阻。“有效电位”比较复杂，它的大小不仅与金属性质、电解质浓度、温度等有关，而且受到极化和钝化的影响。此外，实际情况下多为复合电极的电位，加之金属表面外的不均匀性，因此，计算预测有效电位的大小变得困难，实践中常需通过实验测定有效电位和腐蚀速度。

（2）极化

当电流通过电极时，阳极电位升高，阴极电位下降，使两极间电位差变小，因此，腐蚀电流也相应变小，这种现象叫“极化”。极化的产生有两个主要原因：

1）活化极化：由于电极反应本身存在活化能的障碍使整个反应变慢。

2）浓差极化：由于溶液中参与反应物质扩散困难引起。

（3）钝化

有一些金属在大气中腐蚀倾向很大（ΔG 负值大），在溶液中本来电位很低，但由于在腐蚀最初阶段，表面生成一层坚牢的薄膜，使其后的腐蚀几乎停止，这时若测它的有效电位，已升高到与铂、金等贵金属的电位差不多，这种现象叫钝化。许多重要的金属和合金（如铝、铁、不锈钢）都是由于这种原因而具有良好的耐蚀性能。钝化使腐蚀速度大为减小的根本原因是因为钝化使阳极有效电位（$\varphi_{阳}$）大大升高，从而使腐蚀电池的电动势（$\varphi_{阴}-\varphi_{阳}$）大大降低。

钝化情况与溶液的氧化能力有关，对易钝化的金属来说，当溶液氧化能力达到使其钝化的范围时，腐蚀速度大为降低。在氧化能力（电位）较低阶段，腐蚀率随氧化能力的增大也逐渐增加，称为活化区。氧化能力达到一定值开始钝化，腐蚀率立即下降，几乎降低为万分之一，这一段称为钝化区。氧化能力（电位）上升超过钝化区，腐蚀又猛烈上升，称为过钝化区。

使金属电位保持在钝化区有三种典型的方法：① 阳极保护；② 控制一定的氧化剂浓度；③ 加铬、铝、硅、镍等元素。

（4）复合电极电位

所谓复合电极是指同时存在两个或更多的氧化 - 还原体系的电极。一切在水溶液中被腐蚀的金属都是一个复合电极，例如，锌在盐酸中，在锌表面测得的有效电位既不是锌的电位，也不是氢的电位，而是另外的电位，这个电位称为复合电位。

3.5 海洋环境混凝土腐蚀特点及机理分析

3.5.1 海洋环境条件下混凝土腐蚀特点

1. 海洋环境划分

海水的化学成分是十分复杂而多变的。世界上各大洋海水中，由于其地理和海洋气候环境不同，其化学成分也有很大不同，即使在海洋的不同部位，其化学成分也是很不相同的。选择代表性区域的海水中约含有3.2%的可溶性盐类。其组成主要是：NaCl占2.4%～2.6%、$MgCl_2$占0.25%～0.32%、$MgSO_4$占0.18%～0.22%、$CaSO_4$占0.1%～0.13%，还有约占0.02%的$KHCO_3$。海水中以氯盐占最大比重，它是混凝土结构腐蚀和钢筋锈蚀的最主要因素。

根据对已有的资料特别是场区附近的码头、桥梁等分析，处于海洋环境中的混凝土腐蚀并非上下同步发生，腐蚀的程度也因混凝土结构所处海洋环境中与海平面相对高程的不同而有所差异。一般来说，钢筋锈蚀最严重部位在设计低水位以上1.0m至设计高水位以下0.8m的区段，而终年在水下的部位很少有腐蚀损坏，其他部位介于二者之间，因此将混凝土部位划分为大气区、浪溅区、水位变动区和水下区四个区段。

参考《海港工程混凝土结构防腐蚀技术规范》JTJ 275—2000中相关规定，对处于外海的海洋工程（即无掩护条件）即设计高水位加（η_0 + 1.0m）以上为大气区，大气区下界至设计高水位减η_0之间为浪溅区，浪溅区下界至设计低水位减1.0m之间为水位变动区，水位变动区以下为水下区。其中η_0为设计高水位时的重现期50年$H_{1\%}$波峰面高度。

如彩图19所示，海工结构由上到下处于四类不同的海洋环境腐蚀环境当中，而不同部位的腐蚀速度则不尽相同（注意其与钢结构不同区域大体相同，但却仍然存在差异）。

（1）大气区虽然离水面较远，但空气湿度大，混凝土将遭受碳化腐蚀和氯离子腐蚀，但腐蚀速度较慢。

（2）浪溅区位于高潮位的上下方，由于经常受到浪花飞溅冲击，结构的表面几乎经常为充气良好的海水所润湿，水膜时干时湿，盐分浓缩，还经常受到剧烈的风浪冲击，使得这一区域的腐蚀速度最高、腐蚀最为严重。浪溅区的破坏类型主要为氯离子侵蚀和钢筋锈蚀的综合性破坏。

（3）水位变动区位于低潮位的上下范围内，结构随潮水涨落而处于干湿交替中，即每天有一部分时间是暴露在大气中，另一部分时间则全浸在海水之中，使得混凝土表面经常与含饱和空气的海水相接触，腐蚀类型、机理等与浪溅区相近，腐蚀较为严重。

（4）水下区的结构因完全浸入海水中，尽管受到溶解氧、海水流速、盐度、温度等因素的影响，但腐蚀速度很慢，这种腐蚀类型主要是钢筋锈蚀。

华南、华东、北方地区的多次调查结果均表明，海工混凝土结构按锈蚀破坏易发生部位顺序依次为浪溅区、水位变动区、大气区和水下区。但各区的腐蚀作用特点却不尽相同，以下分别叙述。

2. 大气区的腐蚀特点研究

大气区遭受碳化腐蚀和氯离子腐蚀，由于大气区自由水的含量极少，所以尽管也有氯离子存在，但很难形成完整电路，大气区内混凝土的腐蚀以碳化腐蚀为主，但氯离子的存在会加剧碳化过程。

混凝土碳化是指空气中（CO_2）与水泥石中的碱性物质相互作用，使其成分、组织和性能发生变化，使用机能下降的一种很复杂的物理化学过程。碳化会降低混凝土的碱度，当 pH 值小于 11.5，钢筋的钝化膜就会处于脱离稳定的状态。当碳化的深度超过了混凝土的保护层时，大气中水分与盐雾中氯离子同时存在，更进一步地削弱钢筋的钝化层，钢筋就会因失去钝化层而发生锈蚀。同时，混凝土碳化还会加剧混凝土的收缩，这些可能导致混凝土的裂缝和结构的破坏。

3. 水下区的腐蚀特点研究

与大气区富含氧气不同，水下区的结构完全浸入海水中，尽管富含氯离子，但缺乏氧气，腐蚀速度很慢，主要破坏机理为钢筋锈蚀。

当混凝土结构受到拉应力时，最先承受拉应力的是混凝土而非钢筋，当拉应力超出混凝土自身抗拉强度时，混凝土会产生裂缝，受拉区混凝土退出工作，此时钢筋才会承受拉力，即达到设计理想状态。对预应力结构而言，由于一般不会因受力产生裂缝，海水不会直接缝侵蚀钢筋，但混凝土内部存在大量的空隙，海水会通过空隙侵蚀钢筋。由于侵蚀面积小且缺乏氧气，所以水下区的腐蚀速度最慢，但结构设计寿命一般在 20 年以上，常年作用下，锈蚀的钢筋不但截面积有所损失，材料的各项性能也会发生衰退，从而影响混凝土构件的承载能力和使用性能，甚至会导致结构的破坏。

4. 浪溅区与水位变动区的腐蚀特点研究

位于大气区与水下区的混凝土尽管也会受到其他因素的影响，但其主要破坏机理是单一的，也因此腐蚀速度较慢。大气区与水下区不同的是，位于浪溅区和水位变动区内的混凝土主要受到海洋氯离子侵入腐蚀，引起钢筋锈蚀，且又经常与空气接触，这种潮湿的环境使得钢筋的锈蚀极快。

氯离子侵入混凝土腐蚀钢筋的机理如下：

（1）破坏钝化膜。氯离子是极强的去钝化剂，氯离子进入混凝土到达钢筋表面，吸附于局部钝化膜处时，可使该处的 pH 值迅速降低，使钢筋表面 pH 值降低到 4 以下，破坏了钢筋表面的钝化膜。

（2）形成腐蚀电池。在不均质的混凝土中，常见的局部腐蚀对钢筋表面钝化膜的破坏发生在局部，使这些部位露出了铁基体，与尚完好的钝化膜区域形成电位差，铁基体作为阳极而受腐蚀，大面积钝化膜区域作为阴极。腐蚀电池作用的结果使得钢筋表面产生蚀坑；同时，由于大阴极对应于小阳极，蚀坑的发展会十分迅速。

（3）去极化作用。氯离子不仅促成了钢筋表面的腐蚀电池，而且加速了电池的作用。氯离子将阳极产物及时地搬运走，使阳极过程顺利进行甚至加速进行。氯离子起到了搬运的作用，却并不被消耗，也就是说，凡是进入混凝土中的氯离子，会周而复始地起到破坏作用，这也是氯离子非常危害的特点之一。

（4）导电作用。腐蚀电池的要素之一是要有离子通路，混凝土中氯离子的存在，强化了离子通路，降低了阴阳极之间的欧姆电阻，提高了腐蚀电池的效率，从而加速了电化学腐蚀过程。

此外，一旦钢筋的钝化膜破坏，大量的空气介入，钢筋自身也会锈蚀。氯离子侵入与钢筋锈蚀两者相互影响，氯离子侵入会导致钢筋锈蚀，钢筋锈蚀后产生松散的三氧化二铁等，有极强的吸附作用，会更多地吸附氯离子、水分以及氧气等。氯离子侵入与钢筋锈蚀的共同作用，使得钢筋破坏的速度急剧加快，这是浪溅区腐蚀速度最快的原因。

对于水位变动区的混凝土结构而言，腐蚀机理与浪溅区相同，但与空气的接触相对少一些，一旦水位较高时，水位变动区的腐蚀机理又变得与水下区相同，因此，水位变动区的腐蚀速度不如浪溅区迅速。

但是，水位变动区会受到微生物的作用和海水冲刷的影响。微生物的存在会与混凝土中的某些成分发生反应，破坏混凝土结构。而海水的不断冲刷和波动又会使水中含有的砂石等物质对混凝土表面反复摩擦，造成混凝土保护层厚度逐渐减小。

综上，对海洋工程而言，需要考虑腐蚀防护的为大气区、浪溅区、水位变动区和水下区，其中浪溅区和水位变动区腐蚀速度较快，作用机理复杂，需要重点考虑。

5. 其他因素的腐蚀特点

混凝土结构还会受到其他腐蚀、破坏因素的影响等，如碱－集料反应、冻融破坏等。碱－集料反应发生于混凝土中的活性骨料与混凝土中的碱之间，其反应产物为硅胶体。这种硅胶体遇水膨胀，产生很大的膨胀压力，从而引起混凝土开裂。这种膨胀压力取决于集料中活性氧化硅的最不利含量。

冻融破坏是指混凝土毛细孔中的水结冰膨胀，使得混凝土受到压力，但由于这种压力是不均匀的，混凝土局部则受到拉力作用，一旦超过混凝土的抗拉强度时，混凝土就会开裂。在反复冻融循环后，混凝土中的裂缝会互相贯通，强度逐步降低。但这些腐蚀、破坏因素可通过相关措施减少或无需考虑，如采取控制活性骨料等以避免或减少碱－集料反应等措施来解决。

综上所述，海洋工程中混凝土结构腐蚀、破坏机理众多，常见的有：混凝土碳化、碱－集料反应、冻融破坏、氯离子侵入腐蚀和钢筋锈蚀作用等。本次研究结合工程特点，重点研究海工混凝土如何防护氯离子侵入和钢筋锈蚀等腐蚀作用。

3.5.2 海洋环境条件下混凝土腐蚀机理分析

混凝土是由硅酸盐水泥、填充骨料（砂和石子）、水和助剂等混合后经水合浇筑而成。水泥的基本化学组成为 $3CaO \cdot SiO_2$ 和 $\beta^-2CaO \cdot SiO_2$ 以及少量的 $3CaO \cdot Al_2O_3$，$4CaO \cdot Al_2O_3 \cdot Fe_2O_3$ 或是一些铁相的固体溶液 $MgO \cdot CaO$ 及其化合物。骨料增强其耐磨性，钢筋骨架增加混凝土构件的强度。混凝土 pH 值为 12.5，高碱性使钢筋表面形成以 Fe_2O_3、Fe_3O_4 和含 Si−O 键化合物为主的致密钝化膜，这正是混凝土中钢筋在正常情况下不受腐蚀的主要原因。在海洋环境作用下，钢筋混凝土的腐蚀机理有以下几种。

1. 氯盐腐蚀机理

海水含有大量氯盐，对海洋环境中的钢铁具有强腐蚀性。氯离子引起的混凝土中钢筋腐蚀是造成钢筋锈蚀的最主要原因。

（1）氯离子的侵入方式：① 扩散作用：由于混凝土内部与表面氯离子浓度差异，氯离子自浓度高的地方向浓度低的地方移动称为扩散；② 毛细管作用：在干湿交替条件下，混凝土表层含氯离子的盐水向混凝土内部干燥部分移动；③ 渗透作用：在水压力作用下，盐水向压力较低的方向移动称为渗透；④ 电化学迁移：即氯离子向电位高的方向移动。

海上大气区钢筋混凝土被侵蚀的主要因素是风带来细小的盐粒沉积于结构物表面，由于盐吸湿形成液膜，使构筑物受到氯离子污染。潮差区的饱水部分和处于水下部分构筑物一直接触海水，扩散和渗透起主要作用。浪溅区和潮差区的非饱水部分，扩散、毛细管和渗透共同作用，风浪强烈冲击可以导致混凝土层的严重破坏，氯离子侵入速度加快，这一区域又有充足的氧，使此区域的钢筋腐蚀最严重。

（2）破坏钝化膜：Cl^-是极强的去钝化剂，Cl^-进入混凝土中并达到钢筋表面，当它吸附于局部钝化膜处时，可使该处的 pH 值迅速降低。当 pH 值$<$ 11.5 时，钝化膜就开始不稳定，当 pH 值$<$ 9.88 时，钝化膜生成困难或已经生成的钝化膜逐渐被破坏。Cl^-的局部酸化作用，可使钢筋表面 pH 值降低到 4 以下（酸性），于是该处的钝化膜就被破坏了，使钢筋暴露于腐蚀环境中。

（3）形成腐蚀电池：Cl^-对钢筋表面钝化膜的破坏首先发生在局部（点），使这些部位（点）露出了铁基体，在氧和水充足的条件下，活化的钢筋表面形成一个小阳极，与尚完好的钝化膜区域之间构成电位差，铁基体作为阳极而受腐蚀，大面积的钝化膜区作为阴极发生氧的还原反应，如式（3.5-1）～式（3.5-3）所示。

$$\text{阳极：} 2Fe \longrightarrow 2Fe^{2+} + 4e^- \tag{3.5-1}$$

$$\text{阴极：} O_2 + 2H_2O + 4e^- \longrightarrow 4OH^- \tag{3.5-2}$$

$$\text{总反应：} 2Fe + 2H_2O + O_2 \longrightarrow 2Fe(OH)_2 \tag{3.5-3}$$

腐蚀电池作用的结果在钢筋表面产生点蚀（坑蚀），由于大阴极（钝化膜区）对应于小阳极（钝化膜的破坏点），坑蚀发展十分迅速，这就是Cl^-对钢筋表面产生“坑蚀”的原因所在。阳极金属溶解形成腐蚀坑，这种腐蚀成为点腐蚀（铁锈），铁锈若继续失水就形成水化氧化物红锈，一部分氯化不完全的变成黑锈，由于铁锈成多孔从而伴随着较大的体积膨胀，因此很容易在混凝土中出现顺筋裂缝，引起结构物的耐久性破坏。

（4）氯离子的阳极去极化作用：氯离子不仅促成了钢筋表面的腐蚀电池，而且加速电池作用的过程。阳极如式（3.5-4）所示，如果生成的Fe^{2+}不能及时搬运走而积累于阳极表面，则阳极反应就会因此而受阻；如果生成的Fe^{2+}能及时被搬运走，阳极反应就会顺利进行乃至加速进行。Fe^{2+}和Cl^-生成可溶于水的$FeCl_2$，然后向阳极区外扩散，与本体溶液或阴极区的OH^-生成俗称褐锈的$Fe(OH)_2$，遇孔隙液中的水和氧很快又转化成其他形式的锈。$FeCl_2$ 生成 $Fe(OH)_2$ 后，同时放出Cl^-，新的Cl^-又向阳极区迁移，带出更多的Fe^{2+}，从而加速阳极过程。通常把加速阳极的过程，称作阳极去极化作用，Cl^-正是发挥了阳极去极化作用的功能，其反应式为：

$$2Cl^- + Fe^{2+} + 6H_2O + 2Fe = 3Fe(OH)_2 + 6H^+ + 2Cl^- \tag{3.5-4}$$

$$4Fe(OH)_2 + O_2 + 2H_2O = 4Fe(OH)_3 \tag{3.5-5}$$

$Fe(OH)_3$ 若继续失水就形成水化氧化物 FeOOH（即为红锈），一部分氧化不完全的变成 Fe_3O_4（即为黑锈），在钢筋表面形成锈层。由于铁锈层呈多孔状，即使锈层较厚，其阻挡进一步腐蚀的效果也不大，因而腐蚀将不断向内部发展。

Cl^-不构成腐蚀产物，在腐蚀中也未被消耗，如此反复对腐蚀起催化作用。可见Cl^-对钢筋的腐蚀起着阳极去极化作用，加速钢筋的阳极反应，促进钢筋局部腐蚀，这是氯离子侵蚀钢筋的特点。

2. 氯离子的导电作用及其他反应产物

混凝土中氯离子的存在强化了离子通路，降低了阴、阳极之间的电阻，提高了腐蚀电池的效率，加速了电化学腐蚀过程。

另外，氯盐对混凝土也有一定破坏作用，如结晶膨胀和增加冻融破坏等，即氯盐可以和混凝土中的Ca^{2+}离子反应生成易溶的$CaCl_2$和带有大量结晶水、比反应物体体积大几倍的固相化合物，造成混凝土的膨胀破坏。如果水泥中铝酸三钙含量高于8%，其制成的混凝土就很容易受到Cl^-腐蚀。但相对而言，氯盐所引起的钢筋锈蚀破坏通常起主导作用。

在水位变动区，涨潮时混凝土表层吸饱海水；落潮时被风吹干，盐分析晶，如此干湿交替，又有充分的O_2，因此腐蚀严重；而浪溅区一方面接触海水浪花，另一方面由于毛细孔作用海水从混凝土内部上升，而且这一部位风吹日晒强度大，O_2供给最充足，混凝土内部积累的Cl^-含量最大，通常腐蚀也最为严重。

3. 混凝土的碳化

海洋环境作用等级为E级和F级时，混凝土碳化也是钢筋混凝土腐蚀的原因之一。钢筋混凝土中水泥的水化产物$Ca(OH)_2$是一种高碱性物质，pH值在12.5以上，混凝土中钢筋与该溶液接触可以钝化，对钢筋起到保护作用。这种钝化作用在碱性环境中是很稳定的。当空气中的酸性气体（如CO_2、SO_2等）通过孔洞形态的混凝土与$Ca(OH)_2$和其他碱性物质发生反应，变成碳酸盐，称之为碳化作用。具体反应如下：

$$CO_2 + H_2O + Ca(OH)_2 \longrightarrow CaCO_3 + 2H_2O \tag{3.5-6}$$

$$3CaO \cdot \alpha SiO_2 \cdot \beta H_2O + 3CO_2 \longrightarrow 3CaCO_3 \cdot \alpha SiO_2 \cdot \alpha H_2O \tag{3.5-7}$$

当大量的碳酸钙形成时，混凝土内部碱性环境被破坏，钝化膜失效，钢筋暴露于腐蚀环境下发生腐蚀氧化还原反应。混凝土碳化受多种因素影响，比如混凝土的组成材料、配合比、环境条件（温湿度、CO_2浓度）等。

4. 硫酸根离子腐蚀

当海水中存在的SO_4^{2-}进入混凝土表层内部后与混凝土的某些成分反应，生成物吸水肿胀产生膨胀应力，当应力达到一定程度时混凝土就产生裂缝，这种腐蚀作用在不同条件下又有两种表现形式，即E盐破坏和G盐破坏。

E盐破坏即钙矾石膨胀破坏，其生成物的体积比反应物大1.5倍多，呈针状结晶，引起很大的内应力，其破坏特征为混凝土表面出现几条较粗大的裂缝。

G盐破坏即石膏膨胀破坏，当外界溶液中SO_4^{2-}浓度达到1000mg/L，SO_4^{2-}可与$Ca(OH)_2$反应生成石膏晶体，生成的$CaSO_4 \cdot 2H_2O$体积增大1.24倍，导致混凝土因内应力而破坏，其破坏特征为混凝土表面无粗大裂缝但是遍体溃散，即使浓度不高，但是混凝土处于干湿交替状态，因水分蒸发而导致石膏结晶的G盐破坏也容易发生。

5. 镁离子破坏

镁盐（$MgSO_4$和$MgCl_2$）在海水中含量较大，深入混凝土中将和$Ca(OH)_2$发生反应。虽然生成的固相物质积聚在孔隙内，在一定程度上可以阻止介质的侵入，但是大量的 $Ca(OH)_2$ 与镁盐反应后，碱度降低，会使得水泥石中的水化硅酸钙和水化铝酸钙与酸性的镁盐反应，同时生成的 $Mg(OH)_2$ 还能与铝胶、硅胶缓慢反应造成混凝土粘结力减弱，导致混凝土强度降低。

6. 冻融循环破坏

混凝土是由水泥砂浆和粗骨料组成的多毛细孔体。在搅制混凝土时为了得到必要的和易性，加入的水多于水灰比这部分便以游离水的形式滞留于混凝土中，随温度降低毛细孔中水分开始结冰并膨胀，体积膨胀产生冻胀压力的作用压力大小取决于水分的饱和程度、水泥浆的渗透度、最近气孔的距离、冷却速度和保持在冰冻温度的时间多少，当该压力超过任何混凝土的抗拉强度时，就会出现局部开裂，使混凝土强度骤降。经过反复的冻融循环，混凝土中的损伤会不断增大，其强度也逐渐消失。而在海洋环境中，混凝土完全浸没于水中或处于高度潮湿条件下，其毛细孔内由于渗透扩散作用水分饱和程度高，处于冰冻环境中时间长，海水比热大导致热量变化剧烈，使混凝土所受冻融循环破坏比普通大气环境下严重。

同时冻融循环破坏造成的混凝土内部裂缝和表面开裂或防护面的剥落，使 CO_2 和 Cl^- 更易侵入，加速了钢筋的腐蚀。

3.6　小结

（1）根据地理纬度以及腐蚀原理的不同可将我国沿海划分为华南区、中间区和北部区。我国海水的含盐量以纬度较高的渤海海区较低，黄海、东海逐渐升高，纬度较低的南海盐度较高，但总体上海水中盐度变化量不大。由于华南区高温高湿等特点，使得海水腐蚀环境最恶劣。

（2）根据现阶段国内外已有的风机基础及海上升压站基础结构形式，基本以单桩基础、导管架基础、混凝土承台基础和重力式基础为主，不乏部分筒型基础，其中单桩基础和导管架基础为钢结构，重力式基础为钢筋混凝土结构，承台基础和筒型基础为钢筋混凝土结构或钢结构复合结构。根据各基础形式的材料属性，基础结构主要的防腐目标为钢结构和钢筋混凝土两种类型。

（3）海洋工程钢结构，长期处于海洋大气、浪溅、水位变动、水下和泥下的复杂腐蚀环境中，在不同的水位区域其腐蚀行为有着明显的区别。海洋环境条件下金属腐蚀指的是在环境中发生化学或电化反应，金属由单质变为化合物的过程，这一腐蚀机理过程既涉及使腐蚀能够进行的热力学问题，同时也涉及影响腐蚀速度的动力学问题。

（4）分布于海洋不同腐蚀环境，如海洋大气区、浪花飞溅区、潮差区、海水全浸区和海泥区，混凝土结构的不同部位的腐蚀特点则不尽相同；同时海洋工程中混凝土结构腐蚀和破坏机理众多，常见的有：氯盐腐蚀机理、氯离子的导电作用、混凝土碳化、碱－集料反应、硫酸根离子腐蚀、镁离子破坏、冻融破坏和钢筋锈蚀作用等。

（5）海上风电结构的腐蚀环境特征与其他海洋工程有一定的相似性，同时也具有其不同的环境腐蚀特征和腐蚀特性，应针对其腐蚀特点，采用高效、持久的腐蚀防护措施。

第4章　涂层防腐技术研究

4.1　涂层防腐的机理及发展

4.1.1　涂层防腐的机理

防腐蚀涂层之所以能起到防腐蚀作用，普遍认同的主要是由于以下三种作用：

（1）屏蔽作用

涂料漆膜层的屏蔽作用在于隔离被保护基体与腐蚀介质的直接接触。如果防止金属表面被腐蚀，就必须要求漆膜层能阻止外界环境与金属表面的接触，从而达到防腐效果。

（2）缓蚀钝化作用

借助涂层中含有的防锈涂料，在溶液中解离出缓蚀离子，使基体表面钝化，抑制腐蚀进程。当金属表面氧气浓度超过一定量时，可将金属表面发生氧化反应所生成的 Fe^{+}氧化成 Fe^{3+}，Fe^{3+}再同金属表面发生还原反应所得到的 OH^{-}反应，形成 $Fe(OH)_2$ 沉淀而沉积在金属表面形成致密层，阻止了进一步腐蚀，这叫作钝化，可以引起钝化的 O_2 浓度叫作临界浓度，pH 值越高，临界浓度越低，因此高 pH 值有利于钝化。在 pH 值低于 10 时，要金属表面浓度增加到临界浓度是很困难的，但可以使用浓度超过一定量、具有一定水溶性的氧化剂，如防锈颜料铬酸盐、铅酸盐、磷酸盐等进行钝化。

（3）牺牲阳极保护作用

考虑到电化学腐蚀因素，在涂料中加入一些比被保护基体更活泼的金属粉（电极电位比被保护介质高），如锌粉作填料，当电解质渗入到被防护金属表面发生电化学腐蚀时，涂料中的金属就作为牺牲阳极而被溶解，使得基体金属免遭腐蚀。如在形成电池反应时，Zn 为阳极分解成为 Zn^{2+}，与在阴极处生成的 OH^{-}反应生成 $Zn(OH)_2$，$Zn(OH)_2$ 再与 CO_2 反应生成 $ZnCO_3$，它们都为碱性，因此可以保护钢铁不再受腐蚀。

直到 30 年前，人们还一直认为涂料防腐蚀机理是在金属表面形成一层屏蔽涂层，阻止水和氧与金属表面接触。但有大量研究表明，涂层总有一定的透气性和渗水性，涂料透水和氧的速度往往高于裸露钢铁表面腐蚀消耗水和氧的速度，涂层不可能达到完全屏蔽作用。还有人认为涂料的防腐蚀作用是因为导电度降低而阻止了腐蚀的进行，虽然导电度高的涂料，防腐蚀能力的确不好，但导电度低的涂层，导电率和防腐蚀性能并没有明确的关系，后来 Funke 教授提出了涂料与钢铁表面的湿附着力对防腐蚀起着重要的作用。所谓湿附着力是指在有水存在条件下的附着力。

Funke 教授认为涂料防腐的机理是：聚合物的某些基团吸附在金属表面，阻止了被水取代；如果湿附着力差，透过漆膜到达钢铁表面的水分子与钢铁表面的作用就可以顶替原有的漆膜与钢铁的作用而形成水层，透过漆膜的氧就可以溶解在漆膜下部的水中，有了水和氧，钢铁就有了发生腐蚀的条件，腐蚀一旦发生，便有 Fe^{2+} 产生，水就变成了盐溶液，于是有渗透压产生，在渗透压作用下，H_2O 和 O_2 加速透过漆膜，此时的漆膜就相当于一个半透膜，漆膜的附着被进一步破坏，导致与钢铁表面分离；另一方面，腐蚀发生时，在阴极处有 OH^- 离子产生，它可以使漆膜中一些易水解的基团水解，使涂层与金属之间的湿附着力得到破坏，漆膜失去其原有的机械物理性质，从而失去保护钢铁的作用。湿附着力与涂料中树脂的分子结构有关，树脂分子中如果含有极性基团，并且极性基团要排列在钢铁表面，同时树脂分子为刚性分子时有助于提高湿附着力。涂层与金属表面的湿附着力良好，如果涂层被水和氧的渗透性小，能进一步提高其防腐蚀性能；涂料中的基料如果能耐皂化，则防腐性更好；再加上防锈颜料和具有牺牲阳极作用的锌粉，这样可以构成一个完整的防腐蚀体系。

但相对而言，涂料的防腐蚀仍是一个尚未完全了解的复杂过程，对涂层的防腐蚀机理，仍待于人类的进一步研究和探索。

4.1.2　涂层防腐的发展

虽然漆器在我国 4000 多年前的虞夏时期就已有应用，而 17 世纪时彼得大帝时代的战舰就采用了橡树泡石灰，增加弹性和防腐能力，但现代意义上的海洋保护涂料的发展始于 20 世纪 40 年代，随着富锌漆、防污涂料等产品的诞生，海洋涂料开始在军事等领域得到广泛应用，20 世纪 70 年代，石油危机的爆发促使海洋石油工业和远洋运输业开始大规模发展，并带动海洋涂料市场迅速增长。

在欧洲，英国、挪威以北海油田开发为契机，研制了包括采油、输油、炼油和后勤支援等一套海上石油工业重防腐涂料体系，因其性能和低温施工特性更胜一筹，甚至使得苏联在军舰建造领域也采用挪威涂料涂装。20 世纪后半叶，荷兰 Sigma（现已被美国 PPG 集团收购）和丹麦老人牌（Hempel）、英国国际油漆（International Paints，现属于荷兰阿克苏诺贝尔集团）、挪威佐敦（Jotun）等欧洲涂料企业开始逐渐在全球船舶及海洋工程涂料领域形成了优势。

在美国，以阿波罗计划为契机，其航天航空技术发展的过程带动了新一代重防腐涂料的研发，如杜邦（Dupont）的氟涂料、氯磺化聚乙烯防腐涂料；Ameron 公司（现已被 PPG 收购）的聚氨酯防腐涂料和 APC 公司（Advanced PolymerCoating LLC，先进聚合物）的无机－有机聚合物涂料 Siloxirane® 等，此外还有化工巨头 BASF 也具有技术力量雄厚的涂料产业。这些涂料之后在海洋防腐领域也得到了较广泛的应用。

在日本和韩国，为保护跨海造船产业的发展，带动了关西涂料公司的玻璃鳞片涂料、旭硝子和大金公司的氟涂料、KCC 的船舶涂料等产品的成功开发和市场应用。

在我国，1966 年 4 月 18 日，为了解决海军用舰船涂料的短缺，由周恩来总理批示，海军、中国船舶总公司、中科院和当时的化学工业部共同组建了“四一八”舰船涂料攻关协作组，开辟了中国舰船涂料从无到有、从仿到创的历史。上海江南造船厂自 1973 年起在上海开林造漆厂、上海市涂料所、振华造漆厂等配合下对国产车间底漆进行了大量工艺试验，先后开发出与进口涂料质量相当的环氧富锌漆 702 号、无机富锌漆 704 号、无锌环氧漆 703 号。20 世纪 90 年代后期开始，通过成功引进、消化和吸收，在我国浙江、上海、江苏等地形成了一大批富有活力的船舶涂料生产商。当前，我国防腐领域技术研究及开发最为突出的两家企业（科研结构）其一为双瑞集团（中船重工 725 所），其二为中科院及其旗下的金属和海洋防腐的研究所。

4.2 海工重防腐涂料

4.2.1 海工重防腐涂料主要类型

在复杂的海洋环境中，钢结构所发生的腐蚀几乎包括了所有常见的金属腐蚀类型，如全面腐蚀、电偶腐蚀、点腐蚀、应力腐蚀开裂、腐蚀疲劳、磨损腐蚀、缝隙腐蚀、冲击腐蚀和空泡腐蚀等。这就对海洋防腐涂料的质量和性能提出了更高的要求。海洋防腐工程中通常采用的防腐涂料是在恶劣腐蚀环境下仍能对基材具有长期保护作用的涂料，即重防腐涂料。一般要求其保护期至少在 10～15 年以上，且具有良好的物理性能、力学性能、化学性能和施工性能，涂料固体组分含量高，有机挥发组分达到国家或国际标准要求。海洋防腐领域应用的重防腐涂料主要有：环氧类防腐涂料、聚氨酯防腐涂料、橡胶类防腐涂料、氟树脂防腐涂料、有机硅树脂涂料、聚脲弹性体防腐涂料以及富锌涂料等，其中环氧类防腐涂料所占的市场份额最大。

1. 环氧类防腐涂料

以环氧树脂为主要成膜物质的涂料称为环氧涂料，环氧涂料是目前世界上用得最为广泛、最为重要的防腐涂料之一。环氧树脂类防腐蚀涂料种类很多，大致可分为：胺固化环氧涂料、聚酰胺固化环氧涂料、胺加成物固化环氧涂料、环氧粉末涂料、环氧改性涂料。

环氧系列涂料产品具有涂膜坚韧、耐磨、附着力好、耐化学腐蚀、耐强碱、耐水、耐溶剂、耐油等性能优异的特性，并有良好的绝缘性。主要体现在以下几个方面：

（1）极好的附着力

环氧树脂结构中含有不易水解的脂肪基（−C−）和醚键（−C−O−C−），能够产生电磁引力。另外，在固化过程中活泼的环氧基和介质表面上的游离键起反应而形成牢固的化学键，从而使环氧树脂涂层获得极好的附着力。

（2）优异的防腐蚀性能

环氧树脂固化涂层，含有稳定的苯环、醚键等，结构致密，耐酸、耐碱、耐有机溶剂、耐水。漆膜对金属附着力好，结构气孔小，使各种腐蚀介质难以渗透到金属表面，所以耐腐蚀性极好。

（3）良好的机械性能

因环氧树脂固化涂层结构中刚性的苯核和柔性的烃键交替排列，刚柔结合，使涂层坚硬而柔韧。另外，在固化过程中没有小分子副产物生成，不产生气体，体积收缩小，热膨胀系数小，使涂层不致因温度和应力作用而产生龟裂。漆膜柔韧性好，比酚醛类树脂大 7 倍。

（4）高度的稳定性

环氧树脂本身热塑性好，不加固化剂不会固化，也不会受热变化。所以环氧树脂涂料具有高度的稳定性，放 1～2 年也不会变质。

2. 聚氨酯防腐涂料

聚氨酯涂料于 20 世纪 40 年代首先由联邦德国开始工业化生产，60 年代以后各国相继投入生产，并发展了聚氨酯涂料的品种。我国 1958 年开始自力更生研发聚氨酯涂料，目前已有一定的生产规模。

按照固化机理，习惯上将聚氨酯涂料分为以下 5 类：

（1）氧固化聚氨酯改性油

氧固化聚氨酯改性油涂料的光泽度、丰满度、硬度、耐磨耐水、耐油和耐化学腐蚀性等均较醇酸树脂涂料好，贮存稳定，无毒并利于制造色浆，施工方便，价廉；但耐候性不佳，户外使用易泛黄，流平性差。

（2）潮气固化型聚氨酯

单组分，漆膜坚硬，耐磨，耐油，抗污染，能在潮湿环境下施工；但固化速度慢，不能厚涂。

（3）封闭型聚氨酯

单组分，贮存稳定，电绝缘性、耐水性、耐溶剂性和物理机械性能较好；但需要加热到 130～170℃固化，施工不方便。

（4）催化固化型聚氨酯

反应速度快，附着力、耐磨性、耐水性和光泽均较好；但不能厚涂。

（5）多羟基化合物固化型聚氨酯

性能优异，应用广泛。

此外，还有聚氨酯沥青、聚氨酯弹性涂料、水性聚氨酯涂料等。聚氨酯类涂料物理强度高，耐海水屏蔽性好，并且在紫外线照射条件下，性能稳定于环氧基涂料。

3. 橡胶类防腐涂料

橡胶类防腐涂料柔韧性好、抗冲击，即使表面稍有脱落也易修补；耐寒、耐热及冷热循环后密着性能优越，显示对于被涂物、涂料以及涂料间随季节的昼夜温差变化引起膨胀而产生变形的忍受性大，可用于桥梁、大型构筑物等。橡胶类涂料属单液涂层型，操作方便，工艺简单。

橡胶类防腐涂料主要有丁基橡胶、氯磺化聚乙烯橡胶及氯化橡胶。

（1）丁基橡胶

丁基橡胶在以橡胶为主的聚合物中，不仅耐候性好且气密性是最好的。因此，涂料中含有丁基橡胶，既提高了涂料的防腐效果，又防止了以氧、氯、二氧化硫等腐蚀性气体为主的腐蚀性物质的渗透作用。

（2）氯磺化聚乙烯橡胶

氯磺化聚乙烯的分子结构特点是一种以聚乙烯作主链的饱和型弹性体，因不含双键，其耐日光老化、耐臭氧及耐化学腐蚀性优异，使其成为橡胶防腐涂料中的关键成分。

（3）氯化橡胶

氯化橡胶因分子量相对较小，由其单体组成的橡胶涂料耐屈挠、耐冲击及防腐是不能满足要求的，但它却能改善含丁基橡胶涂料的硬度及耐划伤性，同时提高了防腐涂料的阻燃性能。

4. 氟树脂防腐涂料

世界上最原始的氟碳涂料发明于1938年，属于烧结型氟涂料PTFE（聚四氟乙烯树脂），在200～300 ℃高温情况下，烧结成膜，成本高，且常温下无法固化，难以适应大型结构涂装保护和现场施工的需要。直到20世纪80年代，才真正发明了常温下固化的有机溶剂型氟涂料，在室温到高温较宽的范围内固化，得到光泽、硬度、柔韧性都理想的涂膜。

氟树脂涂料自发明以来，在防腐方面得到了广泛的推广和运用。近20年来，日本的新干线项目、阪神高速公路、东京湾工程、本四联络桥工程等都普遍采用该产品替代原有的聚氨酯配套产品，氟树脂涂料优越的防腐性能得到了充分体现。

氟树脂涂料优异的性能来自氟树脂中分子结构的氟原子，它和碳原子之间形成的C−F键极短、键能高，因此分子结构非常稳定，可以满足长效防腐的要求。由于C−F原子是由比紫外线能量大的键合强度连接，所以不易受阳光中紫外线照射而断裂，因此耐紫外线性能优异。在美国的加利福尼亚光照最强的标准试验地，针对4种表面涂装材料延续进行了6000h的试验，氟碳树脂涂料的抗紫外线能力是普通聚氨酯涂料的3～4倍。此外在其分子链中，每一个C−C键都被螺旋式的三维列氟原子紧紧包围，这种结构能保护其免受紫外线、热和其他化学物质的侵害，因此透氧性极小，能很好地防止底材锈蚀。

在实际工程应用过程中，氟树脂涂料的优异性能还体现在保光保色性好，并具有自洁功能。由于漆膜光滑、结构致密，涂层表面不利于污渍的附着，即使有少量的油性物质，也比其他涂料更容易擦洗干净。

5. 有机硅树脂涂料

18世纪下半叶，英国诺丁汉大学的Kipping教授做了大量有机硅化学的基础研究，奠定了有机硅化学的基础。之后，有机硅引起了人们广泛的注意，美国的Corning玻璃厂、GE公司等对有机硅聚合物进行了深入的研究。目前，有机硅聚合物已广泛应用于现代工业、新兴技术和国防军工中，并且深入到日常生活中，成为化工新材料中的佼佼者。

有机硅产品以聚硅氧烷为主，其基本结构单元为硅氧链节，与硅原子相连的是各种有机基团。从结构上可以看出，该类化合物是属于半无机、半有机结构的高分子化合物，它们兼有有机聚合物和无机聚合物的特点，在性能上有许多独特之处。

（1）热稳定性

硅树脂是一种热固性树脂，它最突出的性能之一是优异的热氧化稳定性。这主要是由于硅树脂是以Si−O−Si为骨架，因此分解温度高，通常在250℃以下都稳定。

（2）电绝缘性

硅树脂具有优异的电绝缘性能。它在宽广的温度和频率范围内均能保持良好的电绝缘性能，由于耐热性好，因此硅树脂在高温下的电气特性降低很少，高频特性随频率变化也极小。

（3）耐候性

硅树脂由于难以产生有紫外线引起的自由基反应，也不易产生氧化反应，所以具有突出的耐候性。因此即使在紫外线强烈照射下，硅树脂也耐泛黄，使用耐光颜料并以有机硅树脂为基料的漆，其色彩可保持多年不变，同时不易发生粉化。有机树脂对有机硅树脂进行改性，其改性树脂的耐候性并不随共聚物中有机树脂的含量增加而成比例的下降。因此，即使含有 50% 有机树脂改性的硅树脂，仍然具有突出的耐候性。例如，醇酸树脂中只要添加 10% 的某些类型的硅树脂，就能显著提高产品的耐候性能。

（4）耐水性

硅树脂由于分子中甲基的排列使其具有憎水性，因此硅树脂的吸水性小，而且，即使吸收了水分也会迅速放出从而恢复到原来的状态。而对一般的有机树脂，浸水后电气性能大大降低，吸收的水分也难以除掉，电气特性恢复较慢。

（5）机械性能

由于有机硅分子间作用力小，有效交联密度低，因此硅树脂一般的机械强度如弯曲、抗张等较弱。但作为涂料使用的硅树脂，对机械性能的要求着重在硬度、柔韧性和热塑性等方面。硅树脂的硬度和柔韧性可以通过改变树脂结构而在很大范围内来调整以适应使用的要求。提高硅树脂的交联度，可以增加硬度；反之，减少交联度，则能获得柔韧性的薄膜。在硅原子上引入占有较大空间的取代基也能产生具有较高柔韧性的漆膜。苯基引入硅氧烷链节中能改进其耐热性、柔韧性及与颜料的配伍性，也能改进有机硅树脂与有机树脂的相容性和对各种基材的乳附性。含苯基的硅树脂有较大的热塑性，因此硅树脂通过调节苯基与甲基的比例，即可得到所需的硬度。

（6）化学性能

完全固化的硅树脂对化学药品具有一定的抵抗能力。文献报道，硅树脂漆膜在 25℃下，可耐 50% 的硫酸、硝酸和浓盐酸达 100h 以上，并在一定程度上对氯气有良好的抵抗力，但强碱能断裂 Si−O−Si 键，使硅树脂漆膜遭到破坏。硅树脂耐溶剂性能欠佳，芳香烃、酮类等溶剂几分钟内就可造成漆膜损坏。

6. 聚脲弹性体防腐涂料

聚脲，是由异氰酸酯组分与氨基化合物组分反应生成的一种弹性体物质，被视为继高固体分涂料、水性涂料、光固化涂料、粉末涂料之后的一种新型无溶剂、无污染的绿色涂料。聚脲材料具有高抗冲击性、高伸长率、高撕裂强度等优异的综合力学性能，伸长率最高可达 1000%。聚脲的耐介质性能十分突出，耐候性好，耐冷、耐高温和热冲击，对湿度和温度不敏感，防水、耐磨、耐老化、耐化学介质、耐交变温度（压力）和耐核辐射，在户外长期使用不粉化、不开裂、不脱落，极大地延长了钢结构、混凝土的寿命。聚脲弹性体对混凝土的粘结强度≥ 5MPa，超过混凝土间粘结强度，是一种集塑料、橡胶、涂料、玻璃钢之大成的“万能”材料。

聚脲弹性体由半预聚体、端氨基聚醚、胺扩链剂等原料组成，相对于传统防护涂料，聚脲弹性体的一次性投资相对较高。但一般防护涂料三五年就要进行修复或翻新，不但维修费用巨大，而且间接损失巨大，甚至不可修复，而聚脲防护涂料有效防护年限长达上百年。因此，选取一次性成本略高，但性能优越、可靠性及维修性好，使用年限长、寿命周期费用低、年均防护成本低的聚脲涂料显然更经济。

聚脲弹性体防腐涂料具有极优异的耐化学介质性、耐紫外线性，国外在海上钢结构中已广泛使用，而在我国的应用很有限，在陆上的结构物上的应用常常出现脱开、剥离等各种失效问题，究其原因多由于材料基体及施工控制不足。而部分高性能聚脲弹性体防腐的原料需从国外进口，造价比较高。

典型案例：某聚脲弹性涂料 HK-988 是慢固化脂肪族聚脲类涂料，涂料的可操作时间长，保留了聚脲材料的高强度、高弹性、耐低温、抗紫外等特点，具有更强的粘结效果，该材料可作为混凝土保护涂层使用，使混凝土具有抗冰冻、抗紫外、抗冲磨的效果。此外，其具有卓越耐黄变性能，也可以根据要求，制作成不同颜色的涂料（表 4-1）。

HK-988 聚脲弹性涂料部分测试性能表 **表 4-1**

项目		指标	测试标准
外观	A 组分	浅黄色透明黏稠液体	
	B 组分	灰或黑色膏状体	
密度（g/cm^3）		1.20±0.10	
失粘时间（h）		≤4	GB/T 13477.5—2002
拉伸强度（MPa）		≥12.0	GB/T 16777—2008
断裂伸长率（%）		≥250	
粘结强度（MPa）		≥3.0（或基材破坏）	

7. 富锌涂料

锌对钢铁有着优异的防腐蚀保护性能。富锌涂料根据成膜物质的不同，一般分为有机富锌涂料和无机富锌涂料两大类。有机富锌是以合成树脂（如：环氧、聚酯树脂等）为成膜物质，以高含量锌粉为颜填料的防腐涂料，产品基本定型并得到广泛的应用。而无机富锌涂料是以无机聚合物（如硅酸盐、磷酸盐、重铬酸盐等）为成膜基料，锌粉与之反应，在金属表面形成锌铁络合物，从而形成坚实的防护涂膜。

自从 20 世纪 30 年代澳大利亚人 Victor Nightingale 发明富锌涂料以来，国内外学者对其进行了大量的研究，并在此基础上研制出了多种富锌涂料，其中无机富锌涂料在导电性、耐候性、耐热性、耐溶剂性、防腐蚀等方面都优于有机富锌涂料。尤其当作单一涂层时，具有更好的耐久性和耐候性。近年来，随着人们环境保护意识增强，对挥发性有机溶剂的限制越来越严格。水性涂料成为涂料行业的发展主流，得到人们越来越多的重视。1999 年国家环境保护局又颁布了经过修订的绿色标志涂料——水性涂料标准。现在国内水性无机富锌涂料的原料主要是硅酸盐系列，包括硅酸钠、硅酸钾、钾钠水玻璃、锂水玻璃等品种。以硅酸锂为主要成膜物质制成的无机水性富锌涂料，无论在耐候性、耐热性、物化性能等方面都要比其他硅酸盐系列的水性无机富锌涂料优异，防腐蚀效果达 30 年以上。

4.2.2 常用海工重防腐涂料

从目前国内外海洋工程、船舶工业的来看，钢结构防腐保护的主要方法是预留钢结构腐蚀余量、海工重防腐涂装、牺牲阳极与外加电流阴极保护、复合包覆防腐等。

防腐技术有很多种，其中防腐涂料具有施工简便、适应性广、成本低，且可以与其他防腐措施并用等特点。

根据国内外海工涂层防腐技术的研究、应用和发展，通过调研主要海工涂层防腐供应厂商防腐产品的功能特性，目前防腐效果最好，且应用更为广泛的海工重防腐涂料以环氧重防腐涂料、改性环氧树脂涂料、环氧粉末防腐涂料、厚浆型聚氨酯涂料、改性环氧玻璃鳞片涂料、聚酯玻璃鳞片涂料和玻璃钢为主。

（1）环氧重防腐涂料

环氧重防腐涂料具有施工方便、附着力强、防腐效果好、长效、经济等优点，在浪溅区和水位变动区的恶劣环境下具有良好的防腐效果，因此在国内得到了广泛的应用。天津港、东海大桥、马迹山港、宁波 25 万 t 原油中转码头等都使用了环氧重防腐涂料。

（2）改性环氧树脂涂料

改性环氧树脂分子量低，渗透性强，具有优异的封闭性能和附着力，溶剂含量少，有利于环境保护，与阴极保护有着良好的相容性。厚浆型改性环氧树脂涂料具有优异的防腐蚀性能，国外海洋平台上已经有 30 年以上的使用业绩。

（3）环氧粉末防腐涂料

环氧粉末涂料漆膜具有较好的抗海水腐蚀、抗泥沙冲刷、抗海生物附着、抗紫外线辐射等优点。环氧粉末涂料采用喷涂并熔融成膜，流水线一次性投资大，但工厂流水线上自动喷涂速度很快，涂料的配色相对困难。另外工厂化施工的环氧粉末涂层在施工期破坏后无法进行修补，环氧粉末涂层薄而脆，抗外界环境破坏能力差，应通过与环氧粉末相配合的重防腐进行修补。目前，环氧粉末在土壤中的管道工程中应用非常广泛，据统计占到 80% 以上的比例，但在海洋工程中则鲜有成功案例。

（4）厚浆型聚氨酯涂料

厚浆型聚氨酯涂料物理机械性能良好，漆膜坚韧耐磨，附着力强，耐腐蚀性优良，漆膜耐酸碱，抗盐雾性强。100% 固体分刚性聚氨酯重防腐涂料在营口港液体化工码头、青岛黄岛液体化工码头、洋山深水港码头等水工建筑物中已使用。在国外已经有了 20 多年的使用业绩。

（5）玻璃鳞片涂料

玻璃鳞片涂料主要有环氧玻璃鳞片涂料和聚酯玻璃鳞片涂料。玻璃鳞片涂料因能形成数十上百层的致密薄片层形成复杂的渗透路径而具有优良的抗渗特性和耐蚀性。无论是环氧玻璃鳞片涂料还是聚酯玻璃鳞片涂料都具有良好的耐冲击性能、耐磨性能和良好的阴极相容性，二者在海洋平台和码头钢管桩上都已有长达 25 年以上的良好记录，并可作为破冰船船壳涂料。改性环氧玻璃鳞片涂料还是低表面处理型涂料。

（6）玻璃钢

玻璃钢一般是以合成树脂为基料，玻璃纤维及其制品为增强材料制成的复合材料，在防腐涂料中间缠绕玻璃丝布，最为常用的为四油三布、五油四布。如 TYFO 纤维包覆和 PHC 纤维增强复合包覆层由于它具有质轻、高强、耐蚀、成型好、使用性好等优点。虽然通过玻璃纤维增强了涂层的刚度和强度，但防腐基础还是环氧沥青和煤焦油沥青等，同样存在如上述的问题，而且在施工中玻璃纤维尖端的露出，加速了海水沿着涂料和纤维的薄弱界面产生非活性渗透。在玻璃钢衬里施工中，树脂与玻璃纤维制品的良好浸润极为重要，是抗渗等各种性能的良好的保证。由于衬里较厚，固化收缩或温度变化引的涂层的内应力更为突出，处理不好易造成开裂和脱壳，因此对金属表面处理达到的级别要求较高。

玻璃钢的破坏形式为渗透和应力破坏：

1）渗透破坏：主要的途径有两个，一是在树脂固化过程中溶剂挥发小分子产物，添加剂的析出等因素易使玻璃钢衬里出现针孔、气泡、微裂纹等缺陷，使其抗渗透性变坏。二是在玻璃纤维与合成树脂界面间，当粘合效果不理想时，水等腐蚀介质很容易沿着界面向内渗透，就会引起金属表面的电化学腐蚀，出现鼓泡，破坏树脂与金属的粘合力，造成衬里剥离，同时使玻璃纤维失去增强作用。

2）应力破坏：主要是由于在施工及使用过程中不可避免产生内应力：

$$\sigma_{内} = \sigma_s + \sigma_T + \sigma_t$$

式中 $\sigma_{内}$——内应力的总和；

σ_s——固化时的收缩应力；

σ_T——热处理固化冷却产生的热应力；

σ_t——使用过程中出现的温度应力。

当 $\sigma_{内}$ 大于衬里层的强度时，衬里层就会破裂，当 $\sigma_{内}$ 大于玻璃钢与集体的结合力时，就会脱离基体；另外由于树脂与玻璃纤维的线膨胀系数的不同也存在内应力，当内应力较大时会使得树脂出现微裂纹或破坏树脂与纤维间的粘结性，从而易产生渗透破坏和玻璃纤维失去其增强作用，衬里的缺陷产生应力集中，使衬层出现翘曲、局部剥离或龟裂。

玻璃钢的耐磨性一般较差，一旦表面富树脂层被磨蚀而露出纤维，渗透性就会迅速增大，破坏了纤维与树脂的粘合整体性，又促进了磨蚀，如此相互促进，因此玻璃钢衬里层一般不适用于磨蚀严重的环境中。

4.2.3 主要海工重防腐涂层厂家及产品

海洋防腐涂料的研发具有科技含量高、研制周期长、投资大、技术难度高且风险大等特点，国外海洋防腐涂料研发主要集中在实力雄厚的大公司或靠政府支持的部门。例如英国的 IP、美国的 PPG、丹麦的 Hemple、挪威的 Jotun、荷兰的 International、葡萄牙的 EURONAVY 及日本的关西涂料等几家大公司均有上百年的相关涂料开发历史，在涂料生产供应、质量监督、涂装规范及涂装现场管理等方面形成了一整套十分严格和严密的体系，目前这些公司的产品占据了全球海洋防腐涂料的主要市场。国内能够自主研发海洋防腐产品及具有海洋防腐业绩的公司很少，主要集中在中科院海洋研究所、中科院金属腐蚀研究所、海洋化工研究院、中海油常州涂料研究院、中船 725 所等研究机构。

海洋防腐涂料目前主要用于防止暴露在海洋大气中的构筑物腐蚀，浸在海水中特别是深水区的海工构造物的水下部位、海底钢管等也需要采用涂料防腐蚀。由于此区域的含氧量低，腐蚀程度相对较低，目前主要采用环氧涂料、环氧沥青涂料、环氧玻璃鳞片涂料等，如需防止海生物附着，则采用环氧涂料＋防污涂料组合体系。对海泥区而言，由于此区域的腐蚀程度最低，因此涂层主要采用环氧沥青涂料。

通过对国内外主要涂层防腐厂商及相应的防腐产品进行调研，目前国内海洋工程中应用较为广泛的海工防腐涂料供应厂商主要以表 4-2 中列出为主。

典型海工涂料供应厂商涂料产品及业绩　　表 4-2

涂料供应厂商	主推涂料产品	工 程 业 绩
美国 PPG	SIGMASHIELD 880 耐磨环氧漆等系列 PPG 涂料漆	华锐、上海电气、明阳、金风、三一重工、重庆海装等试验风机，第一条海上风电安装船 - 五月花、响水海上风电 2.5 MW，江苏如东 150 MW 潮间带海上风电场等以及其他海洋工程等
挪威佐敦 Jotun	纯环氧耐磨漆、改性环氧耐磨漆、厚浆环氧耐磨漆、聚酯漆等 Jotamastic 系列涂料	Kristin 石油钻井平台、Leiv Eriksson 半潜式石油平台、Huldra 石油平台等大型船舶、桥梁、管道和海洋工程
荷兰 International	Interzone 505 环氧玻璃鳞片树脂漆、Interzone954 改性环氧树脂防护漆等 Interzone 系列	BP Clair 油田固定式钻探平台——甲板区、Erha E&I 工程、盖茨黑德千禧桥等大型钢结构工程
优龙（南通）葡萄牙 EURONAVY	环氧复合重防腐涂料 EURONAVY 系列产品	巴西 Campos Bay 石油钻井平台与海底管线、壳牌与美孚石油公司大型原油储罐、宁波湾电厂、深圳湾南山电厂、广西北海电厂、浙江温岭潮汐电站、青岛海湾大桥、天津港 30 万 t 油码头等
中船 725 所	H53-9 环氧防蚀涂料、H53-12 新环氧重防蚀涂料等产品	江苏大丰港二期、江苏南通 LNG 重载码头及工作船码头、辽宁长兴岛 STX 船厂、青岛港务局冷冻品码头泊位、江苏省启东大唐国际吕四发电有限公司电厂码头、曹妃甸 30 万 t 油码头等

注：以上业绩仅描述很少一部分，上述涂料供应商均具备超过 100 项工程业绩，在海洋工程领域业绩量也非常大。

4.2.4　重防腐供应商推荐配套涂料系统

以下针对主要海工涂料供应商，提出较为优异的典型涂料品种及配套体系（仅列举典型，未将适宜的涂层配套全部列举）：

1. PPG SIGMASHIELD 880 耐磨环氧漆

（1）涂层性能测试及结果（表 4-3）

SIGMASHIELD 880 耐磨环氧涂料性能试验　　表 4-3

试验项目	试验要求	测试结果	测试方法
冷凝试验	1.5 年	涂膜无变化	ISO 6270
盐雾试验	5000h	涂膜无异常	ISO 9227
附着力 / 钢材表面	拉开法	＞ 10MPa	ISO 4624
海水浸泡	1.5 年	涂膜无变化	ISO 2812
阴极剥离	30 天	＜ 3.0mm	ASTM G8

续表

试验项目	试验要求	测试结果	测试方法
撞击	直接撞击	＞3J	ASTM D2794
附着力	拉开法	＞10MPa	GB/T 5210
耐磨试验	C17/1000C/1000g	＜100mg	ASTM D4060

（2）典型海工结构物防腐涂料系统

如彩图 20、彩图 21 所示。

PPG 推荐海工结构物涂料系统 **表 4-4**

潮差区和飞溅区			
腐蚀等级	ISO 12944-2　Im2		
涂层	产品名称		干膜厚度（μm）
底漆	SigmaShield 880	耐磨环氧漆	400
面漆	SigmaShield 880	耐磨环氧漆	400
总厚度			800
全浸区和海泥区			
腐蚀等级	ISO 12944-2　Im2 和 Im3		
涂层	产品名称		干膜厚度（μm）
底漆	SigmaShield 880	耐磨环氧漆	200
面漆	SigmaShield 880	耐磨环氧漆	200
总厚度			400

2. Jotun（佐敦）Jotamastic 及 Baltoflake 系列涂料

Jotamastic 及 Baltoflake 系列涂料是 Jotun 推荐较典型的海工涂层品种，其中 Jotamastic 为性价比较高的品种，而 Batloflake 在价格昂贵的石油平台上应用广泛，属于其高端品种，最早的一座海上固定平台按 Batloflake1500μm 涂装后的运行至今约 25 年，期间仅常规维护，未进行任何大修。

（1）性能测试及结果（表 4-5）

Jotamastic87 改性耐磨环氧涂料性能检测结果 **表 4-5**

序号	检测项目	检测方法	检测数据 / 结果
1	罐中状态	—	均匀、厚浆型
2	细度　（μm）	GB/T 1724—1979	55
3	干燥时间　（23℃）	GB/T 1728—1979	表干：1.5hr 实干：4hr

续表

序号	检测项目	检测方法	检测数据 / 结果
4	漆膜表面	—	平整
5	流挂性（μm）	GB/T 9264—1988	400
6	耐冲击（cm）	GB/T 1732—1993	50
7	附着力（拉开法）（MPa）	GB/T 5210—1985	17.8 • B
8	漆膜耐磨性（g）	GB/T 1768—1979	失重为 0.07（1000g/1000r）

（2）海工结构物推荐涂料系统

如彩图 22～彩图 24 所示。

3. International Interzone 系列防腐涂料

Interzone954 和 Interzone505 改性环氧树脂漆作为荷兰 International Interzone 系列防腐涂料中具有代表性的产品，其主要由玻璃鳞片颜料环氧基料和聚胺固化剂组成，被称为高固体分、厚浆型和低 VOC 产品，其具有防腐蚀保护屏障性、抗机械性（抗磨损、抗冲击）、阴极保护相容性和耐化学性等性能，作为一种厚浆型环氧涂料，可用于大气环境、浸水与埋设环境中。

其中 Interzone505 属于其性价比较高的品种，在大气区、水下区和泥下区的海工构筑物中被采用，而 Interzone954 属于其高端品种，在水位变动区及飞溅区被采用，且 Interzone954 可在潮湿环境固化，也作为修复涂料品种被广泛应用。

（1）性能测试及结果（表 4-6）

Interzone954 改性环氧树脂涂料性能检测结果　　**表 4-6**

试验类型	测试标准	结　果
体积固含量	ISO 3233—1998	＞ 85%
比重		＞ 1.6kg/L
表干时间（25℃）	ISO 9117—1990	≤ 4h
实干时间（25℃）	ISO 9117—1990	≤ 8h
弯曲性能	GB/T 6742	≤ 1cm
耐阴极剥离	ASTM G8	≤ 3.5mm
耐湿热实验	ASTM G8	1 年漆膜无缺陷，且附着力＞ 8MPa
浸泡实验	ISO 2812	1 年漆膜无缺陷，且附着力＞ 8MPa
循环腐蚀实验	ISO 20340	取得 Norsok M501 证书
盐雾实验	ISO 7253	6000h 漆膜无缺陷，划痕处腐蚀宽度 3.5mm
耐磨实验	ASTM D4060	磨损失重＜ 90 mg
耐冲击实验	ASTM D2794	2.5J

（2）海工结构物推荐涂料系统

Interzone 环氧玻璃鳞片树脂涂料的典型防腐配套方案见表 4-7 及彩图 25、彩图 26。

海洋腐蚀环境及 Interzone505 涂料涂层规格　　表 4-7

腐蚀环境	防腐涂料	涂层规格（μm）
大气区 C5-M	Interzone505	500
潮差区与浪贱区 Im2		2×450
全浸区 Im1		400
海泥区 Im3		400

4. Hempel 环氧树脂防腐涂料

Hempel 海虹老人环氧树脂涂料在欧洲海上风电中应用也较为广泛，在中国则介入海上石油平台及海上风电领域较少，本章也收集了该涂料的相关推荐涂层配套，见表 4-8 及彩图 27。

Hempel 环氧树脂防腐涂料涂层规格　　表 4-8

腐蚀环境	防腐涂料	涂层规格（μm）
大气区 C5-M	玻璃鳞片环氧涂料，紫外线照射的结构物外表面增加聚氨酯面漆 80μm	500
潮差区与浪贱区 Im2		2×500
全浸区 Im1		500
海泥区 Im3		500

5. 中船重工 725 所环氧树脂防腐涂料

中船重工 725 所是我国唯一专业从事海军装备材料研制和工程应用研究的综合性军工研究所，建所 53 年来，为海军装备研制提供了强有力的材料技术支撑，为海军装备建设做出了重大贡献，在海洋工程材料、防腐等领域属国内最高水平，近 20 年来，转民用方面相应成立了专业从事船舶及工业和海洋工程防腐设计、防腐材料生产、施工和服务的高科技企业——双瑞集团。

725L 系列涂料已广泛应用于国内的港口码头行业，上海东海跨海大桥工程即采用了 725L 系列涂料＋牺牲阳极（也由 725 所完成）的防腐方案。

（1）性能测试及结果（表 4-9）

725L 系列环氧树脂涂料性能检测结果　　表 4-9

序号	检验项目		技术指标	检测方法
1	漆膜外观		平整光滑	目测
2	干燥时间（h），25±1℃	表干	≤1	目测
3		实干	≤24	目测

续表

序号	检验项目		技术指标	检测方法
4	附着力（MPa）		≥ 10	《色漆和清漆拉开法附着力试验》GB 5210—2016
5	硬度（刮破）（H）		≥ 6	《色漆和清漆　铅笔法测定漆膜硬度》GB/T 6739—2006
6	耐磨性（500g/1000r）（g）		＜ 0.055	《色漆和清漆　耐磨性的测定　旋转橡胶砂轮法》GB/T 1768—2006
7	耐化学试剂性（室温），180d	3%NaCL	涂膜无变化	目测
8		25%NaOH	涂膜无变化	目测
9		25%H_2SO_4	涂膜无起泡、无脱落、无锈蚀，允许轻微变色	
10	耐盐雾性（4000h）		无起泡、无生锈	《色漆和清漆　耐中性盐雾性能的测定》GB/T 1771—2007
11	耐湿热性（4000h）		无起泡、无生锈、无变色、无开裂	《漆膜耐湿热测定法》GB/T 1740—2007
12	耐氯离子渗透性（30d）		5×10^{-4}mg/cm^2·d	《海港工程混凝土结构防腐蚀技术规范》JT/J 275—2000
13	人工加速老化（1000h）		不起泡、不开裂、不脱层，允许 1 级变色、1 级 失光和 1 级粉化	

（2）海工结构物推荐涂料系统（表 4-10、表 4-11）

海上风电塔筒部位推荐防腐涂层体系　　**表 4-10**

部位	涂料名称及牌号	道数	干膜厚度（μm）	总厚度（μm）
外壁	725L-H06-1 环氧富锌底漆	2	80	360
	725L-H53-2 改性厚浆环氧涂料	2	200	
	725L-S43-2 脂肪族聚氨酯面漆	2	80	
内壁	725L-H06-1 环氧富锌底漆	2	80	280
	725L-H53-2 改性厚浆环氧涂料	2	200	

海上风机基础部位推荐防腐涂层体系　　**表 4-11**

腐蚀环境	涂料名称及牌号	道数	干膜厚度（μm）	总厚度（μm）
大气区	725L-H53-12 海工环氧重防腐专用涂料	2	1000	1080
	725L-S43-2 脂肪族聚氨酯面漆	2	80	

续表

腐蚀环境	涂料名称及牌号	道数	干膜厚度（μm）	总厚度（μm）
浪溅和潮差区外部	725L-H53-12 海工环氧重防腐专用涂料	3	1200	1280
	725L-S43-2 脂肪族聚氨酯面漆	2	80	
浪溅和潮差区内部	725L-H53-12 海工环氧重防腐专用涂料	2	600	600
水下区	725L-H53-12 海工环氧重防腐专用涂料	2	800	800

东海跨海大桥工程采用 725L 系列环氧树脂重防腐涂料 3 年后，重新刮开海生物附着层后发现，原始涂层漆膜完整，无破坏情况，如彩图 28、彩图 29 所示。

4.2.5 主要海工涂料应用现状

目前，国内海洋工程上使用的防腐涂料大部分为国外跨国公司品牌的产品，国内涂料产品应用不多。不论在涂料产品质量方面，还是其质量控制机制方面，国内涂料产品与国外产品都有很大差距。究其原因主要是我国海洋防腐涂料发展时间短，不掌握核心技术，缺乏研究资金，研究人员的水平不高等因素所致，这些不足极大地制约了国产涂料进入国际海工市场，也削弱了国产品牌的竞争力。

基于海工产品的使用环境，对其必须采取防腐蚀保护措施，对离岸的海工产品防腐涂层而言，服役期内很难在海上进行修复或重涂，延长防腐涂层的耐久年限以及防腐涂层与海工产品使用寿命同步是海工防腐研究的最终目标。因此，研发在海洋环境中具有 15 年以上耐久年限的海洋重防腐涂料和涂装技术，设计可在海洋环境中达到 15～30 年耐久年限的金属涂层＋有机涂层配套体系、多层有机或无机涂层配套体系，不仅是国家海洋开发战略海工防腐蚀需要研究的重点，也是国家“十二五”规划中海工防腐涂装技术工作的研究方向，而研制阴极保护效率高的底漆、屏蔽效果好的中涂漆和耐候性好的面漆，以及与之适宜的涂层配套设计则是防腐蚀涂层配套体系的技术关键。

4.3 涂层防腐施工技术

涂层防腐施工过程中主要包括防腐涂层施工环境控制、钢结构表面处理及涂装、防腐涂层涂装质量检查和防腐涂层修补等四道工序。防腐涂层施工主要工艺流程如下：钢板表面预处理→钢管预热→喷砂除锈→除尘→检测→钢管加热→喷涂底漆→调配涂装料→喷涂第二道漆→喷涂面漆→冷却→成品检测→涂层养护→损伤补涂。

4.3.1 控制防腐涂层施工环境

（1）表面处理和防腐涂层施工过程中，要进行环境控制，以获得最佳的涂装质量。环境控制主要包括温度、相对湿度和露点。

（2）表面处理和防腐涂层施工，要求在通风和照明良好的室内施工；空气相对湿度要低于 80%，底材须高于露点温度至少 3℃。

（3）常温型防腐涂层施工环境温度范围为 5～40℃；当环境温度为 −5～5℃时，施工必须使用冬用型涂料，施工工艺按涂料供应商提供的说明进行。低于 −5℃时严格禁止防腐涂层施工。

（4）若油漆供应厂商对所采用型号的防腐油漆允许施工温度还有其他要求，应同时满足油漆供应厂商的相关环境要求。

4.3.2 表面处理及涂装

（1）钢结构表面预处理

钢结构表面预处理应做到：① 自由边、角使用角磨机处理至 $R \geqslant 2$mm；② 清除所有的焊渣、飞溅物、焊瘤；③ 补焊并磨平咬边和气孔；④ 磨除存在的钢材表面翘皮；⑤ 手工焊缝打磨处理以减少尖锐的表面存在；⑥ 使用碱性清洁剂或高压淡水除去焊接烟尘、表面的油脂、污物、可溶性盐分和其他污染物；⑦ 清洗完毕后使用干燥、无油脂的压缩空气吹干表面或自然晾干后，再进行后续处理；⑧ 修补表面应采用动力工具处理，在处理前使用动力砂纸圆盘羽化边缘，形成光滑的斜坡，以利于修补油漆与原有涂层的光滑过渡，保证整个涂层良好外观和漆膜均匀；⑨ 钢基表面进行喷砂除锈处理，应达到《涂覆涂料前钢材表面处理》GB/T 8923.1—2011 中规定的 Sa2½ 级要求，粗糙度应达到 40～70μm，这样可大幅度提高涂层的粘结性能，表面处理后应立即喷涂处理，间隔时间不得超过 8h。

（2）喷砂除锈

如彩图 30～彩图 32 所示，喷砂除锈前应对空气相对湿度进行检测，湿度小于 90% 方可进行喷砂除锈，喷砂所使用的压缩空气应保证无油脂、水分，采用的砂为铜矿砂。喷砂后的钢管桩表面不得有铁锈、氧化皮等，粗糙度应达到 ISO 8503 中规定的 G 级（或 ISO 8501-1 中规定的 Sa2½）。最后对喷砂后的表面进行清洁，用气管将表面除尘出净。

（3）钢管预热及加热

钢管的预热和加固固化的温度、时间等参数，应依据粉末涂装性能选取，必须确保防腐涂层性能质量应符合相应的规程规范的要求。为此，加热设备对钢管加热过程中累积的热效应的影响及不同壁厚区段的加热功率的变化是温控技术的难点，一般较多地选用中频线圈涡流感应加热，这种加热方式具有加热效率高、温度可控且响应迅速的特点，选用的大功率可调式的中频加热设备，以满足粉末喷涂时的温度要求。

（4）涂层施工工艺

如彩图 33 所示，涂料涂装方式一般有刷涂、滚涂或喷涂三种，传统的民用建筑用得较多的是刷涂或滚涂，但在大型工业结构上则主要采用自动化程度较高的喷涂，而对于不容易喷涂到的部位采用人工刷涂结合的方式，喷涂若细分的话，分为人工喷涂与机器自动化喷涂，目前国内外应用最广泛的还是人工喷涂（半自动化）。对于较为规则的结构，如钢管桩等，某些涂料施工企业甚至将涂料喷涂与钢结构焊接、表面处理等环节建造为流水线作业，桩体通过自动埋弧焊焊接完成后，进入表面喷砂处理，再进入防腐涂层自动喷涂区域。

对于喷涂作业，根据涂层喷涂层数及组合采用组合喷枪先后进行喷粉，分别完成底、中、面层的防腐涂层作业。这种多层静电热喷涂作业由于喷枪长期处于高温作业环境，容易造成喷枪变形或堵塞，同时粉末回收系统中粉末因受热而结块掉粉等对涂装质量有影响，因此对喷涂施工工艺应进行精心设计。

钢管桩螺旋焊缝外形目前难以达到标准化，为了防止焊缝上的露点发生，在喷涂处的后端增加喷枪，由人工沿焊缝进行无连续性的喷涂，从而确保螺旋焊缝的涂敷质量无露点。

风机基础导管架结构进行补口处理时，管壁表面应在焊接前进行预处理，单根预制时，除锈标准已达到 Sa2½ 级，焊接前再进行二次人工处理。管材焊接后，用电热器预热或利用焊后的余热，采用静电喷涂法进行内补口施工，基本原理是静电感应吸附，喷枪置于钢管的补口处，环氧粉末通过静电发生器产生静电，在静电场的作用下和装置的吸引下，带有电荷的粉末涂料从喷嘴中喷出，喷出后立即受到钢管表面的吸附，并很快分布在钢管表面上。然后，将补口处的温度控制在 230～250℃，使涂料熔化，加热时间不应少于 3min。补口处的涂层厚度应大于钢管其他部位涂层厚度，其余各项指标也应达到涂层质量标准规定要求。

4.3.3 涂装质量检查

（1）防腐涂层施工质量检验内容及标准

防腐涂层涂装施工前，应进行防腐涂料试件试验，防腐涂料供应厂商须出具国家资质检测机构提供的第三方检测报告，符合 ISO 12944-6 要求的检验合格证和其他类似证明，包括耐老化、抗冲击性、耐磨性、附着力、耐碱、抗氯离子渗透性、延伸率（断裂）等试验，试验指标不低于 ISO 20340—2003、ISO 4624 等的相关要求。

（2）涂层质量检查

1）涂装后应按《色漆和清漆 漆膜厚度的测定》GB/T 13452.2—2008 中规定的方法进行涂层干膜厚度测定。干膜厚度应大于或等于设计厚度值者应占检测点总数的 90% 以上，其他测点的干膜厚度也不应低于 90% 的设计厚度值，当不符合上述要求时，应根据情况进行局部或全面修补。

2）施工人员在涂层喷涂过程中，要不断检测调节每道涂层的湿膜厚度，以控制干膜厚度。湿膜厚度与干膜厚度的关系为：

$$湿膜厚度=\frac{干膜厚度}{体积固体分}$$

如果涂料稀释后进行喷涂，湿膜厚度与干膜厚度的关系为：

$$湿膜厚度=\frac{干膜厚度\times(1+稀湿量\%)}{体积固体分}$$

3）涂层与钢材表面附着力的现场检测结果应满足《色漆和清漆拉开法附着力试验》GB/T 5210—2006 的相关要求。

4）电火花检漏按 NACE SP0188 执行，干膜厚度在 500～1000μm 时，检漏电压为 3000V；针孔数不应超过检测点总数的 20%。当不符合上述要求时，应进行修补。

4.3.4　常见涂料施工缺陷介绍

1. 漆膜夹砂

如彩图 34 所示，任何灰尘或其他由于喷砂与机械处理方法所产生的污染在涂漆前必须去除。如果不清除的话，夹渣和灰尘会与刚喷的涂层合为一体。并要特别注意脚手架上的磨料和灰尘，它们会沉降到刚施涂的漆面上，可以用手工或机械方法除去这些污物，最好在喷漆前，用压缩空气彻底吹干净，要特别注意那些脚手架的搭接处，最容易积灰也最不容易清除。

2. 流挂

在刷涂时，没有很好地把厚的地方刷开涂料，流挂处固化会慢。如彩图 35 所示，喷涂时，不良的枪法就会导致流挂，或者在某一局部喷得过厚，可能原因是枪嘴离得太近，并且移动不快，不能保证均匀漆膜，特别是水性涂料很容易出现此施工缺陷。如果在施工时发现流挂，可以快速地把它抹平。干燥固化后可以采用打砂磨平，再重涂。

3. 局部漆膜过厚

如彩图 36 漆膜过厚最明显就是浪费涂料，涂层的质量也会受到负面影响。涂膜过厚，挥发性涂料的干燥就会不好，溶剂会残留在漆膜中，表层虽然已经干了，但是下层较软，容易引起涂层起泡与底材的结合力不好。厚浆型氯化橡胶和乙烯涂料不宜超过 80μm 的漆膜厚度，因其本身的固体分并不高，容易产生溶剂的残留；传统的醇酸树脂涂料，通常漆膜厚度规定为 40～50μm，因为厚膜会使漆膜表面固化后，氧气无法深入涂层底部，而导致下面固化不足，这就出现醇酸涂料表面硬干后底部还发黏的原因。

环氧等固化型涂料来说，会产生内部收缩，引起涂料开裂、剥落，这种现象特别容易在内角处发生，针孔也会因漆膜过厚而产生。

4. 针孔

喷涂技巧掌握不好的话，如空气压力过大，漆膜过厚，过量的通风或大风，以及喷涂时距离太远，都会导致出现坑点、针孔和孔隙，如彩图 37 所示。在金属喷锌 / 喷铝涂层，以及无机富锌底漆上面很容易产生针孔，这些涂层表面多孔，当涂后道漆时，表面空隙中的空气就会逃逸出来而留下针孔。修正措施就是喷涂一层封闭连接漆（防泡层），通常为 30～40μm，然后再进行全面的正常的统喷，这就是所谓的雾喷 / 统喷技巧。对于针孔的修补先要进行打磨，然后用含铝粉或云铁的涂料封闭这些缺陷，并达到正确的膜厚。但是如果针孔很严重，通常很难消除，中间的空气会在新涂层中逃逸而出现新的针孔，这时除去涂层重新涂装是唯一的方法。

5. 漏涂

漏涂就是被涂表面上没有涂到的地方，或者因搭幅不够而厚度不足，如彩图 38 所示。这些部位必须做标记，而后重涂到规定膜厚。根据经验，部分区域如扁钢型材内侧、粗糙的焊缝、切口和自由边或者其他不利于喷涂的地方，特别容易导致漆膜质量不好，这些部位要求进行条涂。

6. 过喷和干喷

过喷（Over Spray）：是指涂料只有些漆雾粒子到达被涂物表面，形成像砂纸一样的漆面。干喷（Dry Spray）：干喷指到达被涂物表面前液体涂料已经半干，但还有一定的湿度刚刚能够附着于表面成膜，却不能形成连续且有效的漆膜，如彩图39所示。

过喷和干喷主要是施工技巧不好：喷漆时距离太远；走枪为弧形或倾斜；温度过高；喷漆泵压力太高；大风或过大的风量等。

干喷粒子由于在喷到被涂物途中时部分溶剂就会损失了，那么就形成了半干漆尘，附着力极差，甚至没有任何附着力。从这一点来看，漆膜是不完全的。表面已经存在的过喷，要除掉。干燥黏附的粒子可以扫去或铲去。

7. 缩孔和鱼眼

缩孔有时被称为鱼眼，如彩图40所示。施工和涂料本身都有可能产生缩孔。表面张力较高的涂料要比低表面张力的更易出现缩孔现象。被涂表面可能不会完全被涂料所润湿，油脂、灰尘、湿气、硅油或其他杂质等经常会导致这种缺陷。当底材温度过高，漆膜中的溶剂或空气爆裂时，湿膜来不及形成连续的漆膜也会造成缩孔。当漆膜有产生缩孔的趋向时，很细小的杂质都会加重缩孔。钢板表面的油污水分等可能是喷砂时的不洁空气带来的，因此在喷砂设备上一定要加装油水分离器。

缩孔通常出现在涂料干燥之前，所以在湿膜上除去它并重新进行涂漆是最通常的做法。如果是固化型涂料，要等其固化后，打毛磨平缩孔区域，进行修补。

8. 胺发白/起霜和漆膜的白化

环氧涂料，特别是胺固化的环氧涂料，由于在较冷或湿润大气环境下进行固化时，胺会与空气中的二氧化碳（CO_2）和湿气（H_2O）发生反应。通常我们把这种情况叫作胺起霜或胺发白（amine blooming），如彩图41所示。其结果就是漆膜发黏，经常呈白色污迹。胺起霜是可以水溶的，能被干净的温水抹去。

为了防止涂层间的附着力产生问题，在重涂前必须除去胺的起霜发白。固化剂和基料混合后，给予一定的引导时间（30min左右），可以有效减少胺起霜发白的概率。

涂料在完全固化前，由于水汽沉降在没有固化的涂料表面，即使涂料固化干燥后，这种白点也会留在漆面上。有可能会产生发花（blushing）或白化（whitening）现象。冷凝与湿气会在涂层表面形成白点，对于深颜色的涂料来说特别明显。

9. 粉化

粉化严格地来说是一种表面现象，主要是因为阳光中的紫外线造成的。照射不到阳光的背阴面涂料则不易粉化，如彩图42所示。然而，空气中的湿度、氧气和污染大气等，都参与了粉化的过程。这些与树脂的反应，导致其分解，仅留下颜填料在表面，就如粉尘一样。颜料对粉化也有影响，比较典型的如钛白粉、锐钛型二氧化钛，在所有的树脂中都极其容易粉化，而金红石型二氧化钛配制的涂料耐候性能却很好。

环氧涂料是最为典型的涂料，粉化很快，醇酸树脂涂料则相对要好一些。其他一些树脂涂料具有更好的耐候性能，受太阳光辐射的影响很小，保色保光性能突出，如丙烯酸树脂涂料、用醇酸或环氧改性的丙烯酸漆、聚氨酯（脂肪族）漆，有机硅醇酸涂料，有机硅丙烯酸涂料，尤其是氟碳涂料和聚硅氧烷涂料。

10. 起泡

起泡是一种常见的涂层缺陷，里面有时是干的，有时含液体，如彩图43所示。起泡有大有小，形状为半球形，大小通常跟与底材的附着力强度，或涂层间的结合强度，以及气泡或水泡内的压力有关，起泡有时发生在涂料系统和底材间，有时发生在涂层之间，甚至有时起泡还会发生在单一涂层内。

底漆中的可溶性颜料通常导致起泡，可溶性颜料吸收湿气，水汽就通过涂层，产生了相对浓缩的溶液。在这点上面，由于水汽的渗透导致局部的压力就形成了起泡。当涂料中含有可溶性物质时，起泡就不可避免地会产生，这种起泡一般是由于渗透作用而产生的水泡。

同样的原因，如果底材上面或者涂层间有可溶性盐分，同样会发生渗压起泡（osmotic blistering）。起泡也可能是因为表面上有杂质，如油脂、石蜡和灰尘等，这些降低涂层附着力的因素。焊缝边上如果焊烟或者焊剂没有清除净，也容易引起漆膜起泡。

11. 脱皮和剥落

脱皮（peeling），漆膜的脱皮现象与剥落现象的区别在于漆膜较为柔软有韧性，它由于失去附着力而在底材上面或者在涂层之间撕开，如彩图 44 所示。脱皮主要是因为漆膜下面有污物而失去粘结强度所导致的，或者是因为涂层不配套形成的。

剥落（flaking）通常是因为不良的表面处理，底材或涂层内有污物，如灰尘、脏物、油脂或化学物质等，两度涂层间的固化时间超过，表面产生了粉化，或者是涂层间不配套。涂料施工在不适当的底材如镀锌钢板表面也会引起剥落。涂膜与钢板间由于热胀冷缩也会造成剥落现象。剥落类似于脱皮，例外之处就是剥落的涂层硬而脆，可以从底材上撕下。一旦涂层开裂，边缘会从底材上卷起，就会产生剥落的可能。

12. 开裂

在很多情况下，开裂是因为涂料本身的配方原因，漆膜老化和风化造成的，如彩图 45 所示。

漆膜的开裂可以细分为：细裂（Checking）、开裂（cracking）、龟裂（mud-cracking）等。细裂是漆膜表面上的细小裂纹，这是一种表面现象，还没有渗入整个涂层的深度，细裂通常是因为涂层表面受到压力，很多情况下是配方设计的原因。大多数情况下，细裂的产生是由于树脂和颜料搭配不当造成的。虽说细裂没有深入到底材，但是由于气候的变化、风雨冷热等，会导致表面细裂的进一步恶化。

涂层发生开裂时，有两种情况，即涂层中的裂纹和到达底材的裂纹。

当涂膜表面收缩的速度远大于本体时，即在表面应力的作用下，涂层就会开裂。如果硬而韧的涂料涂在柔软的涂层上时，开裂就产生了。典型的例子是煤焦沥青涂料，暴露在阳光下面后，表面发硬，而下面仍然是较软的涂层，这样就容易发生开裂。同样的道理，如果其他较硬质的涂料涂在沥青涂料上面，当表面涂层收缩变硬时，足以使沥青漆发生开裂，同时也带动了面层漆一起开裂。因此，不能在柔软的底漆上面涂覆氧化聚合型或化学固化型的硬质涂料。

如果涂层中应力超过了涂层本身的强度，造成的开裂是极其严重的，它会穿透涂层直达底材。很多时候这种开裂是涂膜老化的结果。涂层的膨胀收缩、湿润干燥等作用，当然也是主要的原因。有时胺固化环氧树脂涂的很厚，涂膜的应力随固化的继续也就越大，由于应力不均或者温度变化而造成热胀冷缩，涂层就会产生开裂。

龟裂是最为严重的涂层开裂现象，有时会直接穿透涂层到达底材，当然这里就是腐蚀产生的源头，然后整个涂膜就会从底材上大片剥落，如彩图 46 所示。较高的颜料和基料比例的涂料，如水性涂料、无机富锌涂料等通常会发生龟裂。龟裂的产生通常比较快，在溶剂或水开始从涂膜中完全地挥发出去时，挥发速度越快，龟裂产生的机会就会越大。

无机富锌涂料的锌粉含量通常很高，而且锌粉为球状，当主剂采用低抗张的正硅酸乙酯，溶剂采用快速挥发的醇类时，涂料的收缩率增大，一旦漆膜过厚超过 150μm，甚至产生流挂时，就会产生龟裂。

13. 咬底和皱皮

咬底（lifting）和漆膜皱皮（wrinkling）通常发生在油性、醇酸和酚醛涂料中，如彩图 47 所示。这些涂料中通常要加入催干剂来加快干燥速度。一些是用于加速表面固化，另一些是用来从底到面的均匀干燥。如果涂料含有过量的表面催干剂，在涂层较厚的地方可能发生起皱。

温度对起皱的作用相当大，常温下不起皱的涂料，在烘烤时温度的升高，表面固化远快于其本体的固化，就会发生严重的起皱。在较冷的温度下施工厚膜型涂料，或在热天太阳照射下，涂料的快速干燥，底漆的潮湿等，都会引发起皱。而强溶剂涂料（如，含苯类）覆涂于传统型涂料（含松香水）表面，容易引起咬底。

4.3.5 防腐涂层现场修补

当风机基础等海工构筑物防腐涂层因厚度未达到设计标准，或因运输、起吊、堆运等过程中造成漆膜破损、裂纹等，影响防腐涂层性能以及质量检查不合格时，应对防腐涂层进行补涂，如彩图 48 所示。

补涂修补的方法主要包括以下几个方面（其余在工厂内修复，在 4.3.4 节已有较详细叙述）：

（1）对于未达到涂层设计厚度的修补，应按照油漆供应商的指导或产品说明书对油漆表面进行处理后，补涂油漆。

（2）对于破损的涂层，修补前先对破损位置进行表面清洁处理，除去水、油污、异物等，再用动力工具打磨至 St3 级或喷砂处理到 Sa2½ 级。除锈打磨方法的选择，视破损面积的大小及施工条件而定，具备工厂修补条件时，优先采用喷砂方式；风电场区的现场补涂装时，可采用动力工具打磨，且在涂装前用清洁淡水冲洗，压缩空气吹干。

（3）采用已涂装的防腐油漆配套的适合潮湿环境施工的涂料进行补涂刷，其配方应满足本施工技术要求及油漆供应厂商的相关规定，涂装前应经工程监理确认后进行。

（4）补涂装时注意对其他区域涂层的保护，避免干喷或漆雾等现象的产生，同时应控制涂膜的厚度。

4.4 结论与建议

本章对海洋工程的涂层防腐蚀技术进行了相关的调研分析，对涂层发展及海工重防腐主要品种进行了论述，并结合国内外海工重防腐的主要供应商说明其典型涂层配套体系，并说明了涂层防腐蚀技术的施工工艺及关键环节，对涂层施工主要缺陷及修补方案相应的归类，对风机基础运输、安装等过程中可能造成的涂层损坏说明其现场修补的相关要求。主要结论与建议如下：

（1）涂层是海上风电防腐的主要手段之一，其主要作用有屏蔽作用、缓蚀钝化作用和牺牲阳极保护作用等。

（2）海洋防腐领域应用的重防腐涂料主要有：环氧类防腐涂料、聚氨酯防腐涂料、玻璃鳞片涂料、橡胶类防腐涂料、环氧粉末涂料、氟树脂防腐涂料、有机硅树脂涂料、富锌涂料以及聚脲弹性体防腐涂料等，其中环氧类防腐涂料所占的市场份额最大。

（3）目前海洋工程中涂层供应商提供的涂料体系，主要以环氧重防腐、聚酯或聚氨酯以及玻璃鳞片重防腐为主。并在实施中，联合阴极保护及预留腐蚀裕量的综合保护措施。

（4）国内海洋工程涂层施工质量及技术水平与国外差异较大，对于海上风电工程，特别需要重视结构物表面处理和涂装过程的质量控制，本章列出主要的涂层施工缺陷，在实施中应注意，并针对出现的施工缺陷及时予以调整工艺或修复。在海上风电结构物堆放、运输、安装等过程中，应做好保护，最大程度减少对涂层的损坏，对于已出现的涂层损坏，应按照要求做好相应的修补。

第5章　阴极防护技术研究

5.1　阴极保护防腐原理及发展

5.1.1　阴极保护防腐的基本原理

自然界中金属大多数是以化合态存在着的，通过冶炼，被赋予能量，从离子状态变成原子状态。然而，回归自然状态是金属的固有本性。通常把金属与周围的电解质发生反应，从原子状态变为离子状态的过程称为腐蚀。每种金属暴露在一定的介质中都会产生一定的电位，称之为该金属的腐蚀电位（自然电位）。腐蚀电位可表示金属失去电子的相对难易，腐蚀电位愈小愈容易失去电子，一般把失去电子的部位称为阳极区，而得到电子的部位称为阴极区。阳极区由于失去电子受到腐蚀，阴极区由于得到电子受到保护。

阴极保护的基本原理就是给金属补充大量的电子，使被保护金属整体处于过剩状态，使金属表明各点达到同一负电位，金属原子不容易失去电子而变成离子溶于溶液。目前有两种方法可以实现这一目的，即牺牲阳极的阴极保护（CP）和外加电流的阴极保护（ICCP）。

（1）牺牲阳极的阴极保护：将被保护金属与一种可以提供阴极保护电流的金属和（或）合金（即牺牲阳极）相连，使被保护体极化已降低腐蚀速率的方法。在被保护金属与牺牲阳极所形成的海水电池中，被保护体金属为阴极，牺牲阳极的电位往往负于被保护体的电位，在保护电池中是阳极，被腐蚀消耗，故称之为“牺牲阳极”。各典型金属游离状态的电位情况可参见2.2.2节所述。

（2）外加电流的阴极保护：外加电流阴极保护就是通过恒电位仪施加直流的两极分别接到外加的辅助阳极和被保护金属上，并使金属处于极化的副电位（保护电位），从而消除金属表面的腐蚀微电池作用，达到保护的目的。

5.1.2　阴极保护防腐的发展

随着国内外大型海洋工程的投资建设，目前防腐技术除采用防腐涂层外，牺牲阳极和外加电流阴极保护的防腐技术也特别广泛地应用于海洋工程中，阴极保护防腐技术得到了极大的发展。

牺牲阳极法作为阴极保护法中的一种，适用于防止土壤、海水、淡水等介质中金属的腐蚀防护。一般阳极材料应具备以下几个因素：电位比被保护金属的腐蚀电位负，驱动电位在250mV左右；阳极极化率小，电位和电流输出稳定；自腐蚀小，电流效率高；溶解均匀，腐蚀产物无毒无害易脱落；价格低廉，制备简单。上述因素也是牺牲阳极防腐保护的发展趋势。

在海洋环境下，运用牺牲阳极法对金属的电位极化到保护电位。一般金属的阴极保护电位为 −0.80V，铝及铝合金的阴极保护电位为 −0.9～−1.15V，铝合金的阴极保护电位不能负值太大，否则会产生负保护效应。因此随着研究深入和技术发展，目前在海洋环境中采用铝基牺牲阳极和锌基牺牲阳极已成为发展趋势。近年来研发的一些铝基牺牲阳极材料已经广泛应用于海洋环境下金属的腐蚀防护，铝基牺牲阳极材料以其优越的性能崭露头角。在铝基牺牲阳极材料中，Al-Zn-In 系的高效牺牲阳极材料 Al-Zn-In-Mg-Ti 在海洋环境中具有电容量大、溶解性好、效率高等优点，因而得到普遍应用。

外加电流防腐保护作为阴极保护的另一种方法，在海洋工程防腐技术中逐渐得到认可，但由于海工结构的防腐蚀效果只能通过人工现场进行保护电位检测，根据检测结果确定被保护结构所处状态。而海上石油平台、海上风电场等海洋工程通常位于远离海岸线的大海中，日常的维护检测相当困难，采用通常的人工方式根本不可能在第一时间发现问题，较大面积的海洋工程，特别是海上风电场的工作量也相当巨大，短时间内无法完成检测工作。因此随着远程测控技术的发展，开发一种远程监控技术方案成为可能，目前可用于海洋工程，特别是海上风机基础结构阴极防护效果检测的远程自动监控方案，在国内外上风电场风机结构中得到成功的应用和发展，从而有效地解决了常规的人工检测方法存在的问题，对风机基础结构阴极保护系统各参数进行实时监测。

5.2　牺牲阳极阴极保护防腐技术及工程应用

5.2.1　牺牲阳极防腐设计

在海洋环境中，一般采用锌合金阳极和铝合金阳极系统，根据牺牲阳极的材料应具有足够负的电极电位，在使用期内应能保持表面的活性、溶解均匀、腐蚀产物易于脱落，以及理论电容量大、电流效率高、易于制造、材料来源充足、性能价格比高的特点，目前海洋工程中牺牲阳极材料较多地选用高效铝－锌－铟－镁－钛合金阳极系统。

（1）牺牲阳极保护设计基本思想

为了确保阴极保护系统能始终有效地发挥作用，阴极保护系统的 25 年有效使用寿命，必须动态地考虑钢管桩上高性能熔融结合环氧粉末防腐涂层的破损率，风机基础防腐蚀设计过程中应分别利用初期阴极保护电流密度、平均阴极保护电流密度和末期阴极保护电流密度计算风机基础钢管桩、钢结构阴极保护所需要的阳极数量。一般而言，利用末期阴极保护电流密度计算出的阳极数量确实高于利用初期和平均阴极保护电流密度计算出的结果，如果不采用针对全寿命的动态设计，很有可能在阴极保护系统使用末期，阳极材料尽管还存在，但却无法提供足够的保护。

（2）设计依据

① 美国腐蚀工程师协会标准，NACE RP 0176-94 Corrosion Control of Steel Fixed Offshore Platforms Associated with Petroleum Production；

② 挪威船级社标准，DNV RPB401，2011，CATHODIC PROTECTION DESIGN；

③《海港工程钢结构防腐蚀技术规范》JTS 153—3—2007；

④《港工设施牺牲阳极保护设计和安装》GJB 156A—2008；

⑤《铝－锌－铟系合金牺牲阳极》GB/T 4948—2002；

⑥《锌－铝－镉合金牺牲阳极》GB/T 4950—2002；

⑦《铝－锌－铟系合金牺牲阳极 化学分析方法》GB 4949—2007；

⑧《锌－铝－镉合金牺牲阳极化学分析方法》GB 4951—2007；

⑨《牺牲阳极电化学性能试验方法》GB/T 17848—1999。

（3）计算方法

1）海水电阻率和三种阴极保护电流密度的确定

除了三种阴极保护电流密度外，因为牺牲阳极将置于海水中，所以，海水的电阻率对于阴极保护设计的计算来说也是一个重要参数。

根据海上风电场有关测试及水质分析的数据，以及基于收集到的 Cl^- 含量数据，根据联合国教科文组织 1969 年提出的关于海水氯度和盐度的关系式，一般可以推算出海上风电场的平均盐度数据。

根据联合国海洋研究专业委员会、国际海洋物理协会和国际海洋考察理事会 1978 年公布的研究结果，一个海水样品的实际盐度（符号 S）用海水样品的电导率与相同温度和压力下 KCl 质量分数为 0.0324356 的氯化钾（KCl）溶液的电导率的比 K 来定义。根据定义，K 值精确等于 1 对应于实际盐度等于 35。两者之间的关系如下面公式所示：

$$S=0.0080-0.1692K^{0.5}+25.2853K+14.0941K^{1.5}-7.0261K^{2}+2.7081K^{2.5}$$

利用这一公式，根据上述的海水平均盐度，可计算出其电导率及海水电阻率。

根据中华人民共和国交通部标准《海港工程钢结构防腐蚀技术规定》，裸钢在流动海水中的初期阴极保护电流密度为 100～150mA/m²；在海上风电场工程阴极保护（牺牲阳极）工程设计中，可通过现场测量的极化曲线获得的基础钢管桩、钢材材料 Q345C、Q345D 型钢材在风电场流动海水中的初期阴极保护电流密度 I（initial）、平均阴极保护电流密度 I（average）和末期阴极保护电流密度 I（final）。

2）利用初始阴极保护电流密度计算

根据“DNV RPB401-2011，CATHODIC PROTECTION DESIGN”，应按以下的公式从初期阴极保护电流密度出发计算阴极保护所需要的阳极数量：

① 对于镯型阳极，首先按下式计算其接水电阻：

$$R_{\mathrm{A}}(\text{initial})=\frac{0.315\cdot\rho}{\sqrt{A}}$$

式中 R_{A}（initial）——初期阳极接水电阻（Ω）；

ρ——介质（海水）的电阻率（Ω·m）；

A——阳极的初期表面积（m²）。

② 阳极输出电流

$$I_{\mathrm{a}}(\text{initial})=\frac{\Delta E}{R_{\mathrm{A}}(\text{initial})}$$

式中 I_{a}（initial）——初期单支阳极输出电流（A）；

ΔE——驱动电压，对于铝合金阳极，取 0.25V；

R_A（initial）——初期阳极接水电阻（Ω）。

③ 所需阳极数量

所需阳极数量按下式计算：

$$N(\text{initial})=\frac{\sum S_C \cdot f_o \cdot i_o}{I_a(\text{initial})}$$

式中 N（initial）——初期需要的阳极数量（支）；

S_C——被保护钢管桩的各部分表面积（m^2）；

f_o——各部分的初期破损率，取 1%；

i_o——各部分的初期保护电流密度（A/m^2）；

I_a（initial）——初期单支阳极输出电流（A）。

3）利用平均阴极保护电流密度计算

$$M=\frac{8760 \cdot \sum S_c \cdot f_m \cdot i_m \cdot T}{u \cdot \varepsilon}$$

式中 M——利用平均（或维持）保护电流密度计算出的阳极需要量（kg）；

S_c——被保护钢管的各部分表面积（m^2）；

f_m——各部分钢管防腐涂层的平均破损率，计算为 8%；

i_m——平均需求电流密度（A/m^2）；

u——阳极的利用系数，取 75%；

ε——阳极的实际电流容量，当选用高效率阳极时为 2600Ah/kg；

T——设计的使用寿命（年）。

所需阳极数量按下式计算：

$$N(\text{average})=\frac{M}{m}$$

式中 m——单支阳极的净质量（kg）。

4）利用末期阴极保护电流密度计算

① 首先按下式计算阳极的接水电阻：

$$R_A(\text{final})=\frac{0.315 \cdot \rho}{\sqrt{A}}$$

式中 R_A（final）——末期阳极接水电阻（Ω）；

ρ——介质（海水）的电阻率（Ω · m）；

A——阳极的末期表面积（m^2）。

② 阳极输出电流

$$I_a(\text{final})=\frac{\Delta E}{R_A(\text{final})}$$

式中 I_a（final）——末期单支阳极输出电流（A）；

ΔE——驱动电压，对于铝合金阳极，取 0.25V；

R_A（final）——末期阳极接水电阻（Ω）。

③ 所需阳极数量

所需阳极数量按下式计算：

$$N(\text{final})=\frac{\sum S_{\mathrm{C}} \cdot f_{\mathrm{f}} \cdot i_{\mathrm{f}}}{I_{\mathrm{a}}(\text{final})}$$

式中 N（final）——末期需要的阳极数量（支）；

S_{C}——为被保护钢管桩的各部分表面积（m^2）；

f_{f}——各部分的末期破损率，取 15%；

i_{f}——各部分的末期保护电流密度（A/m^2）；

I_{a}（final）——末期单支阳极输出电流（A）。

依据“美国腐蚀工程师协会标准，NACE RP 0176—2003 Corrosion Control of Steel Fixed Offshore Platforms Associated with Petroleum Production” 以及“DNV RPB401-2011，CATHODIC PROTECTION DESIGN”，当计算出的 N（initial）、N（average）和 N（final）不同时，为了确保阴极保护的效果，取其中的最大者。

（4）牺牲阳极材料的选择

牺牲阳极型阴极保护系统，是由一种比被保护金属电位更负的金属或合金与被保护的金属电连接所构成。用于海水中阴极保护的牺牲阳极材料主要有锌合金牺牲阳极和铝合金牺牲阳极。由于铝的密度低于锌，而其理论电容量又高于锌，在输出电流基本相同的情况下，一块铝合金牺牲阳极的重量不到相同尺寸锌合金牺牲阳极重量的一半，所以，海洋工程钢结构防腐牺牲阳极材料选择中，较多的选用高效铝合金牺牲阳极。常用的铝合金牺牲阳极的化学成分和电化学特性分别见表 5-1、表 5-2，海上风电场基础防腐需根据设计计算参数具体确定。常见铝 - 锌 - 铟系合金牺牲阳极的结构形式如彩图 49、彩图 50 所示。

常用铝 - 锌 - 铟系合金牺牲阳极化学成分 **表 5-1**

种类	化学成分（%）										
	Zn	In	Cd	Sn	Mg	Si	Ti	杂质			Al
								Si	Fe	Cu	
铝 - 锌 - 铟 - 镉 A11	2.5 ～ 4.5	0.018 ～ 0.050	0.005 ～ 0.020	—	—	—	—	0.10	0.15	0.01	余量
铝 - 锌 - 铟 - 锡 A12	2.2 ～ 5.2	0.020 ～ 0.045	—	0.018 ～ 0.035	—	—	—	0.10	0.15	0.01	余量
铝 - 锌 - 铟 - 硅 A13	5.5 ～ 7.0	0.025 ～ 0.035	—	—	—	0.10 ～ 0.15	—	0.10	0.15	0.01	余量
铝 - 锌 - 铟 - 锡 - 镁 A14	2.5 ～ 4.0	0.020 ～ 0.050	—	0.025 ～ 0.075	0.50 ～ 1.00	—	—	0.10	0.15	0.01	余量

牺牲阳极的电化学性能　　表 5-2

阳极种类	电化学性能			
	工作电位（V）	实际电容量（A·h/kg）	电流效率（%）	溶解情况
锌阳极	−1.05 ～ −1.00	≥ 780	≥ 95	表面溶解均匀，产物容易脱落
铝阳极	−1.12 ～ −1.05	≥ 2400	≥ 85	
高效铝阳极	−1.12 ～ −1.05	≥ 2600	≥ 90	

5.2.2　牺牲阳极阴极保护施工

（1）牺牲阳极安装施工工艺流程。

安装施工工艺流程如图 5-1 所示。

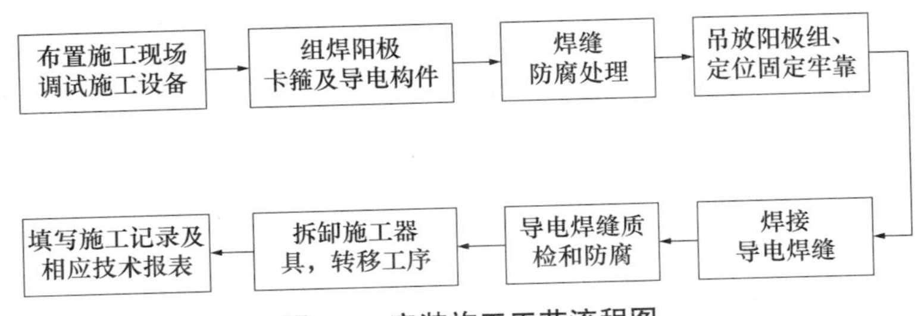

图 5-1　安装施工工艺流程图

（2）钢管桩、钢材的电性连接

风机基础无论采用单桩、导管架、高桩墩台结构，由于其钢管桩、钢材直径不同，各部位钢管桩水位变动区、水下区和泥下区的长度也不同，保护面积和所需保护电流不同。为了钢管桩、钢材之间电位分布均匀，整体得到一致的良好保护，单桩、导管架基础均已实现整体一致的可靠连接，高桩承台风机基础在桩帽制作前，应通过电焊的方法将所有的钢管桩用钢筋连接形成一个保护整体。

（3）牺牲阳极布置及安装

牺牲阳极安装质量的好坏，直接影响到阳极的发生电流量、溶解性能、使用寿命和使用效果。水下焊接安装具有工艺简单、牢固可靠等优点。对于海上风机基础钢管桩、钢结构等的牺牲阳极安装，宜采用普通湿法水下焊接工艺进行安装（彩图 51），牺牲阳极安装时，应根据设计焊接部位、焊接点等要求，焊缝连续、平整、焊接牢固可靠，25 年内不脱落，并与钢管桩、钢结构有良好的电性连接，以保证牺牲阳极材料能有效地发挥保护作用。

海上风电场一般风浪较大，环境条件较为恶劣，在如此恶劣环境条件下，将重达上百公斤的阳极组合顺利、准确、牢固地装焊在水下钢桩设定位置上，是施工中技术关键所在。由于风电场所处海域风浪大、水流急，平潮期时间短、水流高，而潜水作业对水流流速要求非常高，在 0.5～1.0m/s 条件下，已经较为不利了，这就要求牺牲阳极快安装时必须克服大水流影响，顺利安装。导电连接焊缝防腐处理是确保工程质量的另一个关键，焊接和作防腐时，海水不能溅到焊缝处，防腐寿命要和阳极寿命相匹配。

（4）保护效果的检测

为保证和全面了解掌握风机基础钢管桩、钢结构的保护效果，除了对牺牲阳极材料质量和对工程施工质量进行全面有效的控制外，还应对工程施工后的防腐保护系统进行检测。一般钢管桩、钢结构防腐蚀检测应采用全面检测和重点取样相结合的方式对保护效果进行检测，特别是风电场运行后期，由于牺牲阳极材料的大量消耗，保护电位的降低，容易导致出现欠保护现象，更应加强防腐蚀保护效果。工程交付使用前，应对风机基础钢管桩、钢材防腐保护系统进行潜水水下全面检查，并对部分基础进行电位抽测，同时对试验试件保护效果进行取样处理分析，以确定保护效果是否达到设计要求。

5.2.3 预制式牺牲阳极阴极保护及监检测系统

目前国内海上风电场投入运行的主要是东海大桥海上风电场和龙源如东海上风电场，海上风电基础采用的大部分是钢结构基础，应力腐蚀、腐蚀疲劳是钢结构风机基础寿命降低的重要原因，但国内对海洋复杂环境中，交变载荷作用下，钢结构腐蚀疲劳裂纹扩展、疲劳寿命及可靠性分析研究很少。现在国内桩基防腐一般采取以防腐涂层和牺牲阳极阴极保护相结合为主的防腐方案，才能确保风电场风机钢结构基础 25 年长久寿命，如彩图 52 所示。

海上风电机组数量多、位置分散，采用人工方式逐台进行阴极保护系统日常检测，很难在第一时间发现问题，较大面积的风电场工作也相当巨大，短时间内无法完成检测工作。安装远程在线腐蚀监测系统，能够节省大量人力、物力和时间，实施对钢结构腐蚀控制的有效管理。

（1）安装要求

工程所采用的牺牲阳极规格为：Al-Zn-In-Mg 合金牺牲阳极，规格为 A（21）I-1，具体见《铝－锌－铟系合金系牺牲阳极》GB 4948—2002；单体阳极块尺寸为 2300mm×（220＋240）mm×230mm；毛重 310.0kg / 支，净重 294.0kg/ 支。

① 牺牲阳极块表面不允许沾染油漆、油污等，否则应采用水基生物降解清洁剂清除表面。

② 牺牲阳极工作面要求无氧化渣、飞边、毛刺等缺陷，牺牲阳极所有表面允许有少量长度≤ 50mm，深度≤ 5mm 的横向细裂纹存在，但不允许任何裂纹团存在。

③ 牺牲阳极工作面允许有少量铸造孔存在，但其深度不得超过阳极厚度的 10%，最大深度不得超出 10mm。

④ 牺牲阳极块尺寸偏差为长度 ±2%，宽度 ±3%，厚度 ±5%，直线度≤ 2%；阳极块单体总重量偏差为 0～＋ 3%，不允许出现负偏差。

⑤ 牺牲阳极与铁脚间的接触电阻≤ 0.001Ω。

⑥ 牺牲阳极材料铁脚采用无缝钢管制造，钢管的成分和尺寸应符合《无缝钢管尺寸、外形、重量及允许偏差》GB/T 17395—2008 的规定要求。

⑦ 铁脚表面应清洁无锈，并经镀锌或喷砂处理，镀锌层质量应符合《金属镀层和化学覆盖层厚度系列及质量要求》CB/T 3764—1996 规定要求。

（2）检验要求

① 牺牲阳极的工作表面质量检验应逐个进行，单体重量、尺寸检验时，在同一批次的产品中，随机任取十个样品测定其重量和外形尺寸，样品质量和外形尺寸应符合《铝－锌－铟合金系牺牲阳极》GB/T 4948—2002 的规定。

② 牺牲阳极的化学成分复验按每批抽检 3 个试件，试件取样即直接在产品上切割，但注意避开铁脚。试件取样量不低于 20g，取样用的钻头或刀具应清洁干净，严禁试件中混入杂质。试样的化学成分分析按《铝－锌－铟合金牺牲阳极化学分析方法》GB/T 4949—2007 的相关规定进行。

③ 电化学性能检验时，应分别于 3 个不同批次的阳极块上切割取样；若本工程所采用的阳极块均为同一批次，则随机取样 3 个。试样的电化学性能试验按《牺牲阳极电化学性能试验方法》GB/T 17848—1999 的相关规定进行。

④ 牺牲阳极与铁脚的接触电阻复验按每批 1 个试件，总量不少于 3 个试件进行取样，接触电阻检验应对阳极块无损伤，该项检验合格的产品仍可继续投入工程使用。接触电阻的测量方法按《铝－锌－铟合金系牺牲阳极》GB/T 4948—2002 的相关规定执行。

⑤ 检验中若有一个样品不符合要求，应加倍抽样复验；若二次抽样复验仍有不符合要求的，则该批产品不合格。表面质量及尺寸、重量检验不合格产品按个处理。

（3）牺牲阳极阴极保护监检测方案设计

根据相关规定，通过检测参比电极与被保护结构之间的电位是否处于合理的保护电位范围，判断被保护结构的阴极防护效果。普通海工结构，通过人工检测被保护结构所处状态。但人工检测效率低，存在许多局限。随着技术发展，开发一种远程监测系统成为可能。如东潮间带风电场试验风机建设中，尝试采用一种用于海上风机钢结构基础的阴极保护监检测系统，达到阴极保护效果的远程自动监控、检测，并对风电场的每台风机基础进行牺牲阳极阴极保护实时监测。

该系统用于牺牲阳极阴极保护数据采集。系统主要由检测元件，现场测控元件、中央控制元件构成。具体包括：220V 数据采集仪、四支高纯锌参比电极、耐海水腐蚀管的护线管、护线管固定架、参比电极支架等。根据水位不同分布，设计四路参比电极来采集信号。电位变送器拥有以太网接口，可以直接连接到风电场已有的 SCADA 工业以太网，并实时上传电位数据和恒电位仪的运行参数。如彩图 53 所示。

阴极保护远程监检测技术可以提高自动化程度，减少海上风电巡查人员的安全风险，便于对牺牲阳极块的连续监测和性能分析。随着风电技术的发展，我国的风电项目也越来越成熟，阴极保护远程监检测系统将是风电项目的重要组成部分，对掌握钢结构基础的寿命及安全起着非常重要的作用，具有广阔的应用前景。

5.3 外加电流阴极保护防腐技术

5.3.1 外加电流阴极保护防腐设计

（1）工作原理

外加电流保护，即惰性阳极与外部的直流电源正极相连，受保护的钢结构与外部的直流电源负极相连，保护电流由电源提供，这时辅助阳极可选用耐腐蚀材料（如钛合金）。当系统工作时，在阳极与钢结构之间有电流通过，使钢管表面出现一层薄膜，即极化薄膜，该极化薄膜形成阻止腐蚀电池的电位。在阴极保护中，该极化电位可以通过改变电流方式加以改变，从而可以选择理想的防腐效果。外加电流阴极保护原理示意图如彩图 54 所示。

（2）外加电流的特点

① 可随外界条件引起的变化自动调节电流，使被保护部分的电位控制在最佳保护电位范围内。

② 使用寿命长，保护周期长。

③ 辅助阳极排流量和作用半径大，可以保护结构复杂、面积较大的设备和海洋工程结构。

（3）外加电流阴极保护系统构成

一个设计合理的阴极保护系统，其电流供应能力应能满足总保护电流需求，而且保护电流应能均匀分配到全部被保护钢结构表面。外加电流阴极保护系统主要分为以下两部分：

① 工作回路：由辅助阳极、阳极电缆、直流电源变压整流器、负极电缆、钢结构及海水组成，是整个外加电流阴极保护系统的工作主体，其是否工作正常为整个保护系统的正常运行的关键。

② 测量回路：由参比电极、测量电缆、直流电源变压整流器、参比电极负极电缆、钢结构及海水组成，可通过测量回路评价工作回路是否正常。

（4）外加电流阴极保护系统主要材料选择

1）辅助阳极

根据设计使用寿命的不同，可相应的选择不同的辅助阳极材料，海上风机基础一般设计防腐蚀年限为 25 年，可供选择的辅助阳极材料有复合金属氧化物钛阳极、镀铂钛、铂钛复合阳极、包铂铌以及混合金属氧化物电极等。这些材料中，可优先选择复合金属氧化物钛阳极，该阳极材料输出电流密度高，工作电流密度达 500～1000A/m^2，具有良好的电化学性能；消耗率 5×10^{-6}kg/（A·a），属于不溶型阳极，设计寿命可以满足风机基础运行 25 年的防腐蚀要求。与镀铂钛、铂钛复合阳极等材料相比，其价格低廉，在世界各地海洋工程中有较多地使用先例，安全可靠。

2）直流电源

在外加电流阴极保护系统中，需要有一个稳定的直流电源，以提供保护电流。目前，广泛使用的有整流器和恒电位仪两种。一般当被保护的结构物所处的工况条件（如浸水面积、水质等）基本不变或变化很小时，可以采用手动控制的整流器；但当结构物所处的工况条件经常变化时，则应采用自动控制的恒电位仪，以使结构物电位总处在最佳保护范围内。在工程中广泛使用的恒电位仪主要有三类：可控硅恒电位仪、磁饱和恒电位仪和晶体管恒电位仪。可控硅恒电位仪功率较大、体积较小，但过载能力不强。磁饱和恒电位仪紧固耐用，过载能力强，但体积比较大，加工工艺也比较复杂。晶体管恒电位仪输出平稳、无噪声、控制精度较高，但线路较复杂。

根据海上风电场风机基础运行实际情况，一般海上风电场区域风浪较大，水位变化较为频繁，根据上述可提供直流电源仪器设备的功能特点，整流器与恒电位仪相比，具有技术性能稳定可靠、环境适应性强的特点，设置有防腐蚀、防海水及防干扰的钢外壳，防腐等级较高，从而使户外分散布置成为可能，大大降低工程成本，因而风机基础阴极保护可采用整流器作为直流电源。

同时整流器可通过监控系统进行遥控，在整流器智能光设置信号采集元件，采集钢结构保护电位数据以及整流器的工作参数，由控制电缆将信号传输到集中发射装置，通过计算机接收模块集中处理各种发射装置输出的数据，管理人员可通过监控软件，监测系统工作情况，并可根据情况，发出相应的调整指令，对保护系统的工作状态进行实时调控，这对于海上风电场运行维护较为困难的现实情况而言，无疑是较为有利的。

3）参比电极

参比电极的作用有两个：一方面用于测量被保护结构物的电位，监测保护效果；另一方面，为自动控制的恒电位仪提供控制信号，以调节输出电流，使结构物总处于良好的保护状态。在工程中，常用的参比电极有铜 / 饱和硫酸铜、银 / 氯化银及锌参比电极等。根据海上风电场环境特点及运行要求，可选用银 / 氯化银参比电极，因为该参比电极具有极化小，稳定性好，不易损坏，使用寿命长的特性，并能适应风电场场址的海洋环境条件。该参比电极也是目前海洋工程中最常用的永久性参比电极。

（5）外加电流阴极保护远程监控系统

随着远程测控技术的发展，钢结构阴极防护效果检测的远程自动监控方案，在国内外海工结构中得到成功应用和发展。在此以海上风机基础结构外加电流阴极保护远程监控系统为例进行说明，其监控系统设计的主要思路：在风机上安装自动检测装置（称为现场测控单元），获取埋设在基础结构中若干组参比电极的电位数据（即阴极保护电位），并将数据以有线或无线方式传输至中央控制室进行分析处理，中央控制室的工作人员可以通过同样的方式向现场测控单元发送远程测控指令，既能远程设置现场测控单元的监控参数，如采样频率，通信间隔等，可以远程监控现场测控单元的工作状态。海上风电基础结构阴极防护远程监测系统组成如彩图 55 所示，外加电流阴极保护远程监控系统主要由检测元件、现场测控单元、中央控制单元等三大部分组成。

5.3.2　外加电流阴极保护施工

（1）外加电流阴极保护施工工序

外加电流阴极保护的施工工序主要包括：阳极材料、导电装置的安装→参比电极的安装→导电装置导电连续性测试→阳极区电连续性测试→导电装置与阳极区电路短路的测试→阴极电缆间的电连续性测试→参比电极现场测试→阳极区电绝缘测试→保护电位的测量→电源输入参数测量→整体调试。

（2）阳极钛网、导电装置施工

在导电装置焊接完成后，进行阴极导电装置的电连续性检测，以确保所有导电装置是电连续的，对不连续处可增焊多个接头，满足要求后方可进行下一道工序的施工。阳极块应固定牢靠，应充分保证被保护装置焊接搭接长度，焊接要采用特殊水下焊机进行。阳极块固定安装完成，应监测其与导电装置的短路情况，满足要求后安装导电带钛合金导电带，钛导电带与阳极网带焊接固定，同时将正极接头焊接在钛导电条上。施工完成后，检查钛导电条、阳极接头、阳极导电带之间的连续性，以及导电带导电装置接头之间的电路短路情况，满足要求表明系统安装成功。不满足要求则需进行检查和处理，直到满足要求为止。

（3）参比电极的安装

阳极及导电带安装完成后，进行参比电极安装，参比电极安装一般较为简单，按照规定确定好参比电极的位置，依照规定的方法和程序将参比电极安装固定在规定的位置即可。

（4）安装测试

在外加阴极防护系统的安装过程中，需按照安装测试要求进行各种测试。测试内容包括：导电装置的电连续性测试、阳极区电连续性测试、导电带与阳极区之间电路短路测试、阴极电缆间的电连续性测试、参比电极现场测试、阳极区之间的电绝缘测试。

5.3.3 国外海上风电外加电流阴极保护技术

外加电流阴极保护防腐技术近年来在国外海洋工程项目，特别是海上风电中得到了广泛的发展和应用，如德国 AlpHa Ventus（阿尔法 • 文图斯）海上风电场 6 台 3 桩基础、英国 Greater Gabbard（大嘉博得）海上风电场 140 台单桩基础、德国 Borkum West（伯克姆 . 西部）海上风电场 80 台 3 桩基础、德国 Global Tech 1（全球技术 1）80 台 3 桩导管架基础、德国 Rifgat（瑞夫盖特）海上风电场 80 台单桩基础等海上风电项目均采用了外加电流阴极及监检测防腐保护系统（简称 ICCP 系统）。ICCP 系统防腐保护应用在海上风电场风机防腐上具有安装简单、成本较牺牲阳极低、可通过系统软件实时监控调节海上安装系统、绿色环保和使用寿命长等优点。彩图 56、彩图 57 所示为国外海上风电场风机基础结构中采用的外加电流阴极保护防腐系统。

外加电流阴极保护系统设计和安装时，一方面须保证受保护结构整体具有良好的电连续性，另一方面受保护结构应与无关的其他金属结构物电绝缘。连接电源负极，绝对避免出现差错。同时改善保护电位分布的均匀性，是阴极保护系统设计的关键。为改善钢结构的电位分布，应在阳极周围设置阳极屏蔽层，避免电流集中分布在阳极附近，达到较均匀地分布。

5.4 两种阴极保护技术比较

阴极保护不仅可以防止一般性全面腐蚀，而且可以防止局部腐蚀，按照《海港工程钢结构防腐蚀技术规范》JTS 153—3—2007 的防腐蚀方法的选择：对于水位变动区平均潮位以下部位，一般采用涂层加阴极保护联合防腐蚀措施。为防止海水及盐雾环境的腐蚀作用对风机基础的稳定性产生破坏，延长风机基础结构的使用寿命，必须对其进行阴极保护的措施。阴极保护系统可分为牺牲阳极法和外加电流法。下面对这两种阴极保护方法的优缺点进行比较，见表 5-3。

牺牲阳极与外加电流阴极保护的优缺点比较表

表 5-3

序号	外加电流阴极保护	牺牲阳极阴极保护
1	所需阳极数量少，即单只阳极保护范围大，从总工程费用来说，首次投资费用较小	所需牺牲阳极数量较多，且宜水下焊接，首次投资费用较高
2	输出电流由仪器控制，且保护电位可以自动或手动调整，以达到理想保护电位	牺牲阳极输出电流不可调，其初期输出电流较大，随着阳极污染以及腐蚀，其输出电流会逐渐变小，从而可能出现保护不足的现象，又由于其自身调节能力弱，因此其产生的保护电位在涨潮时可能高些，在落潮时会低一些
3	需要专用的恒电位仪控制，并且需要电源电缆，参比电极等配套设置，钢桩间电连接必须可靠，系统较复杂，日常维护需要专人维护、管理，且有电能、仪器件的损耗	结构简单，不需要专人管理，一次投入后，无需专门维护，为慎重起见，最好定期测量钢桩、钢结构电位，由于风机基础数量较多，受海洋环境因素影响，后期维护难度较大
4	由于单只阳极保护范围大，因此容易引起电源或单只阳极损坏时，造成钢桩欠保护，即受外界环境影响大，稳定性差	由于基础每根桩和钢结构都可以焊上牺牲阳极，且固定牢靠（焊接），所以其稳定性高，几乎不存在电位不均匀和电源中断的问题
5	由于每根阳极需保护多根钢桩，所以阳极位置布置较困难，容易产生过保护或欠保护现象，又可能造成布置过密而使资源造成浪费	不易产生过保护、欠保护所产生的“氢脆”和“电干扰”等副作用，牺牲阳极的设计布局相对容易
6	参比电极和恒电位仪失控，容易造成保护失控	设计得当，不会产生过保护和欠保护现象

两种阴极保护方式，原理上都可以应用，但各有优缺点。牺牲阳极法的优点是系统简单，不用外部电源。然而，其设计安装后保护参数不能随意调整，由于阳极会不断溶解和消耗，因此保护的期限较短，需要周期性更换阳极，对于风电基桩来说，工作量大，现场条件艰苦，耗费巨大。此外，由于担心牺牲阳极可能提前消耗，使得管桩保护不足，往往带来过度设计，造成浪费。外加电流保护法突出的优点是阳极服役寿命长，还可根据系统的运行情况随时调整保护参数。其缺点是需外加电源，对调节、控制系统的稳定性、可靠性有较高要求。

国内 20 世纪六七十年代的大型工程，几乎都采用外加电流的阴极保护方式，80 年代初期，随着国内铝合金牺牲阳极的开发，使牺牲阳极的使用寿命也达到 10 年以上，保护效果可以达到 90% 以上，因此在国内 80 年代后期较多的倾向牺牲阳极的阴极防腐。

基于我国能源行业标准对于阴极保护的一般要求，推荐采用牺牲阳极法，因其技术含量相对低，施工质量容易保证，且施工单位对牺牲阳极的施工经验丰富。不过目前国际上认为，对于海上风电基桩的阴极保护，牺牲阳极法保护并不是一种理想的保护方式，因为它不能随着外部条件的变化进行调节，并不智能化，于是提出了风电场钢管桩的外加电流法阴极保护系统，辅助阳极采取分散埋置方式，并且国外的外加电流阴极保护一般会配套设置监检测系统，便于对风机基础进行实时监测，并设置相应的网络端口后，通过 Internet 或者局域网即可随时看到风机基础腐蚀电位情况，当腐蚀电位超过允许值时会及时发布报警信号。

由于目前国内采用外加电流法的应用实例较少，缺乏相关的设计、安装参考资料和工程实践经验，因此，在当前需要开展用外加电流法对海上风电钢管桩进行阴极保护的试验和研究，积累必要的工程数据，认识其中的规律，总结相关的经验。若需实施，则应对恒电位仪、辅助阳极、参比电极等核心部件进行较严格的质量控制与筛选，在设计时也应进行数值仿真，以评价辅助阳极和参比电极等布置方式及位置，并对焊接部位按需要进行相应的水密性检测。

通过多年的实践证明海港、跨海大桥、海上石油平台等海洋海岸工程的钢结构（或混凝土结构中的钢筋），采用阴极保护均能起到比较有效的保护作用。从总体上讲，如果设计精确、合理，维护管理得当，使钢结构随时均处于保护电位所要求的范围内，那么不论是选择外加电流阴极保护，或者选择牺牲阳极保护，均能取到满意的防腐蚀效果。

第6章　海工混凝土结构的耐久性与腐蚀防护研究

6.1　海工混凝土结构构造设计研究

6.1.1　结构形式要求

海工混凝土的结构选型设计时应满足以下要求：

（1）海工混凝土结构形式应根据结构功能和环境条件进行选择。构件截面几何形状应简单、平顺，减少棱角、突变和应力集中。限制导致表面积水的设计，尽量减少构件受潮和溅湿的表面积。

（2）暴露部位构件的最小截面尺寸应满足下列要求：直线形构件的最小边长不宜小于保护层厚度的6倍；曲线形构件的最小曲率半径不宜小于保护层厚度的3倍。

（3）混凝土表面应有利于排水，不宜在接缝或止水处排水。

（4）混凝土结构应有利于通风，避免过高的局部潮湿和水汽聚积。

（5）结构构件应有便于施工，易于成型，各部位形状、尺寸、钢筋位置等不得由于施工工艺原因而难以保证。

（6）结构形式应便于对关键部位进行检测和维修，应适当设置检测、维护和采取补充保护措施的通道。

（7）对处于腐蚀较严重部位的构件，应考虑其易于更换的可能性。

6.1.2　构造要求

海工混凝土的构造设计时应满足以下要求：

（1）应处理好构件的连接和接缝。制作和节点的选择，应使结构由于变形引起的约束最小。

（2）钢筋间距应能保证混凝土浇筑均匀和捣实，且不宜小于50mm，必要时可以采用两根钢筋的并筋。

（3）构件中受力钢筋和构造钢筋宜构成闭口的钢筋笼，以增加结构的坚固和耐久。

（4）当结构暴露面无法避免截面突变或施工缝时，除应严格保证混凝土的质量和处理好施工缝外，尚应在截面突变处设置构造钢筋，跨施工缝设置骑缝构造钢筋。构造钢筋面积的最小值可采用构件截面的0.05%，间距不宜大于250mm。

（5）在支座反力或预应力锚头等集中力作用的暴露部位应验算局部拉应力，其计算值不应超过混凝土抗拉强度标准值。当上述要求无法满足或难于计算时，应采取特殊防腐蚀措施。

（6）在结构表面可能受到船、漂浮物、流冰碰撞或海水冲击异常剧烈的部位，宜配置附加钢筋或采用纤维混凝土。

（7）钢筋混凝土保护层最小厚度应符合表 6-1 规定。

钢筋混凝土保护层最小厚度（mm） **表 6-1**

建筑物所在地区	大气区	浪溅区	水位变动区	水下区
北方	50	60	50	40
南方	50	65	50	40

（8）预应力混凝土保护层最小厚度应符合下列规定：

当构件厚度为 500mm 以上时应符合表 6-2 规定。

预应力混凝土保护层最小厚度（mm） **表 6-2**

所在部位	大气区	浪溅区	水位变动区	水下区
保护层厚度	65	80	65	65

当构件厚度小于 500mm 时，预应力筋的混凝土保护层最小厚度宜为 2.5 倍预应力筋直径，但不得小于 50mm。

（9）结构的混凝土表面易受冰凌等漂浮物磨损或撞击的部位，保护层厚度宜适当加大。

（10）浇筑在混凝土中并暴露在外的临时或永久性的吊环、紧固件、预埋件等，应与混凝土中的任何配筋绝缘。否则，应采用牺牲阳极保护。

（11）轨道、支撑、接头、连接和排水设施等辅助设备，应便于维护和更换。

（12）封闭预应力锚具的混凝土质量应高于构件本体混凝土，其水灰比不应大于 0.4，其厚度应大于 90mm。

（13）由于不均匀沉降、混凝土收缩或温度效应引起的应力，应通过合理设计和采取分缝、温度控制等施工措施控制在允许范围内。

6.2 海工混凝土原材料、质量要求

6.2.1 海工混凝土原材料

1. 骨料

海工混凝土骨料应符合下列规定：

（1）骨料应选用质地坚固耐久，具有良好级配的天然河砂、碎石或卵石。

（2）细骨料不宜采用海砂。当受条件限制不得不采用海砂时，海砂带入浪溅区或水位变动区混凝土的氯离子量，对钢筋混凝土，不宜大于水泥质量的 0.07%；对预应力混凝土，不宜大于 0.03%，当超过上述限值时，应通过淋洗降低到小于此限值；当淋洗确有困难时，可在拌制的混凝土中掺入适量亚硝酸钙或其他经论证的阻锈剂。当拌

和用水的氯离子含量不大于200mg/L，外加剂的氯离子含量不大于水泥质量的0.02%，细骨料的氯离子含量允许适当提高，但应满足混凝土拌合物中氯离子的最高限值。

（3）粗骨料的最大粒径应满足：① 不大于构件截面最小边尺寸的1/4；② 不大于钢筋最小净距的3/4；③ 在浪溅区，不大于保护层厚度的2/3，当保护层厚度为50mm时，不大于保护层厚度的4/5；在其他区，不大于保护层厚度的4/5。

（4）不得采用可能生出碱－骨料反应的活性骨料。

2. 水泥

水泥是配置海工混凝土的关键原料，应符合下列规定：

（1）宜采用硅酸盐水泥、普通硅酸盐水泥、矿渣硅酸盐水泥、火山灰硅酸盐水泥及粉煤灰硅酸盐水泥，其质量应符合现行国家标准《通用硅酸盐水泥》GB 175强度不得低于42.5。

（2）普通硅酸盐水泥和硅酸盐水泥的熟料中铝酸三钙含量控制在6%～12%之间。

（3）受冻地区的浪溅区宜采用矿渣硅酸盐水泥，特别是矿渣含量大的矿渣硅酸盐水泥。

（4）不得使用立窑水泥和烧黏土质的火山灰硅酸盐水泥。

（5）当采用矿渣硅酸盐水泥、粉煤灰硅酸盐水泥、火山灰质硅酸盐水泥时，宜同时掺加减水剂或高效减水剂。

3. 拌和用水

拌和用水宜采用城市供水系统的饮用水，不得采用海水。钢筋混凝土和预应力混凝土的拌和用水的氯离子含量不宜大于200mg/L。

4. 掺合料

（1）当采用硅酸盐水泥、普通硅酸盐水泥拌制混凝土时，宜适当掺加优质掺合料。

（2）混凝土掺合料宜采用粒化高炉矿渣、粉煤灰、硅灰等。

（3）粒化高炉矿渣的粉磨细度不宜小于4000cm²/g，其掺量宜通过试验确定。用硅酸盐水泥拌制的混凝土，其掺量不宜小于胶凝材料质量的50%；用普通硅酸盐拌制的混凝土，其掺量不宜小于胶凝材料质量的40%。

（4）粉煤灰的质量，应满足Ⅱ级以上粉煤灰的要求。

（5）对普通混凝土，粉煤灰取代水泥质量的最大限量应符合下列规定：

① 用硅酸盐水泥拌制的混凝土不宜大于25%。

② 用普通硅酸盐水泥拌制的混凝土不宜大于20%。

③ 用矿渣硅酸盐水泥拌制的混凝土不宜大于10%。

④ 经试验论证，最大掺量可不受以上限制。

（6）硅灰的掺量不宜大于水泥质量的10%。

5. 外加剂

（1）外加剂质量应符合现行国家标准《混凝土外加剂》GB 8076的规定。

（2）外加剂对混凝土的性能应无不利影响，其氯离子含量不宜大于水泥质量的0.02%。

（3）外加剂的应用应符合现行国家标准《混凝土外加剂应用技术规范》GBJ 119的规定，其掺量应通过试验确定。

6. 高性能混凝土原材料

（1）宜选用标准稠度低、强度等级不低于 42.5 的中热硅酸盐水泥、普通硅酸盐水泥，不宜采用矿渣硅酸盐水泥、火山灰质硅酸盐水泥、粉煤灰硅酸盐水泥。

（2）细骨料宜选用级配良好、细度模数在 2.6～3.2 的中粗砂。

（3）粗骨料宜选用质地坚硬、级配良好、针片状少、空隙率小的碎石，其岩石抗压强度宜大于 100MPa，或碎石压碎指标不大于 10%。

（4）减水剂应选用与水泥匹配的坍落度损失小的高效减水剂，其减水剂不宜小于 20%。

（5）掺合料应选用细度不小于 4000cm²/g 的磨细高炉矿渣、Ⅰ、Ⅱ级粉煤灰、硅灰等。

6.2.2 海工混凝土质量要求

海工混凝土质量应满足如下规定：

（1）混凝土拌合物中的氯离子最高限值（按水泥质量百分率计）：预应力混凝土中为 0.06，钢筋混凝土中为 0.10。

（2）不同暴露部位混凝土拌合物水灰比最大允许值见表 6-3。

海水环境混凝土的水灰比最大允许值 **表 6-3**

环境条件			钢筋混凝土、预应力混凝土	
			北方	南方
大气区			0.55	0.50
浪溅区			0.50	0.40
水位变动区	严重受冻		0.45	—
	受冻		0.50	—
	微冻		0.55	—
	偶冻、不冻		—	0.50
水下区	无水头作用		0.60	0.60
	水头作用	最大作用水头与混凝土壁厚之比＜ 5	0.60	
		最大作用水头与混凝土壁厚之比 5 ～ 10	0.55	
		最大作用水头与混凝土壁厚之比＞ 10	0.50	

（3）不同暴露部位混凝土最低强度等级见表 6-4。

不同暴露部位混凝土最低强度等级 **表 6-4**

地区	大气区	浪溅区	水位变动区	水下区
南方	C30	C40	C30	C25
北方	C30	C45	C30	C25

（4）不同暴露部位混凝土拌合物的最低水泥用量见表 6-5。

海水环境混凝土的最低水泥用量（kg/m^3） 表 6-5

<table>
<tr><th colspan="2" rowspan="2">环境条件</th><th colspan="2">钢筋混凝土、预应力混凝土</th></tr>
<tr><th>北方</th><th>南方</th></tr>
<tr><td colspan="2">大气区</td><td>300</td><td>360</td></tr>
<tr><td colspan="2">浪溅区</td><td>360</td><td>400</td></tr>
<tr><td rowspan="4">水位变动区</td><td>F350</td><td>395</td><td rowspan="4">360</td></tr>
<tr><td>F300</td><td>360</td></tr>
<tr><td>F250</td><td>330</td></tr>
<tr><td>F200</td><td>300</td></tr>
<tr><td colspan="2">水下区</td><td>300</td><td>300</td></tr>
</table>

（5）南方海工混凝土浪溅区混凝土抗氯离子渗透性不应大于 2000C。

（6）预应力混凝土灌浆材料的质量应符合下列规定。

① 预应力混凝土孔道灌浆材料应采用强度等级不低于 32.5 的硅酸盐水泥或普通硅酸盐水泥配置的水泥浆，水灰比不宜大于 0.4。

② 水泥浆在 20℃的泌水率，在拌和后 3h 不得超过 2%，最终泌水率不得超过 3%，泌出的水应在 24h 内被水泥浆重新吸收。

③ 水泥浆中可掺入适量减水剂、高效减水剂或引气剂等外加剂，但不得含有氯化物、硝酸盐、硫化物、亚硫酸钠、氯酸盐等有害成分。外加剂品种与掺量应通过试验确定。

④ 水泥浆中氯离子总量不应超过水泥质量的 0.06%。

高性能混凝土的技术指标应符合表 6-6 的规定。

高性能混凝土的技术指标 表 6-6

混凝土拌合物			硬化混凝土	
水胶比	胶凝物质总量（kg/m^3）	坍落度（mm）	强度等级	抗氯离子渗透性（C）
≤ 0.35	≥ 400	≥ 120	≥ C45	≤ 1000

6.2.3 海工混凝土配合比设计

混凝土配合比设计中基本参数选取应符合下列规定：

（1）水胶比的选择应满足下列要求。

① 用建立强度和水胶比关系曲线的方法求水胶比，按指定的坍落度，用实际施工应用的材料，拌制数种不同水胶比混凝土拌合物，并根据 28d 龄期的混凝土立方体试件的极限抗压强度绘制强度与水胶比的关系曲线，从曲线上查出与混凝土施工配置强度相应的水胶比。

② 有耐久性要求的混凝土，按强度要求得出的水胶比还应与表 6-7 中的按耐久性要求规定的水胶比相比较，当计算的水胶比大时，取表中规定值。

海水环境混凝土按耐久性要求的水胶比最大允许值　　表 6-7

环境条件			钢筋混凝土 预应力混凝土		素混凝土	
			北方	南方	北方	南方
大气区			0.55	0.50	0.65	0.65
浪溅区			0.40	0.40	0.65	0.65
水位变动区	严重受冻		0.45	—	0.45	—
	受冻		0.50	—	0.50	—
	微冻		0.55	—	0.55	—
	不冻		—	0.50	—	0.65
水下区	无水头作用		0.55	0.55	0.65	0.65
	水头作用	最大作用水头与混凝土壁厚之比＜ 5	0.55			
		最大作用水头与混凝土壁厚之比 5 ～ 10	0.50			
		最大作用水头与混凝土壁厚之比＞ 10	0.45			

（2）根据所用的砂石情况和确定的坍落度值，按经验或按表 6-8 选择用水量。

用水量选用值（kg/m^3）　　表 6-8

坍落度（mm）	碎石最大粒径（mm）			
	20	40	63	80
10 ～ 30	185	170	160	150
30 ～ 50	195	180	170	160
50 ～ 70	210	195	185	175

（3）胶凝材料用量可按选定的水胶比和用水量计算近似值，宜按经验或按表 6-9 选取数种不同砂率，拌制混凝土，确定最佳砂率。在保持胶凝材料用量和其他条件相同的情况下，坍落度最大的拌合物所对应的砂率应为最佳砂率。

砂率选用值（%）　　表 6-9

碎石最大粒径（mm）	近似胶囊材料用量（kg/m^3）							
	200	225	250	275	300	350	400	450
20	38 ～ 44	37 ～ 43	36 ～ 42	35 ～ 41	34 ～ 40	32 ～ 38	30 ～ 36	28 ～ 34
40	36 ～ 42	35 ～ 41	34 ～ 40	33 ～ 39	32 ～ 38	30 ～ 36	28 ～ 34	26 ～ 32

续表

碎石最大粒径（mm）	近似胶囊材料用量（kg/m^3）							
	200	225	250	275	300	350	400	450
63	33 ～ 39	32 ～ 38	31 ～ 37	30 ～ 36	29 ～ 35	27 ～ 33	26 ～ 32	25 ～ 31
80	32 ～ 38	31 ～ 37	30 ～ 36	29 ～ 35	28 ～ 34	26 ～ 32	25 ～ 31	24 ～ 30

（4）按选定的水胶比和已确定的最佳砂率，拌制数种胶凝材料用量不同的混凝土拌合物，测定坍落度，并绘制坍落度与胶凝材料用量的关系曲线，从曲线上查出与施工要求坍落度相应的胶凝材料用量。对于在海水环境有耐久性要求的混凝土，上述过程应在不掺加减水剂的情况下进行，确定胶凝材料用量，且不得低于表 6-10 规定的限值。

海水环境按耐久性要求的最低胶凝材料用量（kg/m^3）　　表 6-10

环　境　条　件		钢筋混凝土、预应力混凝土		素混凝土	
		北方	南方	北方	南方
大气区		320	360	280	280
浪溅区		400	400	280	280
水位变动区	F350	400	360	400	280
	F300	360		360	
	F250	330		330	
	F200	300		300	
水下区		320	320	280	280

（5）每立方米混凝土中的砂石用量采用绝对体积法计算。

（6）按以上确定的配合比和施工要求得到的坍落度，经试拌校正后得出经济合理的配合比。

（7）确定的配合比应根据制定的要求制作试件进行试验校核。

（8）高性能混凝土配合比设计应符合下列规定：

① 高性能混凝土配合比设计应采用试验–计算法，其配制强度的确定原则与普通混凝土相同。

② 粗骨料的最大粒径不宜大于 25mm。

③ 胶凝材料浆体体积宜为混凝土体积的 35% 左右。

④ 应通过试验确定最佳砂率。

⑤ 应通过减低水胶比和调整掺合料的掺量使抗氯离子渗透性指标达到规定要求。

6.3 海工混凝土耐久性研究

6.3.1 影响海工混凝土耐久性的主要因素

海洋环境下混凝土结构所处自然条件复杂，按中国土木工程学会标准《混凝土结构耐久性设计与施工指南》的环境作用等级划分，混凝土结构受侵蚀的严重程度在C（中度）~F（极端严重）级之间。对混凝土结构产生严重破坏包括氯离子侵蚀、冻融循环、碳化、冲刷、磨蚀、碱骨料反应等作用。海工结构物环境中氯盐侵蚀作用是结构破坏的主要原因。

1. 混凝土的碳化

混凝土的碳化是指混凝土在自然环境中，空气和水中的CO_2气渗透到混凝土内，与混凝土中的氢氧化钙发生化学反应后生成碳酸盐和水，使混凝土碱度降低的过程，又称作中性化，如彩图58所示。其化学反应为：$Ca(OH)_2 + CO_2 = CaCO_3 + H_2O$。由于碳化后混凝土的碱度降低，使混凝土孔隙中存在饱和氢氧化钙碱性介质在钢筋表面生成难溶的Fe_2O_3和Fe_3O_4（称为钝化膜）对钢筋保护作用逐渐降低，当碳化超过混凝土的保护层时，在水与空气存在的条件下，就会使混凝土失去对钢筋的保护作用，造成钢筋锈蚀破坏；另外混凝土碳化还会加剧混凝土收缩，使混凝土产生裂缝，从而造成混凝土结构的破坏。

混凝土的抗碳化能力，不仅与混凝土的水灰比、水泥品种、水泥用量、养护方法、气孔尺寸与分布有关，而且还与环境的相对湿度、温度与CO_2的浓度有关。

2. 混凝土的冻融

混凝土的冻融破坏必须满足以下两个条件：一是混凝土处于饱水状态，二是外界气温正负变化，使混凝土孔隙中的水反复发生冻融循环，如彩图59所示。吸水饱和的混凝土在其冻融的过程中，遭受的破坏应力主要由两部分组成。一是当混凝土中的毛细孔水在某负温下发生物态变化，由水转变成冰，体积膨胀9%，因受毛细孔壁约束形成膨胀压力，从而在孔周围的微观结构中产生拉应力；二是当毛细孔水结成冰时，由凝胶孔中过冷水在混凝土微观结构中的迁移和重分布引起的渗管压，由于表面张力的作用，混凝土毛细孔隙中水的冰点随着孔径的减小而降低。凝胶孔水形成冰核的温度在−78℃以下，因而由冰与过冷水的饱和蒸汽压差和过冷水之间的盐分浓度差引起水分迁移而形成渗透压。另外凝胶不断增大，形成更大膨胀压力，当混凝土受冻时，这两种压力会损伤混凝土内部微观结构，当经过反复多次的冻融循环以后，损伤逐步积累不断扩大，发展成互相连通的裂缝，使混凝土的强度逐步降低，最后甚至完全丧失。

混凝土的抗冻性与其内部孔结构、水饱和程度、受冻龄期、混凝土的强度等许多因素有关，其中最主要的因素是它的孔结构，而混凝土的孔结构及强度又取决于混凝土的水灰比、有无外加剂和养护方法等。混凝土结构常用的几种抗冻措施有：掺用引气剂、减水剂或引气减水剂；严格控制水灰比，提高混凝土密实度；加强早期养护或渗入防冻剂，防止混凝土早期受冻。

3．氯离子侵蚀

海洋中的氯离子以海水、海雾等形式渗入海工混凝土结构中，影响混凝土结构的使用性能和寿命，以往的海港码头等海工结构多数都达不到设计寿命的要求。在混凝土结构使用寿命期间可能遇到的各种暴露条件中，氯化物算是最危险的侵蚀介质。氯离子侵入混凝土腐蚀钢筋的机理为：

（1）破坏钝化膜，氯离子是极强的去钝化剂，氯离子进入混凝土达到钢筋表面，吸附于局部钝化膜处时，可使该处的 pH 值迅速降低，使钢筋表面 pH 值降低到 4 以下，破坏了钢筋表面的钝化膜。

（2）形成腐蚀电池。在不均质的混凝土中，常见的局部腐蚀对钢筋表面钝化膜的破坏发生在局部，使这些部位露出了铁基体，与尚完成好的钝化膜区域形成电位差，铁基体作为阳极而受腐蚀，大面积钝化膜区域作为阴极，腐蚀电池作用的结果使得钢筋表面产生蚀坑；同时，由于大阴极对应于小阳极，蚀坑的发展会十分迅速。

（3）去极化作用。氯离子不仅促成了钢筋表面的腐蚀电池，而且加速了电池的作用，却并不被消耗，也就是说，凡是进入混凝土中的氯离子，会周而复始的起到破坏作用，这也是氯离子危害的特点之一。

（4）导电作用。腐蚀电池的要素之一是要有离子通道，混凝土中氯离子的存在，强化了离子通道，降低了阴阳极之间的欧姆电阻，提高了腐蚀电池的效率，从而加速了电化学腐蚀过程。

4．混凝土的化学侵蚀

海工混凝土结构经常受到侵蚀介质的作用，引起水泥石发生一系列化学和物理反应，使混凝土逐步受到侵蚀，严重时造成水泥石强度降低，甚至破坏。常见的化学腐蚀主要有软水侵蚀、碳酸腐蚀、硫酸盐腐蚀、镁盐腐蚀等。软水侵蚀是指混凝土在软水环境中，混凝土中的 $Ca(OH)_2$ 在水流及压力水流的作用下，不断溶解流失，造成混凝土孔隙增加，强度降低，引起混凝土结构破坏；碳酸腐蚀是指混凝土所处环境水中 CO_2 含量较高时，在水流及压力水流的作用下，混凝土碳化后形成的 $CaCO_3$ 与含碳酸的水反应形成可溶性 $Ca(HCO_3)_2$ 不断溶解流失，形成碳酸腐蚀，造成混凝土结构的破坏；硫酸盐腐蚀是指海工混凝土结构基础土层中或海水中的 SO_4^{2-} 与水泥石的固态水化铝酸钙反应生成三硫型水化硫铝酸钙，造成水泥石体积膨胀而引起混凝土结构的破坏；镁盐腐蚀是指海水的 Mg^{2+} 与水泥石中的 $Ca(OH)_2$ 反应生成松软和无胶结能力的氢氧化镁，降低了混凝土密度，造成混凝土强度的破坏。

5．混凝土的碱 − 骨料反应

混凝土的碱 − 骨料反应是指混凝土孔隙中的碱溶液与混凝土骨料中活性矿物质在水环境中发生反应，造成混凝土发生体积膨胀、开裂、甚至破坏，如彩图 60 所示。其危害作用很难根治，被誉为“混凝土癌症”。

碱性物质主要来自水泥熟料，骨料中活性矿物质主要是活性 SiO_2、硅酸盐、碳酸盐等。混凝土的碱 − 骨料反应主要有三种形式：一是碱硅反应，二是碱硅酸盐反应，三是碱碳酸盐反应。其中最为常见的是碱硅反应，当水泥熟料中的碱性物质含量较高时，同时使用了含有活性 SiO_2 的粗骨料，水泥中碱性物质水化后形成的氢氧化钠和氢氧化钾与骨料中的活性 SiO_2 发生反应，在骨料表面形成复杂的碱硅酸凝胶体，该凝胶体具有吸水后体积无限膨胀的特点，在潮湿环境中，不断膨胀的凝胶体将引起混凝土的膨胀、开裂，最终引起混凝土自身结构的破坏。

6. 钢筋锈蚀

钢筋锈蚀是影响水工钢筋混凝土耐久性的重要因素，造成钢筋锈蚀的主要原因是当混凝土碳化至钢筋表面和混凝土开裂时，钢筋失去了碱性混凝土的保护，钝化膜对钢筋的保护作用逐渐减小甚至消失，钢筋表面成活化状态，在水、氧和 Cl^- 作用下，在混凝土裂缝处，首先出现钢筋坑蚀，进而发展为钢筋环向锈蚀，最终沿钢筋纵向形成片状锈蚀，由于氢氧化铁（铁锈）体积比原金属体积膨胀 2～4 倍，片状锈蚀体积膨胀造成沿钢筋布置方向产生混凝土保护层裂缝，同时由于钢筋锈蚀造成钢筋有效截面积的减少，影响混凝土结构的承载能力和使用功能，进而造成混凝土结构的破坏。

6.3.2 提高海工混凝土耐久性的措施

在正常使用条件下，混凝土结构的使用年限应达 50～120 年，但实际工程中混凝土结构远远未达到其使用年限，只经过二十几年、十几年甚至几年就因劣化环境而遭到破坏。据资料介绍，世界各国的混凝土腐蚀损失可占国民经济总产值（GDP）的 2%～4%，其中与钢筋腐蚀有关者可占 40%。我国 20 世纪六七十年代建造的许多码头、港口、工业厂房等建筑物，由于混凝土质量不够优良，施工质量存在缺陷，使用寿命不到 30 年已破坏严重，维修或修复费用及停止生产营运造成的经济损失十分巨大。交通部的统计资料表明，海工钢筋混凝土结构通常在 10～15 年，短则 5～8 年就会发生钢筋锈蚀破坏。宁波北仑港 10 万 t 级矿石码头，使用不到 10 年就出现严重锈蚀而损坏。连云港、湛江海港码头以及华南地区的许多海港码头建成后不久就出现钢筋锈蚀和不同程度的损坏。

为提高海洋环境下混凝土耐久性，国内外开展了大量的研究，提出了混凝土耐久性措施。其基本措施包括：高性能混凝土、增加混凝土保护层厚度、控制混凝土裂缝以及施工中的质量控制。附加措施包括：① 特种钢筋（环氧涂层钢筋、不锈钢钢筋、镀锌钢筋）的选用；② 钢筋阻锈剂；③ 混凝土表面封闭、涂层（硅烷、涂层）；④ 透水模板布；⑤ 阴极保护类电化学方法等措施。

1. 基本措施

（1）合理选择原材料

水泥作为混凝土的胶结材料，其物质组成和特性直接影响到混凝土的耐久性，应选择含碱量小、水化热低、干缩性小、抗渗性、抗冻性、抗腐蚀性性能好的水泥。

为保证混凝土的强度要求，必须选择质地致密，具有足够强度的混凝土骨料，尤其是混凝土粗骨料，应控制骨料中有害物质的含量。骨料的选择应考虑骨料的碱活性，防止碱 - 骨料反应对混凝土的破坏。为提高混凝土的抗渗性、抗冻性，尽量选择抗蚀性能好，吸水性能差的骨料，选择合理的级配，提高混凝土拌合物的和易性，提高混凝土的密实度，以提高耐久性。

混凝土拌合用水量和水灰比直接影响到混凝土的强度，拌合用水应控制水质和水量，应对拌合用水进行水质化验，检测水中 SO_4^{2-} 离子、Mg^{2+} 离子、Cl^- 离子的含量，防止上述有害物质对水泥石和钢筋的侵蚀。

（2）采用高性能混凝土

普通混凝土水泥石中水化物稳定性不足，是影响混凝土耐久性的重要因素。高性能混凝土就是在普通混凝土中掺入高效活性矿物掺料，以改变水泥石中胶凝材料的组成。高效活性矿物掺料（粉煤灰、矿粉和硅粉）中含有的大量活性 SiO_2 和活性 Al_2O_3 能与水泥水化过程中产生的游离石灰和高碱水化硅酸钙产生二次反应，生成强度更高，稳定性更优的低碱水化硅酸钙，达到消除游离石灰的目的。另外由于有些超细矿粉颗粒平均粒径小于水泥颗粒的平均粒径，它可充填到水泥石的空隙当中，堵塞水泥石中可能的渗漏通道，使水泥石更加密实。因此采用高性能混凝土可有效提高混凝土的耐久性。

（3）聚合物混凝土

在部分海工混凝土修复时，聚合物混凝土常常是最有效的手段之一。而聚合物混凝土在我国港口码头的新建混凝土结构物中也应用较为广泛，近30年来有显著的发展。

按其组成和制作工艺，可分为：聚合物浸渍混凝土、聚合物水泥混凝土（也称聚合物改性混凝土，polymer modified concrete，PMC）和聚合物胶结混凝土（polymer concrete，PC，又称树脂混凝土，RC）等几种，聚合物混凝土与普通水泥混凝土相比，具有高强、耐蚀、耐磨、粘结力强等优点。

经调研，某公司研究并批量化生产，水下聚合物混凝土不仅可用于前期浇筑，还可进行后期维护修补，如 PBM-3 聚合物混凝土，以 PBM-3 树脂为胶粘剂，将其与骨料（石子、砂、水泥）固结而成的混凝土。其同时具有高分子材料和无机材料的综合性能，可在水中快速固化、力学强度较高。由于树脂不溶于水，又赋予包裹的骨料很高的黏稠性，因此拌合料在水中不分散，施工时不需导管，可直接经过几十米的水层浇入水中，浇筑后不需振捣，即可形成自流平、自密实的水下快速固化的混凝土。可对水下混凝土缺陷进行薄层、大体积和快速的修补，但不宜用于干燥部位或水位变化区的修补（表 6-11）。

某聚合物混凝土测试性能表　　**表 6-11**

项　目	指　标	
固化时间（min）	3 ～ 60	
比重（g/cm^3）	1.0 ～ 1.2	
龄期（d）	3	28
水下粘结强度（MPa）	≥ 2.0	≥ 2.5
水下抗折强度（MPa）	≥ 10	≥ 15
水下抗压强度（MPa）	≥ 30	≥ 50

某科研院所研发并批量化生产的水下环氧混凝土，如 HK-UW-3 混凝土是一种采用环氧树脂作为胶结材料，以石子、砂、粉料（如粉煤灰、水泥、石粉等）为集料制备的树脂混凝土。具有在室温下固化快、强度高、抗冲击、耐磨损、耐腐蚀、抗冻性好等优点，尤其是其具有可在潮湿条件下快速固化，与新老混凝土及钢筋粘结良好、施

工工艺简便等特点，修补后 4～6h 即可投入使用（表 6-12）。

某水下环氧混凝土测试性能表

表 6-12

项目			指标
树脂性能	密度（g/cm^3）	A 组分	1.1±0.10
		B 组分	1.1±0.10
	凝胶时间（25℃，min）		≤ 90
混凝土性能	抗压强度（24hr，MPa）		≥ 40
	抗折强度（24hr，MPa）		≥ 15
	粘结强度（24hr，MPa）		≥ 2.5

（4）海工混凝土设计中考虑的保护措施

工程设计中应根据混凝土所处的环境设计相应的混凝土保护层厚度，以防止外界介质渗入混凝土内部腐蚀钢筋。对容易产生破坏的部位，可根据规范要求，加大混凝土保护层厚度；混凝土结构宜尽量采用整体浇筑，少留施工缝，如预留施工缝，其结构形式和位置不应损害混凝土耐久性要求；另外在结构设计中，应严格控制混凝土裂缝开展宽度，防止裂缝开展宽度过宽导致钢筋腐蚀，影响混凝土耐久性。

2. 附加措施

（1）特种钢筋

1）不锈钢钢筋

不锈钢钢筋是通过提高钢筋中铬的含量，同时添加镍、钼等其他合金元素来提高钢筋的防腐性能。国外研究表明不锈钢钢筋不需任何维护，在极其恶劣的海洋腐蚀环境中，可达到 60 年不损坏。同时使用不锈钢钢筋时混凝土保护层厚度可降低到 30mm，裂缝宽度允许值放宽到 0.3mm。不锈钢钢筋在国外应用较多，成为一种发展趋势，曾在北爱尔兰都柏林 Broadmeadow Bridge，英国 Highnam Bridge 扩建工程中应用；在国内应用较少，仅在深圳西部通道（香港段）使用过，究其原因其价格是国内普通碳素钢的 4～6 倍左右。对于大型的海域建筑来说，不可能用不锈钢钢筋代替所用的普通碳钢钢筋。最可能采用不锈钢钢筋的部位就是构件的潮差区和浪溅区的外层钢筋。

2）镀锌钢筋

钢筋可以通过热浸锌涂层来保护，在热浸锌之前钢筋进过正确的表面处理。在过去的 50 年间，许多国家采用热浸锌钢筋来提高混凝土结构的使用寿命。

镀锌钢筋作为延长混凝土结构寿命的手段，适用于受碳化威胁的混凝土结构。而对于海洋环境中的混凝土结构，主要面临的问题是氯化物诱导腐蚀，相对于使用镀锌钢筋所增加的费用来说，其延长的结构使用寿命可能太短，不具备性价比。且当镀锌钢筋和普通碳钢钢筋用于同一结构并且在氯盐污染的结构里是电连续的时候，反而会由于电偶腐蚀而加速钢筋腐蚀。

3）环氧涂层钢筋

环氧涂层钢筋是在普通钢筋表面以静电方式喷涂环氧树脂粉末制成，涂层厚度一般在 0.15～0.30mm。环氧涂层钢筋是美国在 20 世纪 70 年代开发的，1973 年首先用于宾夕法尼亚的一座桥梁的桥面板。经美国标准化和技术协会、美国混凝土协会和美国材料与试验协会共同调查研究确认，环氧涂层钢筋可延长混凝土结构使用寿命 20 年左右。但在美国佛罗里达州的两座跨海桥梁曾因用了劣质环氧涂层钢筋而发生严重腐蚀。在国内杭州湾跨海大桥、金塘大桥浪溅区现浇墩身中采用了环氧钢筋。

环氧涂层钢筋失效的原因主要有以下几个方面：

① 由于水、氧气和氯化物穿过混凝土和环氧到达钢筋表面造成漆膜下腐蚀；

② 涂层附着力下降导致涂层与基材剥离；

③ 当涂层存在缺陷时，环氧涂层从钢筋上剥离；

④ 一旦该钢筋混凝土损坏，很难实施修复。

环氧涂层钢筋存在运输和加工过程中涂层易损坏加速腐蚀、降低握裹力等问题。因此，在使用过程中必须对涂层质量进行检查，严格控制施工工艺，避免环氧涂层破坏。

4）掺加钢筋阻锈剂

钢筋阻锈剂被认为是较为经济有效的措施，其使用比较方便，无需专门维护，且费用相比比较低廉。美国试验与材料协会（ASTM）将阻锈剂定义为“以适当的浓度和形式存在于介质中时，可以防止或减缓材料腐蚀的化学物质或复合物”。苏联、日本和美国是最早使用钢筋阻锈剂的国家。日本于 1973 年首次在冲绳发电站建设工程中正式使用，然后在发达国家中普遍推广。

目前，阻锈剂主要有复合氨基醇类、复合氨基羧酸盐类和亚硝酸钙等几大类。研究表明：亚硝酸钙类阻锈剂会使混凝土凝结时间缩短，坍落度损失增大，同时掺量不足存在加速腐蚀的危险且对环境有害等问题，阻锈剂研究热点主要体现在复合型有机阻锈剂开发。复合型有机阻锈剂从目前使用情况来看，可改善混凝土的工作性能，对混凝土的强度影响不大，但其对混凝土长期性能的影响和阻锈效果研究较少，目前也没有较好的快速检测方法检验阻锈效果，一般认为可以延长混凝土使用寿命 15～20 年，具体防腐效果需经过进一步的暴露试验。

我国杭州湾跨海大桥在承台和墩身混凝土中掺入了亚钙类的阻锈剂，金塘大桥使用了氨基醇类阻锈剂。

（2）表面封闭、涂层

1）表面涂层保护

表面涂层防护能有效阻止腐蚀介质在混凝土使用过程中侵入，是阻止腐蚀介质进入混凝土的第一道防线，能在混凝土面形成一层抗渗、耐久的涂层，能使混凝土的使用寿命延长 20 年，大大减少混凝土的维护费用。

混凝土表面涂层按作用机理分为封闭型和隔离型，工程应用时往往将封闭和隔离作用联合起来使用；由于环氧类涂料在抗氯离子渗透和对混凝土的总体保护上效果好，因此国内外的混凝土桥梁大多采用环氧类涂料进行表面涂装防护。国内杭州湾跨海大桥使用了表面涂层，金塘索塔为了防腐和美观的要求也使用了表面涂层。

表面涂层主要存在以下两个方面的问题亟须解决，其一，老化问题，即在环境的作用下逐渐劣化而丧失其功效；其二，在潮差区和浪溅区的湿固化，由于需要干基底施工，大大降低了表面涂层粘结效果。

前述 4.2.4 节大型涂料供应商一般均有针对混凝土表面提供的涂料，除此以外，国内某些科研院所也有基于混凝土表面特点的涂料，甚至部分涂料可对混凝土结构进行水下修补，其封闭性能也很好。典型案例如下：

HK-96 涂料是用于混凝土的防水、补强与防腐处理的系列涂料，其不同型涂料适用于干燥面、潮湿面甚至水下结构物表面，因此有利于海上风电基础结构的水下部分混凝土（和金属）表面防腐处理（表 6-13）。

HK-96 系列涂料的部分性能测试指标 表 6-13

项目		指标			
		961	962	963	964
密度（g/cm^3）	A 组分	1.55±0.10	1.55±0.10	1.50±0.10	1.55±0.10
	B 组分	1.45±0.10	1.45±0.10	1.45±0.10	1.45±0.10
表干时间（hr）		≤ 4	≤ 8	≤ 8	≤ 6
粘结强度（MPa）		≥ 4.0（干燥）	≥ 3.0（潮湿）	≥ 2.0（水下）	≥ 2.5（潮湿）
抗压强度（MPa）		≥ 40	≥ 40	≥ 40	—

2）硅烷浸渍工艺应用

从 20 世纪 70 年代起，“硅烷浸渍”技术在欧美、澳大利亚等国家已大量应用，是美国公立路桥防护式最广泛采用的防腐方案。硅烷是一种性能优异的渗透性浸渍剂，具有小分子结构，深层渗透混凝土毛细孔壁与水化的水泥发生反应形成聚硅氧烷互穿网格结构，通过牢固的化学键合反应，赋予混凝土表面的微观结构长期的憎水性，并具有保湿呼吸透气功能，大大降低了水和有害氯离子等的侵入，确保了混凝土结构免受腐蚀。在国内杭州湾跨海大桥、福建平潭岛大桥等使用。但其在致密的海工混凝土中存在渗透深度不足，在海洋环境下挥发快，在潮差区不能使用等问题。

3）渗透性结晶材料

渗透性结晶材料是近年来出现的一种新型封闭材料，其最初是做防水堵漏用。其主要在有水的条件下，渗入到混凝土内部反应生产硅凝胶，覆盖毛细通道，起到封闭混凝土孔隙的作用。具体使用效果目前还有待研究。

4）聚合物砂浆保护

聚合物水泥砂浆是由水泥、骨料和可以分散在水中的有机聚合物搅拌而成的，其性质与聚合物混凝土相似（具体可参见 6.3.2　1. 节）。聚合物可以是由一种单体聚合而成的均聚物，也可以由两种或更多的单聚体聚合而成的共聚物。聚合物在环境条件下成膜覆盖在水泥颗粒子上，并使水泥机体与骨料形成强有力的粘结，聚合物网络具有阻止微裂缝发生的能力，而且能阻止裂缝的扩展。

聚合物砂浆保护其目的即在混凝土结构物表面增设保护层，保护层与原混凝土结构结合为一体，其具有防水抗渗效果好、抗腐蚀能力强、耐老化、抗冻性好等优点。

（3）透水模板布

透水模板布是近年来研制的改善混凝土外观质量的有效措施。其因毛细作用排出了气泡和混凝土表面多余的水分，基本消除了混凝土表面的气泡，同时降低了混凝土表面的水胶比，使得表层混凝土密实，因此可提高表面强度和抗氯离子渗透能力。在国内杭州湾跨海大桥预制墩身、金塘大桥预制和现浇墩身、青岛海湾大桥承台中使用。但透水模板布在国内尚无技术标准，其使用范围尤其是水胶比较小、小坍落度情况是否适用等问题均值得研究。

（4）电化学保护法

电化学保护法是使金属极化到免疫区或钝化区而得到保护，可分为外加电流和牺牲阳极保护法。电化学保护法是一种经济而有效的防护措施，使用范围日益广泛，特别是在对使用年限有要求的海工构筑物中。将被保护的金属设备与外加直流电源的正极相连，在腐蚀介质中使其阳极极化到稳定的钝化区，金属设备得到保护，这种方法称为外加电流保护法；牺牲阳极保护法是在被保护的金属上连接一种电位更低的金属或合金，通过牺牲阳极的自我溶解和消耗，使被保护金属得到阴极电流。在发达国家有用阴极保护技术控制盐污染的历史，最近 10 年来，又将阴极防护技术用于必将遭受盐污染腐蚀破坏的新建钢筋混凝土结构上，以预防腐蚀的发生。杭州湾大桥主塔采用外加电流阴极保护技术。

第 7 章　浪花飞溅区新型防腐技术研究

7.1　浪花飞溅区范围划分

在海洋环境中，海水及浪花能够飞溅、喷洒到其表面，但在海水涨潮时又不能被海水直接浸没的部位一般称为浪花飞溅区。其下限为平均高潮位附近，上限没有非常明确的一致意见。

一般认为，海水平均高潮位以上 0～1m 处为飞溅区，在进行飞溅区金属的腐蚀防护时多认为在海水平均高潮位以上 2m 范围内为飞溅区的防护范围。通过国内相关科研结构在青岛、舟山、厦门、湛江等海区的碳钢长尺的挂片实验表明，我国沿海港湾内浪花飞溅区的范围取决于当地的海洋气象条件，约在海水平均高潮位以上 0～2.4m 内，其中最严重的腐蚀峰值约在平均高潮位以上 0.6～1.2m 处，其中青岛海域为平均高潮位以上 0.6m，舟山海域为平均高潮位以上 0.66m，厦门海域为平均高潮位以上 1.0m，湛江海域为平均高潮位以上 1.2m，在港湾外广阔的海面上的浪花飞溅区及其峰值位置则因地而异。

由南京水科院编制的《海上风电场钢结构防腐蚀技术标准》NB/T 31006—2011 参考欧美标准对海洋环境的腐蚀区域划分为大气区、浪溅区、全浸区和内部区，其“浪溅区”，即本章所述的“飞溅区”，主要是受潮汐、风和波浪（不包括大风暴）影响所致支撑结构干湿交替的部分。浪溅区上限 SZ_U、下限 SZ_L 为：

$$SZ_U = U_1 + U_2 + U_3$$

式中　U_1——$0.6H_{1/3}$，$H_{1/3}$ 为重现期 100 年有效波高的 1/3（m）；

U_2——最高天文潮位（m）；

U_3——基础沉降（m）。

$$SZ_L = L_1 + L_2$$

式中　L_1——$0.4H_{1/3}$，$H_{1/3}$ 为重现期 100 年有效波高的 1/3（m）；

L_2——最低天文潮位（m）。

该标准的局限在于与国内海洋水文要素提取方法难于协调，欧洲部分标准基于潮汐形成机理的差异，分为天文潮和风暴潮，而我国在潮位计算时，多是通过长周期的潮位站观测资料，分析不同概率的潮位值，得到的该潮位值实际上包括天文潮和风暴潮两部分的因素。

我国港口行业标准《海港工程钢结构防腐蚀技术规范》JTS 153—3—2007 对海水腐蚀区域的划分，与 SY、NACE 等标准不同，平均海平面位置上、下划分了水位变动区和浪溅区两大部分，具体分界如下：

欧美标准对于飞溅区的划分与《海上风电场钢结构防腐蚀技术标准》NB/T 31006—2011 标准类似，数值上有些差异，笔者经对国内外相关标准的分析认为，在具

海港工程钢结构的部位划分　　表 7-1

掩护条件	划分类别	大气区	浪溅区	水位变动区	水下区	泥下区
有掩护条件	按港工设计水位	设计高水位加 1.5m 以上	大气区下界至设计高水位减 1.0m 之间	浪溅区下界至设计低水位减 1.0m 之间	水位变动区下界至海泥面	海泥面以下
无掩护条件	按港工设计水位	设计高水位加（η_0+1.0m）以上	大气区下界至设计高水位减 η_0 之间	浪溅区下界至设计低水位减 1.0m 之间	水位变动区下界至海泥面	海泥面以下
	按天文潮位	最高天文潮位加 0.7 倍百年一遇有效波高 $H_{1/3}$ 以上	大气区下界至最高天文潮位减百年一遇有效波高 $H_{1/3}$ 之间	浪溅区下界至最低天文潮位减 0.2 倍百年一遇有效波高 $H_{1/3}$ 之间	水位变动区下界至海泥面	海泥面以下

注：1. η_0 值为设计高水位时的重现期 50 年，$H_{1\%}$（波列累积频率为 1% 的波高）波峰面高度；

2. 当无掩护条件的海港工程钢结构无法按港工有关规范计算设计水位时，可按天文潮位确定钢结构的部位划分。

体工程设计建造时，可结合上述两标准进行计算，并取相对较保守的数值作为海上风电工程的飞溅区范围（表 7-1）。但考虑经济性因素，在对飞溅区进行特种防腐时，则不一定要将飞溅区范围全部进行特种防腐，宜结合船舶靠泊防撞区域及其他防腐措施综合考虑。

7.2　浪花飞溅区腐蚀情况

朱相荣等科研人员研究了 3C 钢和 10CrMoAl 钢在湛江麻斜岛海区中暴露两年的腐蚀试验结果，表明在海洋环境的五个区带中浪花飞溅区腐蚀情况最为严重，腐蚀速率分别为 0.46 mm/年和 0.42 mm/年，是全浸区的 2～3 倍。同时，在青岛、舟山、厦门、湛江海域用 7m 长的 3C 钢试样进行两年测试，结果表明浪花飞溅区的腐蚀状况与钢材所处海域的海洋、气象条件有密切关系。

同时，测定了海湾码头钢桩在不同区域的腐蚀情况，结果表明呈现的腐蚀速率与钢桩纵向位置的关系曲线形状和侯保荣等得到的钢在海洋中的腐蚀模式图大体一致。Jeffrey 等学者在澳大利亚实海挂片一年得到的腐蚀规律仍然是浪花飞溅区的腐蚀速率最大。朱相荣等在青岛小麦岛海域进行了两年的试验，结果仍反映出同样的状况。

综合国内外研究结果可知，一般情况下浪花飞溅区的腐蚀情况与其他几个区带相比较而言是最严重的，但同时要考虑钢材所处具体海域的海洋和气象条件，因为这些外部条件会影响腐蚀因素，进而加速或减缓腐蚀速率，如彩图 61 所示。

国内外学者对海洋不同腐蚀区域进行现场测试，得到的较为广泛通用的腐蚀速率规律如彩图 62（左侧为我国试验结果，右侧为美国外海试验结果）所示。

通过海洋工程的运行情况看，发生腐蚀破坏最严重的区域往往也是浪花飞溅区，如彩图 63、彩图 64 所示。而对于海上风电工程，潮差区及飞溅区不仅仅是腐蚀速率较大的区域，而且也是海生物附着和维护船舶撞击最严重的区域，因此，需要非常重视飞溅区的腐蚀防护。

7.3 浪花飞溅区的腐蚀防护技术

7.3.1 海工重防腐涂层

虽然，国内外对于飞溅区的防腐技术开展了各方面的研究，并提出各种防腐方案，但由于特种防腐技术复杂，边界因素难于控制，或者防护费用过高，海工重防腐涂料（联合预留腐蚀裕量＋阴极防护）在飞溅区仍然是应用最广泛的方案（具体见第 4 章，本节仅针对飞溅区的重防腐做简要介绍）。

海洋飞溅区的海工重防腐涂料一般干膜厚度达到 600μm 及以上，厚膜化是飞溅区重防腐涂料的典型特征之一，一般应具有优良的耐水性、低吸水性、抗离子透过性、抗电渗析性、耐候性、耐化学性、耐磨损性和缓蚀性能等。且浪花飞溅区的重防腐多是 90% 以上甚至 100% 固体含量的无溶剂涂料，漆基多为环氧树脂（也有采用聚氨酯），据统计全世界约 40% 以上的环氧树脂用于制造环氧涂料，其中大部分用于防腐。

无溶剂聚氨酯超厚膜重防腐涂料具有附着力优异、机械性能好、抗海水及化学腐蚀性能好、耐磨性突出、可低温固化等优点。笔者调研发现欧洲某石油平台的导管架结构采用的聚酯玻璃鳞片涂料 Baltoflake，自 1980 年实施完成后运行至今未进行大修过，如彩图 65 所示。

而环氧类重防腐特别是厚浆型改性环氧玻璃鳞片涂料，在海洋飞溅区应用更为广泛，按 Nace 标准 RP0176 推荐采用添加石英玻璃鳞片或玻璃丝涂料对钢铁设施在苏格兰海域飞溅区的防护，应用 3 年后未见褪色。我国 20 世纪 80 年代中期，开始引进并接触玻璃鳞片涂料，取得了良好的效果和工程经验。

海工重防腐涂料作为海洋工程涂层保护最广泛的品种，其与阴极防护技术和预留腐蚀裕量组成联合保护方案在全浸区和泥下区基本属于"标准配置"，其成熟度和可靠性经过许许多多工程实践的有效证明；在大气区其也有着大量的长效防护记录；在浪花飞溅区重防腐涂料也属于应用最广泛的方案。但是，在海洋及海岸工程中，飞溅区重防腐涂层也定期需要维护或维修，很难达到长效免维护的效果，因此世界范围内对飞溅区的特种防腐技术一直在研究之中。

7.3.2 添加合金元素

添加合金元素是较早采用的提高钢材耐蚀性能的防护措施。早在 20 世纪 50 年代就有研究确认 Ni、Cu、P 为有效元素，钢中含 Si、Cr、P、Cu 可提高耐蚀性。随后一些相关方面的报道也证实了添加合金元素可提高钢的耐蚀性。

近年来，国内学者对此也进行了一些研究。黄桂桥等人分别在青岛、厦门和榆林三个试验站投放了 18 种碳钢和低合金钢，并用多元线性回归方法研究了各合金元素对钢在浪花飞溅区的腐蚀影响，结果表明合金元素对钢在三个不同海域浪花飞溅区的腐蚀影响效果大体相同。其中，能够提高钢在浪花飞溅区抗腐蚀能力的元素是 Mn、P、Si、Cr、Mo、Ni，其影响大小顺序为 P > Si > Cr 和 Mo > Ni 和 Mn；而加剧浪花飞溅区腐蚀的元素是 S、Al、V；同时 Cu-P、Mn-Mo、Ni-Cr-Mo 的复合添加对降低浪花飞溅区的腐蚀有良好效果。Wang 等将 18 种不同类型的低合金钢（含有不同的合金元素含量）在不同的海域浸渍 350 d，并用失重法测定了其在海洋大气区、浪花飞溅区和海水全浸区的腐蚀速率，结果表明在某些区不同的合金元素含量会导致腐蚀速率的巨大差别。浪花飞溅区最大腐蚀速率为 0.52 mm/年，最小腐蚀速率为 0.28 mm/年，随后他们又用回归分析法研究了腐蚀速率与钢中加入的合金元素的量的关系，得到三个不同的回归方程（分别对应于海洋大气区、浪花飞溅区和海水全浸区）。从浪花飞溅区的回归方程可知能提高耐蚀性的元素是 P、Mo、Cu，其次是 Mn 和 Al。基于这些回归方程，可以推断出合金元素的耐腐蚀性能，筛选出具有良好抗腐蚀性能的低合金钢。

综上可知，研究人员得出的结论不一，这是由钢材所处海域的海洋和气象条件不同引起的，总体上看 P、Si、Cr、Mo、Ni 和 Mn 等元素可提高钢材在飞溅区的防腐性能，但也仅仅局限在“提高抗腐蚀”性能的层面，并不能从根本上解决防腐蚀问题。

7.3.3　金属热浸镀层

热浸镀层是一种较常用的浪花飞溅区腐蚀防护技术。热浸镀也称浸镀，其过程为：先将钢材表面进行化学清洗处理，然后放入热熔融金属液中浸泡一定时间使熔融金属与铁基体反应产生合金层，从而使基体与镀层相结合而达到防腐蚀的目的。

李焰等学者测试了热浸镀锌（GI）、Zn-5%Al-RE（GF）和 Zn-55%Al-1.6%Si（GL）镀层钢板在青岛站的浪花飞溅区海水腐蚀行为，并利用腐蚀质量损失测试和显微结构分析研究了这三种镀层钢板的海水飞溅区腐蚀行为。结果表明，三种镀层试样均未发生生物污损，镀层试样在飞溅区、潮差区和全浸区中以飞溅区的腐蚀速度最低。结合显微结构分析可知，GI 镀层由于腐蚀电流密度最大，氧化膜保护效果不佳，耐海水腐蚀性能最差；GF 镀层由于腐蚀电流大幅度降低，飞溅区充分的充气条件促进了镀层的钝化，因此表现出较为优异的耐海水腐蚀性能；由于保护性的锌的腐蚀产物被滞留在富铝的枝晶网络中，充分的充气条件又促进了镀层富铝相的钝化，所以 GL 镀层在海水飞溅区表现出最佳的腐蚀性能。腐蚀质量损失测试表明，要对位于飞溅区的钢材基体提供一年保护期所需的镀层最小厚度为：GI 镀层 14μm；GF 镀层 8μm；GL 镀层 4 μm。

Tachibana 等学者使用了一种新的热浸镀 Zn-7Al 合金镀层，即在结构钢上先镀上细锌粒，然后再镀上 Zn-7%Al 合金。将合金镀层钢分别暴露在海边、准工业区和乡村，并与传统的锌镀层进行比较。结果表明，双镀层能明显提高耐腐蚀性，特别是能提高钢在海边的耐腐蚀性。10 年的暴露测试表明 Zn-7Al 合金镀层钢的寿命差不多是 Zn 镀层钢的寿命的 4 倍（海边）。弯曲测试表明合金和基体钢的界面没有脱落。TEM 观察表明双镀层优良的黏附性是由于形成了由锌、铝和铁组成的混合相界面区域。

虽然国内外学者对飞溅区热浸镀金属层的种类有所差异，但总体上看这种方法可提高防腐性能。但由于热浸镀锌或铝槽尺寸有限，对于海上风电的导管架或钢管桩等主体结构因尺寸过大（长度超过 30m，最长达到 90m；重量超过 80t，目前最重达到 800t），实际上难于实施。对于部分附属构件，如电缆护管、爬梯、平台、钢格栅等则有着较好的应用。

笔者参与设计的潮间带海上风电场中的，部分爬梯、栏杆上采用的防配套即采用热浸镀锌＋环氧封闭漆（＋中间漆）＋面漆的方案，而全部的钢格栅和法兰均采用了 110～130μm 的热浸镀锌进行防腐，如彩图 66、彩图 67 所示。

7.3.4 金属热喷涂

热喷涂是指采用氧－乙炔焰、电弧、等离子弧、爆炸波等提供不同热源的喷涂装置，产生高温高压焰流或超音速焰流，将要制成涂层的材料如各种金属、陶瓷、金属加陶瓷的复合材料、各种塑料粉末的固态喷涂材料，瞬间加热到塑态或熔融态后高速喷涂到经过预处理（清洁粗糙）的零部件表面形成涂层的一种表面加工方法，如彩图 68 所示。

目前有三种基本热喷涂涂层工艺：火焰喷涂、等离子喷涂和电弧喷涂，但用于海洋环境中钢铁构造物的热喷涂方法主要是火焰喷涂和电弧喷涂。热喷涂可以使工件表面获得不同硬度、耐磨、耐腐、耐热、抗氧化、隔热、绝缘、导电、密封、消毒、防微波辐射以及其他各种特殊物理化学性能。在海洋腐蚀防护方面经常用到的热喷涂材料是 Zn、Al 及其合金涂层。Zn 是最早且使用最多的涂层材料，但其对高氯环境或近海钢结构的长效保护作用并不好。热喷涂 Al 涂层与 Zn 涂层相比，具有硬度高、耐久性和抗冲蚀能力好的特点，Al 涂层在海洋环境中的保护性能优于 Zn 涂层。研究人员对 Zn-Al 涂层进行研究后普遍认为其是替代 Zn 和 Al 涂层的有广阔发展前途的合金涂层。

周学杰等学者用喷 Zn、喷 Al 和喷 Zn-Al 三种金属喷涂层（喷涂金属采用火焰喷涂法）在青岛海域进行了实海暴露试验和室内加速腐蚀试验。结果表明，喷 Zn 涂层在海洋环境中腐蚀严重，150～200μm 厚的涂层在全浸和飞溅区的使用寿命不到三年，在潮差区也只有 4 年，不宜单独使用，喷 Al、喷 Zn-Al 涂层在海洋环境中耐蚀性优良，腐蚀速率为 0.3～8.4μm/年。喷 Zn 涂层具有一定的防污性，加速试验表明喷 Zn 涂层耐盐雾性能较差，而喷 Al、喷 Zn-Al 涂层具有优良的耐盐雾性能，与实海试验结果一致。腐蚀电位测试表明，4 年试验后喷 Al、喷 Zn-Al 涂层对基体钢铁仍具有明显的阴极保护作用。

7.3.5 铜镍合金防护

在 NACE 标准（如 10.2 节相关介绍）中推荐了一种包覆铜镍合金的防腐蚀措施，多数学者也认为铜镍合金具有较好的耐海水腐蚀性能，腐蚀的温度敏感性较低，且具有优良的抗污性能（防海生物附着），国内可生产的如 B10（CDA706）、B30 等配置的铜镍合金。对于有些循环冷却水、压力容器管道（非饮用水）中也有直接采用铜镍合金管材的案例。

国内林乐耘等学者通过在青岛、舟山、厦门、榆林等地进行铜镍合金的海水腐蚀试验，表明在 4 年（合金管材）和 8 年的腐蚀速率呈逐年降低趋势，在 4 年后逐步达到不超过 20μm/年的腐蚀速率，如彩图 69 所示。

铜镍合金在海水中腐蚀速率汇总表　　表 7-2

试验站	处理状态	腐蚀深度							
		平均值				最大值			
		1 年	2 年	4 年	8 年	1 年	2 年	4 年	8 年
青岛	管	0.14	0.15	0.18	—	0.42	0.20	0.25	—
	板	0.07	0.08	0.12	0.11	0.13	0.15	0.21	0.27
山东	管	—	0.19	0.12	—	—	0.34	0.35	—
	板	0.07	0.08	0.07	0.05	0.15	0.15	0.14	0.12
厦门	管	—	0.10	0.37	—	—	0.16	0.56	—
	板	—	—	—	—	—	—	—	—
榆林	管	0.13	0.18	0.36	—	0.19	0.53	0.71	—
	板	—	0.16	0.15	0.40	—	0.64	0.25	1.25

但在试验中也发现，在流速较高或温差较大的海域，腐蚀产物存在脱镍现象及沿晶腐蚀形貌，由于脱镍成分腐蚀与扩散过程有关；而受到温度控制，致使板材温度敏感性也增强。但由于铜镍合金中大量铜离子的存在，即使出现脱镍现象，其在防海生物附着方面也有着优良的性能。铜镍合金在海水中腐蚀速率汇总表见表 7-2。

上海电力学院徐群杰教授等对铜镍合金的电化学研究表明，pH 在 7～9 之间，随着 pH 值的增大，B30 铜镍合金的耐蚀性能增加；模拟水介质的温度升高，会使 B30 铜镍合金的耐蚀性能降低；模拟水中氯离子或硫离子浓度的增加，都会使 B30 铜镍合金的耐蚀性能降低。

总体而言，铜镍合金具有较好的耐海水腐蚀和防污性能，但真正在海洋工程中应用铜镍合金进行防腐保护却较为罕见。究其原因是多方面的：

① 铜镍合金本身的合金元素金相组织和晶体间差异较大，容易出现脱镍或脱铜现象；② 受温差变化、海水中氯离子或硫酸根离子、水流流速等影响较大，且机理复杂；③ 若采用铜镍合金，则铜、镍与钢铁间的形成了明显的电偶，造成的电偶腐蚀中钢铁属于“牺牲阳极”，因此铜镍保护层虽然耐海水，但钢铁主体却因电偶腐蚀造成局部腐蚀情况加剧；④ 铜镍合金也不便于与海工重防腐组成联合防护，需依托于牺牲阳极的保护，在飞溅区（含水位变动区）阴极保护的效率明显降低，增加海工重防腐涂层，则铜镍合金具备优良的防污性能则不能被利用。

7.3.6　包覆覆盖层防护

1. 包覆防腐蚀覆层概述

相对于涂层保护来说，覆盖层保护是一种长效的防护技术，早期的包覆材料形式较为单一，如我国油气管道，早期多数采用石油沥青、煤焦油瓷漆、环氧煤沥青等沥青类防腐蚀材料，由于材料本身的特点限制，导致其防腐蚀效果不甚理想。随着20世纪七八十年代我国复合材料研究的兴起，一大批机械性能好、绝缘性能高、综合性能优异、适用苛刻环境的复合材料开始应用于工程实践，如三层结构防腐蚀聚乙烯材料、纤维增强复合材料等大类，此外，还有复合矿脂层套管、热收缩性套管等护套型结构的包覆材料。目前海洋工程浪溅区和潮差区的包覆防腐蚀措施主要有：矿脂包覆防腐、玻璃钢包覆防腐、包覆耐蚀金属、包覆聚乙烯等。

2. 海工用 FRP 复合材料

该种材料首推玻璃纤维增强塑料，即GFRP材料，这种复合材料采用短切的或连续纤维及其织物为增强材料，配合热固性或热塑性树脂基体，经复合而成。作为一种结构密闭型材料，它在酸、碱、盐、油等各种腐蚀环境下都具有较好的防腐蚀效果，包覆成品安全、经济，使用寿命可长达20年以上。

GFRP材料在我国海工工程中的应用始于20世纪80年代。当时，日本在海洋工程钢结构中，采用纤维复合涂层来确保海工钢结构使用寿命50～100年的防腐蚀方案；同时，欧洲战后建立的玻璃钢贮罐在使用30多年后，仍在完好使用中。受此启发，1983年在上海化工总厂化工码头对10根钢管桩进行了纤维增强复合材料的包覆，包覆区段为大气浪溅区及水位变动区，设计包覆厚度为（2.0±0.2）mm。工程施工结束后，分别于1986年、1987年、1988年、1998年进行了4次开包取样检测，开包结果显示，在运行15年后，该保护层仍在对钢桩结构进行良好保护。

（1）耐候耐海水。采用耐候耐海水的专用树脂作为树脂基体，进一步提高了材料的耐候性和耐海水性。

（2）牢固耐磨。机械缠绕方法包覆成型，包覆层坚牢耐磨，经受得起搬运、吊装、摩擦和碰撞，即使稍有破损，也方便维修，经济耐用。

（3）耐锤击。包覆于管桩后能经受强大的打桩锤击力，根据华东院观测记录，在2800kN锤击力下，锤击数量4000次，未发现任何开裂、剥离等破坏现象。

（4）长寿命。具有良好的耐海生物侵蚀性，且不降解，老化过程非常缓慢。理论推算使用寿命58.1年，完全符合我国海港工程长设计使用寿命的要求。

3. 覆层矿质包覆（PTC）系统

矿脂包覆技术（Petrolatum Tape and Covering system，简称PTC）是指在钢结构表面首先涂覆具有良好黏着性、非水溶性、防水性、不挥发性、电绝缘性等的矿脂材料，再在外部包覆防护外罩的防腐蚀技术。

PTC防护技术可应用在浪花飞溅区等重防腐蚀区域，既可以在新建结构物上施工，也可以对在役构筑物进行修复，并且能够带水施工，只需要将结构物上的浮锈和海生物清除掉，就可以获得良好的施工性能，也不需要进行后期维护。此项技术在国外较为成熟，已有海洋和码头工程使用时间达30年以上的记录。目前国内矿脂包覆技术产品主要有中科院海洋防腐研究所侯保荣院士团队研究的矿质包覆防蚀系统和英国的Denso矿脂包覆防腐蚀系统。

侯保荣院士等采用优良缓蚀剂成分和能隔绝氧气的密封技术设计了一种新型包覆防蚀技术，该包覆防蚀系统由防蚀膏、防蚀带、聚乙烯泡沫和玻璃钢或者增强玻璃钢防蚀保护罩组成，其中防蚀膏和防蚀带添加有抗腐蚀材料，具有优良的保护性、黏附性、与水和空气隔绝性，并且长期不会变质，达到长期防腐效果；增强玻璃钢防蚀保护罩即上述已介绍的 FRP 复合材料。

PTC 技术的有效防腐效果达 30 年以上，且具有施工方便、良好密封性和抗冲击性能、绿色环保等优点，被认为是国内外较为理想的海洋钢铁设施浪花飞溅区腐蚀防护技术，本书对 PTC 技术做了较深入的研究，并在依托工程中推广应用，取得良好的效果，在 7.6 节重点对此进行详细介绍。

7.4　金属热喷涂防护技术

对于浪花飞溅区的金属热喷涂防护，国内学者观点不一，但多在于热喷涂 Zn、Al 或 Zn-Al 涂层在不同海域的差异性分析上，总体上对热喷涂或电弧喷涂金属的防腐技术上普遍较为认同。

笔者也调研了国内相关采用金属热喷涂的工程应用情况，如 1966 年江苏省三河闸管理处在钢闸门上采用热喷涂锌，较好地解决了在淡水中钢结构的防腐蚀问题，除在江苏省内大面积的应用外，在全国也得以广泛推广，成为水利、水电、交通等行业钢结构主流的防腐蚀措施之一。

由华东勘测设计研究院设计完成的全国最大的潮汐电站——江夏潮汐电站，也是我国第一座双向潮汐电站，位于浙江省温岭市乐清湾北端江厦港，安装 6 台 500kW 双向灯泡贯流式水轮发电机组，1980 年 5 月第一台机组投产发电。钢闸门及水道采用金属热喷涂＋牺牲阳极结合的防护措施，自 20 世纪 80 年代以来运行超过 30 年。

7.4.1　热喷涂金属种类的机理分析

海洋中的钢结构的腐蚀环境区别于内陆江河水中的腐蚀环境。处于江河水中的钢结构接触的环境介质为淡水，含盐量低、电阻率高（一般高达数千、甚至数万 Ω • cm），腐蚀较轻，采用热喷涂锌可以达到 20 年以上的防腐蚀寿命。海洋中的钢结构接触的介质为海水，海水中含有大量的氯离子，电阻率大约在 30Ω • cm，氯离子的存在使得钢结构表面不易钝化，其腐蚀速度要远高于淡水中钢结构的腐蚀速度。

热喷涂金属涂层对钢结构具有双重的保护作用，一方面如涂料涂层那样起着物理屏蔽作用，将钢铁基体金属与腐蚀介质隔离开来；另一方面，当涂层有孔隙或局部损坏时，金属涂层与钢铁基体构成电偶电池，金属涂层成为阳极，钢基体成为阴极，以热喷涂金属材料的消耗对钢起到阴极保护作用。

目前热喷涂金属材料主要采用锌、铝及其他们的合金，热喷涂锌、热喷涂铝均能适用于大多数腐蚀环境，锌在 pH 值 5～12、铝在 pH 值 3～8 介质中都有很好的耐腐蚀性，因此热喷涂锌涂层用于弱碱性条件下为好，热喷涂铝涂层用于中性或弱酸性条件下为好，在含有大量氯离子的海水环境中选择铝涂层还是选择锌涂层，应该从它们对钢结构的保护作用进行分析。

1. 在海水氯离子环境中的耐腐蚀性

铝、锌都是较为活泼的金属。铝在空气中其表面会形成一层致密的三氧化二铝膜，在空气中是稳定的，在含有氯离子的海水环境中，由于氯离子具有较强的穿透能力，难以保证铝表面三氧化二铝膜的完整性，发生以点蚀为主的腐蚀形式，均匀腐蚀速度较低；锌在常温下的空气中，表面生成一层碱式碳酸锌，在空气中也是相对稳定的，但在海水中表面碳酸锌膜难以抵挡氯离子的侵蚀。普碳钢、铝、锌在海水中平均腐蚀速度，碳钢：200～250μm/年，锌：28μm/年，铝 20μm/年，海水环境中铝要比锌更耐腐蚀。

国家标准 GB/T 19355 推荐在温带海水中涂层首次维修寿命要达到 20 年以上时，采用封闭的热喷涂铝涂层平均厚度最低要达到 150μm，热喷涂锌涂层平均厚度最低要达到 250μm。在海洋环境中喷锌层的使用寿命通常与其厚度成正比，要达到同样的防腐蚀年限锌涂层要比铝涂层厚度厚得多。

2. 与钢材基体的结合强度

涂层与基体结合强度高，涂层不会产生鼓泡和脱落，否则会失去物理屏蔽的保护作用。金属涂层与钢铁基体的结合主要有机械结合，即所谓的抛锚效应；物理结合，分子之间的相互扩散；冶金结合，喷涂时基体产生的局部溶化而形成的结合等不同方式，主要以机械结合为主。金属喷涂层与钢结构表面的结合强度与基体表面处理质量及粗糙度、喷涂所用的金属材料、喷涂时枪口温度等因素有关。资料报道使用常用的 SQP-1 型喷涂枪，喷涂 300μm 厚涂层，铝涂层与钢铁的结合强度为 2.0～2.5MPa，锌涂层与钢铁表面的结合强度可达 5.0～6.0MPa，在采用火焰喷涂施工工艺的情况下，锌涂层与钢铁基体的结合强度要比铝涂层高。

3. 金属涂层的孔隙率

评价涂层防腐蚀效果的另一个指标是涂层阻止腐蚀介质透过涂层到达钢铁基体表面的能力，主要反映在涂层内部的孔隙率的指标上。金属热喷涂是将铝、锌线（丝）经喷枪由燃烧气或电弧提供的热量，加热到熔融状态，再经压缩空气的加速，使受约束的颗粒束流冲击到钢铁基体表面，金属颗粒因受压而变形，冷却后形成层状薄片结构的涂层。一般来说，涂层的结构越紧密，暴露在电介质中的表面积就越小，自身腐蚀速度越低，防止电介质渗透到钢铁基体的能力就越高，显示出的涂层防腐蚀效果就越好。由于热喷涂层本身的工艺特点，涂层是由无数液滴及颗粒组成，为层状薄片结构，也就决定了热喷涂涂层不可能是十分致密的，在金属颗粒或薄片之间存在空隙，给腐蚀介质的渗入留下了通道。

在不同的条件下，涂层的孔隙率与所用喷涂方法、工艺参数、喷涂材料等条件有关，特别与金属颗粒在到达基体表面的速度及喷涂过程的热源温度有关。锌的熔点为 419.5℃、沸点 907℃，铝的熔点 660.37℃、沸点 2467℃，采用火焰喷涂的温度足可以熔融锌，而难以使运动中的铝完全达到熔融状态，因而铝涂层的孔隙率要比锌涂层大得多。采用火焰喷涂锌，锌涂层的孔隙率大约在 2%～10%，采用火焰喷涂铝，铝涂层的孔隙率大约在 10%，高的可达 20%。从孔隙率来看采用火焰喷涂铝，涂层质量显然不及锌涂层。

4. 阴极保护作用

金属热喷涂保护钢铁基体的另一个作用就是牺牲阳极阴极保护作用。无论什么涂层都不可能做到完全隔离腐蚀介质向钢铁表面的渗透，因而钢铁基体就不可避免地要发生腐蚀，锌和铝都具有比钢铁更负的电位，通过自身的消耗可以防止钢铁基体的腐蚀。锌、铝涂层都能提供牺牲阳极保护作用，其作用的大小同与钢铁基体的电位差以及单位重量发生的电量有关。同钢铁的电位差大保护的范围大，在局部喷涂层破坏或受损的情况下，附近的金属涂层能提供足够的阴极保护的电流，使得保护的均匀性会更好；单位重量发生的电量大，涂层的使用寿命就长。在 25℃时铁的标准电位（相对于标准氢电极）为 0.44V，铝的标准电位为 1.67V，锌的标准电位为 −0.76V，铝比锌具有更高的活性。但由于铁、铝、锌都会在表面生成氧化膜，所以标准状态下的标准电位不同于这几种金属在电解质中的自然电位。金属的自然电位取决于自身材料以及合金元素和杂质含量，还取决于金属所处介质中不同离子的浓度。一般情况下钢在海水中自然电位（相对于银 / 氯化银海水参比电极，以下同）约为 −0.65V，锌的自然电位约为 −0.95V，铝的自然电位约为 −1.05V。自然电位是混合电位，由于铝表面 Al_2O_3 膜的存在，铝在海水中会发生以点蚀为主的腐蚀形式，在点蚀区域（即活化了的腐蚀点）其电位达到 −1.2V 或更低值，同钢铁之间的电位差大，可以提供比锌更大的驱动电压。

作为牺牲阳极的另一个技术指标就是单位重量能提供的阴极保护所需要的电量。铝的电化学容量为 2.98A・h/g，锌的电化学容量只有 0.82A・h/g，单位重量的铝可以比单位重量的锌提供高出 3.63 倍的电化学容量，假设钢铁表面需要的阴极保护电流密度是一个固定的值，那么单位面积上同样重量的热喷涂金属层，铝就有比锌高出 3.63 倍的阴极保护使用寿命，当然这里没有考虑喷涂层的厚度和金属的比重。

就其阴极保护作用看，铝具有比锌更负的电位，和钢铁基体具有更大的电位差，同时还有更高的电化学容量，阴极保护的范围大，使用寿命长。

5. 机理初步分析结论

通过对金属热喷涂的锌、铝初步分析，在海水飞溅区中，热喷涂锌其各方面的性能较为折中，且质量更容易控制，但由于锌属于重金属离子，对人体有些毒性，需做好安全防护工作。

而热喷涂铝涂层和热喷涂锌涂层具有自身耐腐蚀能力高，电化学保护作用好的特点，同时具有与钢铁基体结合强度低，孔隙率大的问题。因此，若采用铝涂层，则应解决以上两个缺点，那么在海水中采用热喷涂铝应该是更为合适的选择，相反，如果铝涂层同基体结合强度和孔隙率的问题解决不好，就有可能出现涂层早期失效的问题，因此对热喷涂铝涂层的施工工艺以及涂层的表面封闭提出了更高的要求。

不少学者仅仅通过喷 Zn、Al 或 Zn-Al 涂层在海中的试验表明，涂层在不同海水中存在差异性。若通过喷 Zn、Al 或 Zn-Al 涂层达到一定厚度后，再增加涂装环氧类封闭漆（＋中间漆）＋面漆的方案应可取得较好的效果。

7.4.2　金属热喷涂施工工艺及技术要求

热喷涂技术是表面处理工程中的一个重要分支，它是通过火焰、电弧或等离子体等热源，将某种线状和粉末状的材料加热至熔融或半融化状态，并将加速形成的熔滴高速喷向基体形成涂层。涂层具有耐磨损、耐腐蚀、耐高温和隔热等优异性能，并能对磨损、腐蚀或加工超差引起的零件尺寸减小进行修复。热喷涂技术的应用主要包括：长效防腐、机械修复及先进制造技术、模具制作与修复、制造特殊的功能涂层等四个方面。目前，热喷涂技术已广泛应用于几乎所有工业领域以及家庭用品。

1. 主要喷涂方法及选择

（1）火焰喷涂

金属表面热喷涂可以追溯到1913年瑞士Sehoop博士制出世界上第一台丝材喷涂装置，后经德国改进后成为实用的喷涂设施。火焰线材热喷涂原理简单，通常是采用氧和乙炔火焰将熔化了的金属丝材通过压缩空气喷涂在经表面处理过的钢铁基体表面。主要有提供热能的氧气、乙炔，提供熔融金属液体喷向金属基体的动力压缩空气以及喷涂工具的喷枪，具有装置简单、操作方便，工艺要求不严的特点，即使是普通工人经过简单培训也可进行火焰喷涂的操作。另外可进行现场施工，施工费用也相对较低，所以在我国水利、水电、港口系统采用火焰线材热喷涂是应用最为广泛，技术也最为成熟的施工方式。

（2）电弧喷涂

电弧喷涂是20世纪80年代兴起的热喷涂技术，是获得廉价金属涂层的一种重要的方法。电弧喷涂是通过通电的两根金属丝在其相交的点上产生电弧，电弧产生地高温使金属丝熔化，通过通入压缩空气使熔融金属以雾化形式喷附在钢铁基体表面。电弧喷涂设备主要包括电源、电弧喷枪、控制箱三部分，辅助设备包括空压机及空气净化装置。

早期的电弧喷涂使用直流电焊机作电源，尽管电源可以保证电弧的燃烧，但存在送丝速度与电流难以最佳匹配，使得经常熄火而影响喷涂速度。目前大多使用平特性的电源，这类电源具有良好的弧长自调节性能，当确定喷涂电压以后，电流与送丝速度会成比例地改变，只需调节送丝速度就可以改变喷涂电流而使电弧稳定。最新发展的是逆变电源，与传统的电源比较，质量轻，体积小，自身调节特性得到了进一步改善，更有利于改善电弧喷涂的工艺特性。目前市场上主要有武汉材料保护研究所研制生产的DP-300A、DP-400型，上海喷涂机械厂生产的D-100，中科热喷涂公司生产的BP-400，北京新迪表面技术工程有限公司生产的CMD-AS系列的1620型、3000型和6000型，北京泰亚赛福科技发展有限责任公司的QD8-400（300、250），上海良时机械设备有限公司生产的LSQD8型等电弧喷涂机。

电弧喷涂有以下一些特点：

1）热喷涂效率高。当电流为300A时，热喷涂锌每小时可达30kg，热喷涂铝每小时可达10kg，采用更高电流时，喷涂效率会更高。电弧喷涂效率比火焰喷涂提高大约2～6倍。

2）同基体的结合强度高。采用电弧喷涂金属涂层与钢铁基体的结合强度一般可以达20MPa以上，是火焰喷涂层的2.5～5倍。

3）能源利用率高。电弧喷涂直接把电能转化为热能，热能利用率可有57%以上，一般线材火焰喷涂的能源利用率只有13%，能源费用可降低50%以上。

4）喷涂成本低。电弧喷涂只消耗电能，不消耗其他燃料，施工成本低。

5）安全性高。电弧喷涂设备仅使用电，不采用易燃、易爆气体，施工安全性大大提高。

6）可以制备伪合金涂层。用两根不同成分的丝材作喷涂材料，就可以制备出具有独特性能的伪合金涂层。

（3）其他喷涂方法

在 20 世纪 80 年代，40% 以上的热喷涂采用火焰喷涂，而电弧喷涂仅占到 6% 左右，而据 2000 年的统计数据，常规火焰喷涂仅占到 12%，电弧喷涂逐步占有更高的比重，且除了较常规的火焰喷涂和电弧喷涂外，等离子喷涂、高速火焰喷涂逐步得到推广。

热喷涂技术发展趋势及特点概述：① 大面积长效防护技术得到广泛应用，对于长期暴露在户外大气的钢铁结构件采用喷涂铝、锌及其合金涂层，代替传统的刷油漆的方法，实行阴极保护进行长效大气防腐；② 采用热喷涂技术修复与强化大型关键设备及进口零部件国产化；③ 高速火焰喷涂技术的应用；④ 气体爆燃式喷涂技术进一步得到应用；⑤ 高速、自动氧乙炔火焰末喷涂技术发展迅速；⑥ 激光重熔技术开始应用。目前，热喷涂技术在军事、水利、电力、化工、建筑、环保、生物等众多工程领域等方面得到了日益广泛的应用，热喷涂在海洋工程方面也得到了广泛应用。对船身、甲板、驳船、大平底船、拖船等，热喷涂都取得了良好的长效保护效果。

（4）喷涂方法选择

火焰喷涂，乙炔气的燃烧火焰温度一般在 2800～3200℃，电弧温度高达 5500～6500℃。锌的熔点为 419.℃，铝的熔点 660.7℃，铝的熔点比锌的熔点高出 57.4%。长期的实践证明采用火焰喷涂的火焰温度足可以充分地使锌达到熔融状态，喷涂后可以得到满意的涂层质量，包括涂层的孔隙率和同基体的结合强度。但对于热喷涂铝来说就不一样，由于铝的熔点高，采用火焰喷涂在喷涂施工时工艺控制不良的情况下，形成的铝涂层会出现较大的颗粒，涂层孔隙率加大，同基体结合强度低。采用电弧喷涂可有效地改善这种状况，电弧产生的高温有利于铝达到充分的熔融状态，以更细小的金属颗粒、更密实的组织形式形成铝涂层。采用电弧喷涂可以把火焰喷涂的孔隙率 5%～15% 降低到 2%～6%，涂层同基体的结合强度大大提高。

当然，高的喷涂温度也会带来一些副作用，如提高了钢铁基体的温度，在喷涂一些细小杆件形构件时要采取降温措施、喷涂第二道涂层时可能会影响到已经喷涂的涂层，在喷涂厚度上会有些限制，在涂层中增大金属氧化物的含量等等，这些问题都可以通过合适的施工方法和熟练的操作加以改善。在目前火焰喷涂已成熟和大量普及的情况下，热喷涂锌时可采用火焰喷涂也可采用电弧喷涂，热喷涂铝时应采用电弧喷涂，以降低铝涂层的孔隙率和提高铝涂层同钢铁基体的结合强度。

2. 质量技术要求

（1）作业条件及材料要求

1）锌、铝环境温度不宜低于 15℃，相对湿度不宜大于 80%，严禁在潮湿构件表面进行作业。

2）室外喷锌、铝场所周围 20m 内应无人作业或在上风的适当位置，室内应增加通风排气、排尘设施。

3）设备筒体或容器、烟道内外喷砂、喷锌、喷铝应搭设合适及满足工作需要的脚手架或移动式操作台，采用 36V 低压防爆照明和可靠的联络方法。

4）基体表面温度应高于大气漏点温度 3℃以上为宜。

5）金属热喷涂锌的纯度应达到 Zn99.99 的质量要求（《锌锭》GB/T 470—2008）；

铝应符合现行国家标准《变形铝及铝合金化学成分》GB/T 3190 中规定的 I060 的质量要求；锌－铝合金中锌和铝则应分别满足上述二者的要求。

（2）施工要点及注意事项

1）热喷涂锌、铝涂层的质量与喷涂时的工艺参数有很大的关系。喷涂所使用的氧气、乙炔和压缩空气的纯度、压力和流量以及喷枪与工作之间的距离，喷涂流速与基体的夹角，对涂层质量都有一定的影响。最常用的氧气和乙炔的纯度应符合有关要求，并应控制火焰或电弧的强度。

2）喷涂的基体表面应进行喷砂除锈，除锈等级应达到有关规定。参考港口行业标准《海港工程钢结构防腐蚀技术规范》JTS 153—3—2007，金属热喷锌涂层，钢材表面处理等级应达到 Sa2½ 级；金属热喷铝涂层，表面处理等级应达到 Sa3.0 级。且要求必须进行喷砂处理，而不允许手工或动力工具处理。喷砂后的基体表面应清扫干净，表面不得附有油脂和赃物；并立即进行热喷涂，其间隔时间不得超过 4h，潮湿地方不超过 24h。

3）施工操作中，应尽量保持喷涂距离的稳定。喷嘴到基体的距离应随喷涂层次的增加而增大。喷嘴与基体的夹角最好垂直。在确实不能进行垂直喷涂时，喷涂夹角宜在 30°～60°，否则，涂层的质量和性能就会有所降低。

4）喷涂过程中应防止涂层局部过热。一般情况下，基体表面温度不宜超过 200℃。

5）喷涂材料的输送速度要适当，速度过大或过小都会影响涂层质量，不同喷涂材料的输送速度应符合有关标准。喷枪与基体的相对速度要均匀，并且相对速度不能太大，一般为 12m/min。

6）每层喷锌、喷铝的厚度应均匀，一般为 0.05mm，若超过 0.1mm 应分层喷涂。前后两层的喷涂方向应纵横交错，相邻的喷涂带应搭接 1/2～1/3 宽度与前行重叠。

7）施工中，断弧或开喷、停喷时，枪口应及时离开工件，以防涂层受损。若转动的工件停转时，喷枪应立即离开工作，防止局部涂层过厚，产生高温碎裂。喷涂中应尽量保持喷涂面的清洁，避免污染。

8）设备或工件喷涂后应清理干净，及时涂装封闭涂料，防止涂层与基体界面处的腐蚀，从而延长喷涂层的使用寿命。

9）成品搬运时应用干净的尼龙绳或软质绳绑扎，搬运人员应轻拿轻放不得损坏涂层。采用钢丝绳绑扎，应在钢丝绳外缠绕干净的破布，并在接触部位垫橡胶板。工件堆放时，工件之间应垫硬木板或破布，室外堆放时还需垫高，并做好防雨措施。成品构件安装时，安装人员应做好防护措施。

7.5 复层矿脂包覆防腐系统（PTC）

7.5.1 复层矿脂包覆（PTC）的应用

复合包覆技术是指通过预制或现场处理等方式，在管桩等结构外壁包覆物质，一般常用为树脂及纤维布组成的复合层，固化后的包覆层包覆在被保护构件的外表面上，如彩图 70 所示。作为一种有效的防腐蚀技术手段，复合包覆技术在天然气和石油管道系统、混凝土及钢管桩结构、地下储罐、钢桥梁底板以及钢质趸船外壳等极易受到腐蚀的部位已有广泛应用，如涩宁兰、兰成渝、陕京线、港枣线、西气东输、兰郑长以及西气东输二线等油气管道、市政工程中的一些小口径管网、东海大桥、香港南丫岛电厂码头、厦门某轮渡码头、欧美国家的一些桥梁等，涉及工程项目的许多方面。

7.5.2　复合包覆技术的作用原理

根据对复合包覆技术的应用效果跟踪，相当多的工程案例均取得了良好的防腐蚀效果，如彩图71所示。研究认为，该项技术的防腐蚀作用原理在于，复合材料在压延成型或辅以相匹配的脂类物后，采用机械化的包覆手段，可以促使金属等基体表面的包覆层形成一种表面覆盖材料，这种材料由于具备良好的不渗透性，阻隔了水和氧这两种腐蚀介质的侵入，也隔离了大量的腐蚀性介质，这就大大减少了腐蚀反应发生的概率。此外，复合包覆层一般为热收缩性材料，在包覆成型的过程中具有自收缩趋势，可紧密包覆在被保护构件上。对于已经发生腐蚀破坏的结构，也可借助于这种收缩力将腐蚀产物紧紧包裹在局部腐蚀处，避免钢构件等的腐蚀产物膨胀与剥落。两种因素的共同作用，可以保证复合包覆技术起到良好的防腐蚀保护效果。

7.5.3　PTC防腐系统的施工

如彩图72所示，以玻璃纤维复合材料为例，根据海洋环境的强腐蚀特点，结合被保护构件的结构特点，一般采用玻璃纤维短切毡、玻璃纤维布、玻璃纤维增强表面毡，采用配套的耐候、耐海水不饱和聚酯专用树脂，根据设计包覆厚度要求，采用机械缠绕方式进行包覆施工。具体流程及要求如下：

（1）表面清理。钢管桩在包覆前对外表面进行喷砂除锈处理至Sa2½，以确保桩壁与胶液之间能形成良好的接触。

（2）包覆纤维层。在表面处理好的钢管桩管节外壁上淋洒树脂胶液后，首先包覆玻璃纤维短切毡一层，接下来是包覆玻璃纤维布一层，然后如此重复完成全部若干层（一般为4～6层）纤维复合层的包覆，最后缠绕聚酯膜完成包覆施工。

（3）包覆层固化。包覆完成后钢管桩需在滚轮架上继续旋转2h，待树脂良好初凝后，运至堆场静置至少48h，即可落驳出运。

7.5.4　成品质量控制与检测

（1）现场检测

包覆施工前及施工结束后，现场就表7-3中的内容进行检测。

复合包覆材料现场检测项目汇总表　　**表7-3**

序号	检测内容	检测仪器	合格标准	检测要求/频率
1	表面粗糙度	E224-S	50μm	包覆前检查
2	产品外观	目测	表面平整、光洁、无杂质混入、无线维外露、无目测可见裂纹	逐件检查

续表

序号	检测内容	检测仪器	合格标准	检测要求/频率
3	包覆长度	钢卷尺	达到设计要求	逐件检查
4	表面硬度	巴柯乐硬度计	不小于38巴氏硬度	逐件检查
5	包覆层总厚度	磁性测厚计	（2.5±0.2）mm	每50根桩抽查一根
6	包覆层介电特性	管道防腐层检漏计	击穿电压大于5kV	每$10m^2$取一测点

（2）委外检测

根据相关规范要求，在包覆结束后应同时进行表7-4所列项目的检测，该部分项目为委外检测。

复合包覆材料委外检测项目汇总表 **表7-4**

序号	检测内容	合格标准	检测要求/频率
1	拉伸强度	≥100MPa	各检测项目 均不少于5个平行试样
2	断裂延伸率	≥2.5%	
3	弯曲强度	≥110MPa	
4	弯曲弹性模量	≥10000MPa	
5	冲击韧性	≥80kJ·m^{-2}	

（3）开包检测外观

在现场检测、委外检测的基础上，在包覆产品投入运行后，可以根据需要对包覆构件局部开包，根据开包后露出的金属基体的表面外观、光泽度、复合层的外观性状等，对包覆效果进一步判断。

7.5.5 复合包覆技术的工程案例

复合包覆技术具有良好黏着性、表面处理要求低、可带水施工、防冲击性能良好、防海生物污损、绿色环保等特点。一般由矿脂膏、矿脂带和防护罩组成。矿脂包覆技术因对基材表面处理要求低特别适合于建筑物的防腐修复。此项技术在国外已经非常成熟，已有海洋和码头工程使用时间达30年以上的记录。目前国内矿脂包覆技术产品主要有中科院海洋所的PTC包覆防蚀系统和英国的Denso矿脂包覆防腐蚀系统。PTC包覆防蚀系统已在胜利油田海上采油平台、青岛港液化码头、宁波港矿石码头、天津港联盟国际集装箱码头等项目上获得成功应用。Denso矿脂包覆防腐蚀系统已在香港南丫岛电厂、宁波北仑港、盐田港（2008）、营口港、天津港联盟国际集装箱码头、宝钢马迹山港等成功应用。下面重点介绍复合包覆防腐材料在国内海上风电项目的应用实例。

东海风电二期工程设计30台风力发电基础设施。先行设计投入施工的为3.6MW、5.0MW样机各一台，共计有直径2.0m钢管桩6根、直径1.7m钢管桩10根，直径

325mmJ 型钢管 4 根。本项目地处杭州湾水域，常年气温较高，湿度大、季候风强烈，海水含盐量高（夏秋季盐度在 10.88‰～28.80‰，冬季盐度在 19.32‰～30.32‰），潮涨潮落的干湿侵蚀及海洋大气的恶劣腐蚀环境对海工结构使用寿命带来了极大的不利影响。

综合考虑风电项目的特殊性及其标志意义，对该项目二期采用 FRP 复合包覆技术进行防腐蚀处理。包覆施工范围包括大气区、浪溅区及水位变动区。在充分考虑打桩等因素的条件下，将包覆范围确定为桩顶下 1.65～14.5m 范围，包覆长度 12.85m，包覆面积 1400m^2。设计包覆层厚度（2.5±0.2）mm，设计防腐蚀年限 30 年。包覆层由内至外为：1CSM ＋ 1CWR ＋ 1CSM ＋ 1CWR ＋ 1SM ＋ 1CWR，采用机械缠绕方式进行包覆施工。其中：CSM：中碱玻璃纤维短切毡，（380±38）g · m^{-2}；CWR：中碱玻璃纤维布，（200±20）g · m^{-2}；SM：玻璃纤维增强表面毡，30g · m^{-2}；基体树脂：耐候、耐海水不饱和聚酯专用树脂。

7.5.6　PTC 技术的应用前景

PTC 包覆防腐技术是一种行之有效的防腐蚀保护措施，可以对海港工程结构中的被保护构件提供良好、长期的保护效果，这点已经为众多工程实例所证实。此外，欧美及日本等国的理论研究和应用成果也为广大科研工作者的研发工作提供了参考和依据。

然而，目前复合包覆防腐技术产品的材料和施工费用高，复合防护罩受不规则结构形式制约很难实现浪溅区和潮差区的防腐包覆，这一方面也影响着复合包覆技术应用于工程实际中，但是从另一角度可以预见，随着施工工艺的进一步优化及综合性能更为优异的包覆材料面世，复合包覆技术凭借其安全长效、无需维护、成本低廉等优势，必将在海工结构防腐蚀领域发挥更重要的作用。

7.6　小结及建议

长期以来，海洋浪花飞溅区的腐蚀防护都是腐蚀界最为关注的技术难题，至今也未提出价格低廉并且超过 20 年以上具备免维护的防护体系，本章对该区域的防腐技术进行了调研分析，汇总主要的防护手段及特点，并在海上风电项目中尝试采用了金属热喷涂和 PTC 包覆防腐的方案，总体上取得较理想的效果，主要结论与建议如下：

（1）海洋浪花飞溅区的主要防护措施有：海工重防腐涂层、采用添加合金元素的特种钢材、金属热浸镀层、金属热喷涂、铜镍合金防护、包覆防腐蚀等，均有一定的应用业绩。

（2）海工重防腐涂层在欧洲海上风电场中有少部分超过 25 年的免维护运行业绩（大部分在运维期间还需维护、维修），并且绝大部分海上风机基础还是采用该类型的防护方案，若在我国海上风电场中采用传统的海工重防腐措施，涂层厚度建议应达到 800μm 甚至 1000μm 以上，且应针对涂层开展严格的测试，其耐海水浸渍、腐蚀性蔓延、人工循环老化、耐阴极剥离、抗冲耐磨以及耐候性均应满足较高的要求，并加强施工过程质量的管控。

（3）采用添加合金元素的特种钢材的措施，总体上并不理想，仅靠金属自身的耐蚀性难以达到长效防护的效果。

（4）金属热浸镀层、金属热喷涂和铜镍合金防护等措施有一定的相似性，甚至某些工程中尝试采用热喷不锈钢的措施，但其较热喷锌、铝或锌铝合金效果要差，故本章暂未对此进行叙述，金属热浸镀层和金属热喷涂在淡水中具有非常好的应用效果，甚至在金属层外部不再涂装涂料也可达到长效防护的目标，但在海水中，则应涂装薄层封闭漆之后再涂装性能优良的中间漆和面漆，可达到长效防护的目的；而铜镍合金实施案例很少，且随着国家对环境保护的要求越来越高，合金中的铜和镍、铬离子对海洋环境也存在一定的污染，不推荐大量采用。

（5）包覆防腐蚀在近 20 年的海洋飞溅区防护中应用越来越广泛，且包覆材料的种类繁多，有无机包覆，也有有机包覆，PTC 覆层矿脂包覆防腐自起初日本海洋工程应用至引进国内，经过 20 余年的革新，在国内跨海大桥及港口行业中也逐步得到推广，海上风电试验项目予以实施，并取得良好的效果，其存在的不足在于费用较为昂贵。

（6）总体而言，经过广泛调研分析及工程应用，推荐海上风电结构物的浪花飞溅区考虑高性能海工重防腐涂层、金属热喷涂（对小型构件则建议金属热浸镀层）＋高性能海工封闭漆＋面漆（必要时，增加中间漆）、PTC 覆层矿脂等包覆防腐蚀的腐蚀防护方案。

第8章　海上风电涂层防腐测试试验

8.1　测试内容

本书项目测试方案依据近年的海上风电工程情况针对C5-M、Im2（苛刻腐蚀环境）对多种防腐涂料进行相应的测试工作。作者协调国内外四家海工防腐涂料供应商各自提供满足上述苛刻腐蚀环境的涂料配套方案，总共测试的涂料配套系统为5种，本章分别以C1、C2、C3、C4、C5表示几种配套体系基于同一标准开展检测及试验工作。分析测试及试验结果，并对数据进行比对，提出结论，具体研究目标为：

（1）测试几种典型防腐涂层的性能，验证所提出的各测试项目应用于海上风电场设计施工中的合理性，并对测试指标提出建议。

（2）验证配套防腐涂料与牺牲阳极的适应性。

（3）验证各防腐涂料及主要防腐配套的性能，对比分析，提出最优防腐配套方案，并对防腐设计提出建议。

8.2　测试项目及工艺要求

产品取样按照供应商提供产品取样，取样方法参照《色漆、清漆和色漆与清漆用原材料取样》GB/T 3186—2006标准执行。对涂料供应商提供的产品的密度、细度、黏度、挥发性、储存稳定性、流平性等性能指标不做测试，认同供应商的产品说明的数据。

本试验主要测试项目有：漆膜厚度、抗冲击性、耐磨性、耐海水浸渍及腐蚀蔓延、柔韧性试验、边缘保持性试验、人工循环老化试验和耐阴极剥离性试验等。

检测及试验依据工作大纲，并参照相关规程规范执行。

除测试大纲对测试项目有特殊规定外，测试的环境温度均为（23±2）℃，相对湿度为（50±5）%条件下状态调节至少16h。测试用的人造海水按《防锈漆耐阴极剥离性试验方法》GB/T 7790—1996附录A规定的配方。

8.3　防腐测试方案及标准

8.3.1　依据的相关规程规范

（1）《漆膜柔韧性测定法》GB/T 1731—1993；

（2）《漆膜耐冲击测定法》GB/T 1732—1993；

（3）《色漆和清漆 耐磨性的测定 旋转橡胶砂轮法》GB/T 1768—2006；

（4）《色漆和清漆 涂层老化的评级方法》GB/T 1766—2008；

（5）《色漆、清漆和色漆与清漆用原材料取样》GB/T 3186—2006；

（6）《防锈漆耐阴极剥离性试验方法》GB/T 7790—1996；

（7）《色漆和清漆 标准试板》GB/T 9271—2008

（8）《色漆和清漆 漆膜厚度的测定》GB/T 13452.2—2008；

（9）*Paints and varnishes-Determination of film thickness*. ISO 2808：2007；

（10）*Paints and varnishes-Determination of resistance to liquids*. ISO 2812—2；

（11）*Paints and varnishes-Performance requirements*. ISO 20340—2009；

（12）*Surface preparation and protective coating*. Norsok M501—2004；

（13）*Offshore PlatformAtmosp Heric and Splash Zone Offshore Platform AtmospHeric and Splash Zone*. NACE TM0404—2004。

8.3.2 测试试板制作及要求

测试用的样板（以下均简称“试板”）均由笔者协调防腐涂料厂家提供，各样板均由相同规格的钢板（GB/T 9271 标准）、按相同表面处理等级之后直接进行相应防腐配套涂装。试板制备时，表面处理等级按 ISO 8501 中定义的 Sa2½ 级，表面粗糙度为 40～75μm，对试板的背面和边缘也使用同样产品体系方法涂覆。试板干燥的时间和条件：温度（23±2）℃，相对湿度（50±5）%、空气循环、不受阳光直接暴晒，投入试验前，试板所附涂层应在室温下干燥固化至少 7d 时间。

每种涂料的各项测试用试板几何形状、尺寸、基材和最小数量要求如表 8-1 所示。

测试用试板规格及数量表　　表 8-1

测试项目	试板形状及尺寸	基材类型	数量要求	涂层厚度	测试依据的规程规范
漆膜厚度测定	漆膜厚度测定不另行制备试板，仅开展非破坏性试验，试板及其他测试项目用试板				GB/T 13452.2—2008 或 ISO 2808：2007
漆膜附着力	（100×100×4.75）mm	普通钢材	6	涂料厂家自行确定	GB/T 5210—2006
耐冲击性	（120×50×0.3）mm（或 150×70 ～ 80×0.3 代用）	马口铁板、钢板	3	30 ～ 40μm	GB/T 1732—93
耐磨性	（100×100×2.0）mm（或 ϕ100×2.0mm 圆板）；中心开 6.35mm 直径圆孔	普通钢材	3	涂料厂家自行确定	GB/T 1768—2006
柔韧性	（120×25×0.3）mm	马口铁板、钢板	3	30 ～ 40μm	GB/T 1731—93
耐海水浸渍及腐蚀性蔓延	（150×76×4.75）mm；中部采用圆切刀划一道纵向划痕，划痕长 90mm、宽 2mm	普通钢材	3	涂料厂家自行确定	Nace TM0404—2004
边缘保持性	（19×19×3.18）mm，长 150mm，90° 型材	铝 材	3	涂料厂家自行确定	Nace TM0404—2004

续表

测试项目	试板形状及尺寸	基材类型	数量要求	涂层厚度	测试依据的规程规范
耐人工循环老化试验	（150×75×2）mm，平行短边距离 20mm 处划一条宽 2mm、长 5cm，平行长边在另一端划 0.5mm、长 5mm 的划痕到基底	普通钢材	3	涂料厂家自行确定	ISO 20340 或 Norsok M501 的附录 A
耐阴极剥离性试验	（150×70×2）mm，在其中一短边中部距边缘 6mm 处钻直径 4mm 的连接孔	普通钢材	4	涂料厂家自行确定	GB/T 7790—2008

注：以上试板为根据规范所列，部分试板的规格因引用美标或欧标，钢板厚度非整数，若采购困难可取整数值。

8.4　测试方案及结果

8.4.1　漆膜厚度检测

漆膜厚度指漆膜表面与底材之间的距离，本项目主要测定干膜厚度，即涂料硬化后存留在底材表面涂层的厚度。干膜厚度测定分破坏性方法和非破坏性方法，本项目试板涂料干膜厚度测量采用非破坏性的方法进行测试，即用涂层测厚仪进行测量，使用仪器为德国 EPK MiniTest600B。具体测试方法按照《色漆和清漆 漆膜厚度的测定》GB/T 13452.2—2008 规定的超声波测厚仪进行测定。

测量采取 3 点法，每个样板上选取两个受测区域进行测量，试样测试结果见各性能测试项目 8.4.2～8.4.9 节。

8.4.2　涂层结合力性能测试

涂层结合力测试主要检查涂层与钢材基体表面的附着性，附着力大小表征了涂层是否容易受外力作用而从基材上进行脱落，结合力越大表征了涂层越不易脱落。

涂层结合力测试采用附着力测试仪进行定量测量的方法，仪器型号为 Elometer F108 型附着力测试仪，试验用胶粘剂为 AB 胶，试验用铝合金锭子为直径 20mm。因为试样表面均比较光滑，粗糙度偏小，胶粘剂与涂层表面之间的结合力测试受影响，因此，试样表面用砂纸进行了打磨粗糙化处理。测试方法按照《色漆和清漆拉开法附着力试验》GB/T 5210—2006 规定的附着力测试程序进行。采用拉开法测试涂层结合力时，涂层脱落方式有三种，一是胶脱落，说明采用的胶的结合强度不够大，不能将涂层拉开；二是层间脱落，表示涂层的脱落发生在层与层之间，但涂层与基底之间未发生脱落，基底上仍覆盖着涂层；三是底脱落，表示涂层从基底上被拉掉了，可以看到基底。在结合力相同的情况下，胶脱落表示涂层结合力最好，层间脱落次之，底脱落最差。

涂层厚度检测结果见表 8-2，结合力测试结果见表 8-3。

从试验结果看，C1 试样均为层间脱落，脱落面积为 20% 时，结合力为 8.5MPa，

涂层结合力试样涂层厚度

表 8-2

涂料品牌	试样平行号	涂层厚度（μm）							
		受测基准面 1			平均值	受测基准面 2			平均值
C1	1	861	993	924	926	907	893	969	923
	2	852	885	955	897	914	907	994	938
	3	900	887	895	894	882	981	907	923
C2	1	772	779	775	775	794	790	765	783
	2	879	859	884	874	908	923	918	916
	3	885	885	902	891	872	929	924	908
C3	1	1180	1162	1190	1177	1236	1390	1278	1301
	2	1390	1354	1484	1409	1304	1272	1462	1346
	3	1466	1458	1466	1463	1296	1286	1466	1349
C4	1	933	935	968	945	986	1006	937	976
	2	817	833	839	829	932	940	961	944
	3	734	758	788	760	777	745	783	768
C5	1	748	722	754	741	728	721	764	737
	2	759	868	801	809	740	750	878	789
	3	801	872	993	888	754	831	880	822

涂层结合力试验结果

表 8-3

涂料品牌	平行号	结合力（MPa）	脱落方式－比例	试样平行号	结合力（MPa）	脱落方式比例
C1	1	14.6	层间 −50%	4	13.5	层间 −50%
	2	14.2	层间 −50%	5	14.6	层间 −50%
	3	8.5	层间 −20%	6	13.4	层间 −40%
C2	1	18.2	层间 −15%	4	20.0	层间 −100%
	2	15.5	胶脱落	5	14.5	胶脱落
	3	19.5	层间 −80%	6	13.8	底脱落 −20%
C3	1	18.5	胶脱落	4	7.5	胶脱落
	2	13.0	胶脱落	5	14.0	层间 −50%
	3	13.8	层间 −20%	6	15.6	层间 −60%

续表

涂料品牌	平行号	结合力（MPa）	脱落方式 - 比例	试样平行号	结合力（MPa）	脱落方式比例
C4	1	19.5	层间 -15%	4	11.0	层间 -20%
	2	13.5	胶脱落	5	10.5	层间 -20%
	3	14.8	层间 -30%	6	13.7	层间 -30%
C5	1	15.0	层间 -15%	4	15.4	层间 -20%
	2	13.5	底脱 -50%	5	6.0	胶脱落
	3	15.1	层间 -40%	6	8.2	胶脱落

脱落面积 40%～50% 时，则升到了 13.4～14.6MPa 之间；C2 试样胶脱落、层间、底脱落均有发生，测试底脱落 20% 时结合力为 13.8MPa，层间脱落时为 18.2～20.0MPa，胶脱落为 14.5～15.5MPa；而 C3 试样胶脱落时候结合力差异较大，为 7.5～18.5MPa，层间脱落面积比例在 20%～60% 时，结合力为 13.8～15.6MPa；C4 胶脱落时结合力 13.5MPa，层间脱落面积在 15%～30% 之间时，结合力则在 10.5～19.5MPa 之间；C5 胶脱落时最低为 6.0MPa，层间脱落时，为 14.0～15.4MPa，底脱落时为 13.5MPa。

在评价几种涂层结合力强弱时，对于胶脱落的情况可以作为离散值不予考虑。重点需考虑层间和底脱落时的结合力，而结合力大小与涂料施工质量、脱落面积有很大关系。考虑最极端的情况下，对比考虑涂层最低结合力 C1、C2、C3、C4、C5 分别为 8.5MPa、13.8MPa、13.8MPa、10.5MPa、13.5MPa。考虑到没有发生任何一种 100% 底脱落的情况，可以认为五种涂层类型与基底的附着力均大于 8.0MPa，相对均比较好。试验照片见彩图 73～彩图 76。

8.4.3　耐冲击性能测试

耐冲击性主要测试涂料在冲击荷载作用下的漆膜完好性，主要为保障海上风电基础结构在船舶撞击、波浪及海流往复荷载作用下的涂料仍可保持良好的状态。

试验方法按照国家标准《漆膜耐冲击测定法》GB/T 1732—1993 进行。试验设备为 QCJ-120，冲击试验器的重锤重量为（1000±1）g，冲程为（50±0.1）cm，同一试板进行三次冲击试验，完成后应采用 10 倍放大镜（规范为 4 倍放大镜）观察漆膜受冲击后的表面状况。鉴于 C1 测试试样厚度不符合要求，实际为 1mm 厚，本次亦列出其测试结果（为基于相同水准进行测试，可重新按相同层厚再予以测试）。统计各涂层厚度检测结果见表 8-4，冲击试验结果见表 8-5。

耐冲击试验各试样涂层厚度测试结果　　表 8-4

涂料品牌	试样平行号	涂层厚度（μm）							
		受测基准面 1			平均值	受测基准面 2			平均值
C1	1	80	86	94	87	95	93	78	89

续表

涂料品牌	试样平行号	涂层厚度（μm）							
		受测基准面 1			平均值	受测基准面 2			平均值
C1	2	77	82	67	76	77	83	75	78
	3	78	74	93	81	85	83	79	82
C2	1	51	51	51	51	50	52	52	51
	2	52	54	55	54	56	57	57	57
	3	57	57	56	57	56	56	56	56
C3	1	67	73	73	71	72	72	69	71
	2	71	79	74	75	75	82	73	77
	3	73	74	82	77	74	79	69	74
C4	1	89	80	78	82	87	84	88	86
	2	73	71	76	74	82	84	80	82
	3	83	79	79	80	78	79	69	75
C5	1	73	85	76	78	70	115	72	86
	2	111	83	72	89	82	96	84	87
	3	68	88	80	79	95	113	104	104

各试样漆膜冲击试验结果 **表 8-5**

涂料品牌	平行号	质量指标	试验结果	结果评定
C1	1	冲击后应无裂纹、皱纹及剥落	无	符合
	2		无	符合
	3		无	符合
C2	1		无	符合
	2		无	符合
	3		无	符合
C3	1		无	符合
	2		无	符合
	3		无	符合
C4	1		无	符合
	2		无	符合
	3		无	符合
C5	1		无	符合
	2		无	符合
	3		无	符合

试验结果表明，五种涂层试样在按照相同冲击条件下表现均比较完好，冲击后无任何裂纹、皱纹及剥落出现，能够满足冲击性要求。试验照片见彩图 77～彩图 81。

8.4.4　耐磨性能测试

耐磨性为涂层对摩擦机械作用的抵抗能力，该项依据的国家标准为《色漆和清漆　耐磨性的测定》GB/T 1768—2006，采用旋转橡胶砂轮法进行测试。本次测试采用 JM-V 型漆膜磨耗仪。

本试验中，橡胶砂轮试验仪的每个壁上施加的负载为 1000g（相对一般按 500g 测试，本次试验提高了测试等级），每块待测试的试板测试次数为 1000 转，且每运转 500 转后应重新整新橡胶砂轮。在测试中，严格遵照规范布置测试设备、吸尘装置等，尽可能减少磨损物的质量损耗，并避免任何外界增加。试样涂层厚度见表 8-6，耐磨性试验结果见表 8-7。

各试样耐冲击试验的涂层厚度测试结果　　表 8-6

涂料品牌	试样平行号	涂层厚度（μm）							
		受测基准面 1			平均值	受测基准面 2			平均值
C1	1	483	521	515	506	492	506	532	510
	2	478	517	516	503	498	515	510	508
	3	500	513	537	517	520	532	542	531
C2	—	玻璃底板，无厚度数据							
C3	1	1482	1500	1412	1465	1298	1474	1488	1420
	2	1076	1232	1244	1184	1290	1484	1320	1421
	3	1410	1512	1470	1464	1300	1050	1040	1130
C4	1	903	771	796	823	825	872	775	824
	2	875	872	832	856	849	907	842	866
	3	810	887	821	839	853	880	905	879
C5	1	713	839	820	791	721	850	771	781
	2	733	928	820	827	753	724	920	799
	3								

各试样涂层耐磨性试验结果　　表 8-7

涂料品牌	平行号	原始重量（g）	500 转后重量（g）	1000 转后重量（g）	失重（mg）	平均失重（mg）	试样磨损状况
C1	1	78.372	77.964	77.486	886	935	未露基体
	2	78.437	78.015	77.553	884		未露基体
	3	79.241	78.721	78.207	1034		未露基体
C2	1	125.812	125.343	124.883	929	949	未露基体

续表

涂料品牌	平行号	原始重量（g）	500转后重量（g）	1000转后重量（g）	失重（mg）	平均失重（mg）	试样磨损状况
C2	2	120.548	120.142	119.753	795	949	未露基体
	3	123.744	123.156	122.62	1124		未露基体
C3	1	242.474	242.374	242.234	240	272	未露基体
	2	236.742	236.534	236.432	310		未露基体
	3	241.765	241.643	241.498	267		未露基体
C4	1	164.452	163.77	163.26	1192	1418	未露基体
	2	165.912	165.282	164.494	1418		未露基体
	3	164.896	164.084	163.253	1643		未露基体
C5	1	159.014	158.795	158.295	719	607	未露基体
	2	158.424	158.114	157.852	572		未露基体
	3	157.687	157.389	157.156	531		未露基体

从试验结果来看，在同样的条件下，运行1000转后C4失重量最大，达到了1418mg，耐磨性最差；C1和C2失重分别为935mg和949mg耐磨性较差；C5失重607mg，耐磨性较好；C3失重最小，失重量272mg，其耐磨性最好。试验照片见彩图82～彩图86。

8.4.5 柔韧性试验

此项试验采用QTX型漆膜弹性试验器测定涂层干膜的柔韧性，并以不引起漆膜破坏的最小轴棒直径表示漆膜的柔韧性，测试试板为两组7×2块，试验方法、测试步骤及要求按照国家标准《漆膜柔韧性测定法》GB/T 1731—1993规定的内容和要求进行，试验完成后用10倍放大镜观察试样表面，看是否有网纹、裂纹及剥落等破坏现象。

C1试样只有一个，且试样不符合要求，试样厚度偏厚，边缘又进行了折叠。试样涂层厚度见表8-8，柔韧性试验结果见表8-9。

各试样柔韧性试验涂层厚度测试结果 **表 8-8**

涂料品牌	试样平行号	涂层厚度（μm）							
		受测基准面1			平均值	受测基准面2			平均值
C1	1	102	130	109	112	106	127	117	117
	2	—	—	—	—	—	—	—	—
	3	—	—	—	—	—	—	—	—
C2	1	32	33	36	34	31	41	44	39
	2	31	29	26	29	33	24	31	29
C3	1	82	86	96	88	71	79	74	75

续表

涂料品牌	试样平行号	涂层厚度（μm）							
		受测基准面 1			平均值	受测基准面 2			平均值
C3	2	83	87	89	86	75	66	71	71
C4	1	84	82	84	83	84	84	89	86
	2	72	78	71	74	80	71	71	74
C5	1	118	63	77	86	76	92	67	78
	2	95	82	76	84	82	76	83	80

各试样柔韧性试验结果　　表 8-9

涂料品牌	平行号	轴棒规格（mm）						
		15	10	5	4	1.5	1.0	0.5
C1	1	√	√	√	√	√	√	√
C2	1	√	√	√	√	√	√	√
	2	√	√	√	√	√	√	√
C3	1	√	√	√	√	√	√	√
	2	√	√	√	√	√	√	√
C4	1	√	√	√	√	√	√	√
	2	√	√	√	√	√	√	√
C5	1	√	√	√	√	√	√	√
	2	√	√	√	√	√	√	√

注：1. 弯曲后均无网纹、裂纹及剥落等破坏现象；

2. C1 试样金属底板偏厚。

从试验结果可以看出，几种涂料试样在按照轴棒直径从大到小的绕轴弯曲试验中均未出现明显的网纹、裂纹、剥落现象，其绕轴弯曲性均为 0.5mm。照片见彩图 87～彩图 92。

8.4.6　耐海水浸渍及腐蚀性蔓延试验

耐海水浸渍试验按照 *Paints and varnishes-Determination of resistance to liquids* ISO 2812—2 进行，试验仪器采用 ZNCL 智能恒温电磁搅拌器，测试用的人造海水测试条件为加热海水，温度为（40±1）℃，实际测试时间为 3360h。

本项测试涵盖涂料耐海水浸渍性能和耐腐蚀蔓延性能，故应在待测试的试板预制时，在试板测试表面中部采用圆切刀划一道纵向划痕，划痕长 90mm、宽 2mm，确保每个划痕深度恰好暴露出裸钢，且划痕处应采用压缩空气清理，不留下碎片及残骸。

测试方法应采用浸泡法，所有需进行耐海水浸渍及腐蚀性蔓延试验的试板统一采用相同标准，测试方法、步骤及其他相关要求按规范 *Paints and varnishes-Determination of resistance to liquids* ISO 2812—2 进行。

测试完，应采用目测及 10 倍放大镜观察漆膜是否有起泡、生锈、裂纹、剥落、粉化等现象，依据国家标准《色漆和清漆 涂层老化的评级方法》GB/T 1766—2008 并对比测试前、后，观察是否有变色和失光。然后评定腐蚀性蔓延试验 M 指标（参考 ISO 20340：2003）。具体为：测量 9 个点（划痕中心点或两侧各 4 个点）的腐蚀宽度，计算底材上划痕处腐蚀蔓延 M 值=（$C-W$）/2，C 为 9 个点测量值的平均值，W 为划痕的原始宽度。

几种涂料的厚度检测结果见表 8-10，试验蔓延值结果见表 8-11。

各试样海水浸泡试验涂层厚度测试结果　　表 8-10

涂料品牌	平行号	涂层厚度（μm）							
		受测基准面 1			平均值	受测基准面 2			平均值
C1	1	804	787	776	789	778	871	789	817
	2	812	814	809	812	826	780	791	799
	3	845	857	841	848	838	778	780	799
C2	1	882	847	934	888	913	884	903	910
	2	933	926	876	912	968	943	944	952
	3	831	811	814	819	805	797	826	809
C3	1	1428	1472	1440	1447	1276	1358	1140	1258
	2	1252	1316	1082	1217	1044	1336	1054	1145
	3	1170	1078	1090	1113	1268	1298	1382	1316
C4	1	832	755	874	820	767	863	832	821
	2	825	813	827	822	838	901	800	846
	3	744	810	859	804	870	952	878	900
C5	1	690	680	651	674	762	754	786	767
	2	913	904	966	928	810	953	734	832
	3	853	860	965	893	947	972	999	973

各试样海水浸泡试验腐蚀性蔓延测试结果　　表 8-11

涂料品牌	试样平行号	蔓延距离（W = 2mm）										
		测点 1	测点 2	测点 3	测点 4	测点 5	测点 6	测点 7	测点 8	测点 9	最大宽度	M
C1	1	5.5	6.0	5.0	4.5	6.5	6.0	6.0	5.5	6.5	6.5	1.9
	2	17.0	6.0	7.0	15.0	5.0	8.0	10.0	8.0	9.0	17.0	3.7
	3	—	—	—	—	—	—	—	—	—	—	—

续表

涂料品牌	试样平行号	蔓延距离（W = 2mm）										
		测点 1	测点 2	测点 3	测点 4	测点 5	测点 6	测点 7	测点 8	测点 9	最大宽度	M
C2	1	4.0	4.0	4.0	4.0	3.0	4.0	4.0	4.0	4.0	4.0	1.0
	2	4.0	4.0	4.0	4.0	4.0	4.0	4.0	4.0	4.0	4.0	1.0
	3	4.0	4.0	4.0	4.0	3.0	4.0	4.0	4.0	4.0	4.0	1.0
C3	1	3.0	3.0	2.5	4.0	4.0	3.0	2.5	3.0	3.0	4.0	0.6
	2	3.0	3.0	2.5	2.5	2.5	3.0	3.0	2.5	2.5	3.0	0.4
	3	3.0	3.0	3.0	2.5	2.5	3.0	3.0	3.0	3.0	3.0	0.4
C4	1	3.0	3.5	2.5	4.0	3.0	3.5	3.0	3.5	4.0	4.0	0.5
	2	3.0	2.5	4.0	4.5	4.5	4.5	4.5	4.0	4.5	4.5	0.7
	3	4.0	4.0	4.5	4.0	4.5	4.5	4.5	4.0	4.5	4.5	1.1
C5	1	24.0	29.0	13.0	17.0	12.0	15.0	9.0	6.0	8.0	29.0	6.4
	2	17.0	20.0	18.0	12.0	18.0	14.0	10.0	8.0	10.0	20.0	6.1
	3	—	—	—	—	—	—	—	—	—	—	—

从上表数据可知，经过实际浸渍 3360h 后，五种涂料试样的抗海水腐蚀蔓延性能从高到低的顺序为：C3、C2、C4、C1、C5。照片见彩图 93～彩图 97。

8.4.7　边缘保持性试验

边缘保持性试验按照《海上平台大气区和浪溅区新建用防腐涂层体系评估》NACE TM0404—2004 规定的测试进行，选用试样为（19×19−3.18）mm 规格的角铝型材，长度为 150mm，试样表面及边缘脊线位置按同一涂层体系进行喷涂，干膜厚度应均匀。

测试时，应使用带锯从 150mm 长的角铝上截取 9 段长度为 12.7mm 的测试样本，每 3 个测试样用环氧树脂进行封装，每个角铝 9 个测试样本共需制备 3 封装试样。然后用金相显微镜及处理软件测量脊线位置涂层厚度，用测厚仪测量平面涂层厚度，然后计算脊线位置涂层厚度与周围平面位置涂层厚度的比值。

C1 测试试样为圆弧状过渡，非直角铝型材，且其涂层过薄，测量误差非常大，故本项测试暂未列举 C1 试样结果。各测试试验结果见表 8-12～表 8-15。试验照片见彩图 98～彩图 104。

C2 试样边缘保持性试验涂层厚度测试结果　　　　**表 8-12**

测试样本	测试位置	涂层厚度（μm）		
		平行样 1	平行样 2	平行样 3
1	左侧	920、930、773	881、888、809	872、890、881

续表

测试样本	测试位置	涂层厚度（μm）		
		平行样 1	平行样 2	平行样 3
1	脊线	342	386	362
	右侧	990、982、755	890、913、1018	890、915、980
2	左侧	974、913、864	869、877、1030	870、882、950
	脊线	338	370	350
	右侧	937、910、754	723、718、734	756、730、742
3	左侧	785、888、944	869、881、799	972、940、912
	脊线	338	325	310
	右侧	964、988、749	873、873、993	714、740、780
4	左侧	764、782、723	988、1012、875	726、740、712
	脊线	230	316	306
	右侧	969、969、843	717、728、717	846、982、1020
5	左侧	567、574、555	985、988、847	820、780、756
	脊线	176	295	280
	右侧	711、705、730	709、739、697	818、806、842
6	左侧	712、693、706	726、728、736	782、804、768
	脊线	161	295	240
	右侧	514、525、496	832、1134、1040	992、919、931
7	左侧	566、593、588	764、782、723	756、745、708
	脊线	150	230	220
	右侧	755、789、777	969、969、843	923、931、915
8	左侧	708、690、713	820、812、780	824、838、810
	脊线	141	162	156
	右侧	529、475、496	654、580、576	654、650、671
9	左侧	430、448、498	520、480、482	560、550、480
	脊线	109	140	151
	右侧	647、625、667	646、624、635	610、640、602

C3 试样边缘保持性试验涂层厚度测试结果　　表 8-13

测试样本	测试位置	涂层厚度（μm）		
		平行样 1	平行样 2	平行样 3
1	左侧	1120、1038、1126	1114、1200、1482	1422、1388、1278
	脊线	436	200	536
	右侧	1505、1540、1482	1170、1184、1586	1532、1480、1462
2	左侧	1222、1238、1288	1144、1064、1294	1344、1388、1270
	脊线	448	214	380
	右侧	1242、1343、1230	1064、1094、1308	1372、1208、1196
3	左侧	1592、1518、1396	1126、1136、1444	1232、1313、1119
	脊线	119	201	238
	右侧	1562、1574、1490	1134、1124、1262	1118、1203、1108
4	左侧	1444、1369、1368	1456、1554、1336	1346、1265、1203
	脊线	563	213	320
	右侧	1288、1438、1308	1218、1158、1262	1210、1287、1192
5	左侧	1604、1456、1586	1082、1184、1396	1068、1108、1174
	脊线	116	206	240
	右侧	1574、1204、1400	1192、1188、1246	1135、1127、1305
6	左侧	1330、1414、1100	1114、1164、1170	1333、1336、1338
	脊线	150	245	260
	右侧	1302、1322、1082	1070、1124、1116	1410、1425、1387
7	左侧	1116、1114、1002	1196、1384、1164	1192、1204、1098
	脊线	207	270	200
	右侧	1374、1342、1375	881、1094、988	996、998、960
8	左侧	1122、1086、1132	992、1024、987	1109、1026、988
	脊线	394	328	316
	右侧	1098、1324、1342	1056、1142、1098	1240、1276、1342
9	左侧	1028、1156、1208	1043、1231、1175	1098、980、874
	脊线	120	135	110
	右侧	1135、1220、1348	1140、1152、1182	1065、1102、956

C4 试样边缘保持性试验涂层厚度测试结果 表 8-14

测试样本	测试位置	涂层厚度（μm）		
		平行样 1	平行样 2	平行样 3
1	左侧	702、671、699	628、616、589	678、642、680
	脊线	325	320	310
	右侧	611、629、647	730、715、672	725、735、700
2	左侧	616、708、654	611、602、603	672、683、640
	脊线	263	116	240
	右侧	678、699、717	711、713、687	656、702、719
3	左侧	753、777、759	711、720、713	752、720、771
	脊线	290	146	190
	右侧	832、818、815	624、590、657	690、730、760
4	左侧	803、834、841	492、646、605	560、580、634
	脊线	178	167	180
	右侧	809、801、803	654、720、693	725、718、732
5	左侧	785、864、830	717、738、765	800、802、742
	脊线	198	260	230
	右侧	574、574、574	834、828、815	724、732、719
6	左侧	691、736、705	816、834、780	820、832、760
	脊线	119	202	210
	右侧	632、661、672	680、702、704	712、650、702
7	左侧	624、528、590	640、600、614	714、716、720
	脊线	107	130	124
	右侧	759、791、834	712、670、690	620、646、676
8	左侧	816、820、827	780、734、704	730、758、801
	脊线	128	150	140
	右侧	832、720、730	720、640、621	811、813、835
9	左侧	951、951、799	850、862、878、	728、814、768
	脊线	112	130	150
	右侧	988、942、791	900、912、946	910、820、838

C5 试样边缘保持性试验涂层厚度测试结果　　表 8-15

测试样本	测试位置	涂层厚度（μm）		
		平行样 1	平行样 2	平行样 3
1	左侧	979、879、754	607、601、641	747、731、744
	脊线	106	118	128
	右侧	711、699、817	866、961、805	854、759、927
2	左侧	768、792、739	712、773、780	1092、1036、775
	脊线	64	107	51
	右侧	927、944、869	920、910、888	932、771、798
3	左侧	637、667、792	651、669、589	875、789、912
	脊线	147	96	92
	右侧	1066、1098、964	836、946、1032	792、810、730
4	左侧	675、713、679	996、890、778	742、765、782
	脊线	81	150	130
	右侧	1006、1088、896	712、696、699	840、813、872
5	左侧	749、759、815	1006、761、749	890、746、752
	脊线	172	59	70
	右侧	1098、1018、869	703、693、752	730、712、734
6	左侧	1070、1158、958	1018、972、777	902、924、830
	脊线	178	56	65
	右侧	822、847、826	721、700、741	690、802、689
7	左侧	694、694、679	1002、956、803	940、756、824
	脊线	87	90	89
	右侧	1066、961、946	749、775、757	752、755、762
8	左侧	782、818、770	723、705、761	728、773、775
	脊线	85	76	110
	右侧	992、910、935	873、866、985	768、820、788
9	左侧	816、864、810	718、720、753	812、814、806
	脊线	85	82	85
	右侧	760、783、739	853、838、890	737、757、787

根据上述数据可以计算出各涂料品牌的脊线/平面涂层厚度比值，见表 8-16。

各试样边缘保持性试验脊线/平面厚度测试比值结果 表 8-16

涂料品牌	平行样	测试样本脊线/平面厚度比值									平均值
		1	2	3	4	5	6	7	8	9	
C2	1	0.38	0.38	0.38	0.27	0.28	0.26	0.22	0.23	0.20	0.29
	2	0.43	0.45	0.37	0.38	0.36	0.36	0.27	0.23	0.25	0.34
	3	0.40	0.43	0.37	0.37	0.35	0.28	0.27	0.21	0.26	0.33
C3	1	0.34	0.36	0.08	0.41	0.08	0.12	0.17	0.33	0.10	0.22
	2	0.16	0.18	0.17	0.16	0.17	0.22	0.24	0.31	0.17	0.20
	3	0.38	0.29	0.20	0.26	0.21	0.19	0.19	0.27	0.11	0.23
C4	1	0.49	0.39	0.37	0.22	0.28	0.17	0.16	0.16	0.12	0.26
	2	0.49	0.18	0.22	0.26	0.33	0.27	0.20	0.21	0.16	0.26
	3	0.48	0.35	0.28	0.27	0.31	0.28	0.18	0.18	0.18	0.28
C5	1	0.13	0.08	0.17	0.10	0.19	0.19	0.10	0.10	0.11	0.13
	2	0.16	0.13	0.12	0.19	0.08	0.07	0.11	0.09	0.10	0.12
	3	0.16	0.06	0.11	0.16	0.09	0.08	0.11	0.14	0.11	0.11

从以上数据可以看出，在边缘保持性参数上，样本脊线/平面涂层厚度均值比值 C2 在 0.29～0.34 之间，表现最好；其次为 C4，在 0.26～0.28 之间；C3 次之，在 0.20～0.23 之间；最差为 C5，在 0.11～0.13 之间。

8.4.8 耐人工循环老化试验

海上风电基础的防腐涂层特别是浪溅区长期承受紫外线照射、海水侵蚀、低温、盐雾等影响，容易老化而损坏。本项测试是整个测试工作的重中之重，也是涂料测试环境最为苛刻的一项，具体按照 ISO 20340：2003 附录 A 中程序 A 执行，见彩图 105。

具体测试工作为：

试板按循环暴露一周（168h）为一个循环周期，分以下三项：

（1）72 h 的紫外线和水的暴露，4 h 紫外线照射（60±3）℃和 4 h 冷凝（50±3）℃交叉进行。并注意以紫外线照射开始，以冷凝结束。

（2）72 h 盐雾试验。

（3）24 h 低温暴露试验（−20±2）℃。在第（2）项盐雾试验完之后，可用去离子水清洗试板，但不用干燥。

以上一周（168h）为一个循环周期，总计将试板暴露 25 个循环，即 4200h。

试验过程中需定期观察试样表面的粉化、变色等情况，试验结束后需破坏涂层，观察试样划痕处的腐蚀蔓延扩展情况。其中粉化采用胶带法，对比图片标准进行评定。

试样涂层厚度见表 8-17。

涂层表面变化情况见表 8-18～表 8-23。

腐蚀蔓延距离结果见表 8-24、表 8-25，蔓延结果对比见彩图 106。

试验照片见彩图 107～彩图 112。

各试样耐人工循环老化试验漆膜厚度测试结果　　表 8-17

涂料品牌	平行号	涂层厚度（μm）							
		受测基准面 1			平均值	受测基准面 2			平均值
C1	1	795	776	839	803	908	825	778	837
	2	829	867	879	858	843	861	821	842
	3	994	858	872	908	992	900	879	923
C2	1	788	890	929	869	832	884	844	853
	2	818	870	893	860	908	919	934	920
	3	897	928	926	917	870	893	839	885
C3	1	1164	1518	1434	1372	1518	1334	1284	1378
	2	1254	1138	1392	1261	1402	1092	1148	1214
	3	1448	1054	1034	1179	1238	1390	1372	1333
C4	1	826	824	790	813	837	769	748	785
	2	693	777	745	738	722	715	733	723
	3	835	833	850	839	798	870	821	830
C5	1	680	790	705	725	716	728	716	720
	2	740	707	745	731	703	723	757	728
	3	711	752	764	742	767	659	715	747

各试样耐人工循环老化试验中间结果（1 个月）　　表 8-18

涂料品牌	平行样	起泡等级	生锈等级	裂纹等级	剥落等级	粉化
C1	1	0（S0）	Ri0	0（S0）	0（S0）	1
	2	0（S0）	Ri0	0（S0）	0（S0）	1
	3	0（S0）	Ri0	0（S0）	0（S0）	1
C2	1	0（S0）	Ri0	0（S0）	0（S0）	0
	2	0（S0）	Ri0	0（S0）	0（S0）	0
	3	0（S0）	Ri0	0（S0）	0（S0）	0
C3	1	0（S0）	Ri0	0（S0）	0（S0）	0

续表

涂料品牌	平行样	起泡等级	生锈等级	裂纹等级	剥落等级	粉化
C3	2	0（S0）	Ri0	0（S0）	0（S0）	0
	3	0（S0）	Ri0	0（S0）	0（S0）	0
C4	1	0（S0）	Ri0	0（S0）	0（S0）	1
	2	0（S0）	Ri0	0（S0）	0（S0）	1
	3	0（S0）	Ri0	0（S0）	0（S0）	1
C5	1	0（S0）	Ri0	0（S0）	0（S0）	1
	2	0（S0）	Ri0	0（S0）	0（S0）	1
	3	0（S0）	Ri0	0（S0）	0（S0）	1

各试样耐人工循环老化试验中间结果（2个月） **表8-19**

涂料品牌	平行样	起泡等级	生锈等级	裂纹等级	剥落等级	粉化
C1	1	0（S0）	Ri0	0（S0）	0（S0）	2
	2	0（S0）	Ri0	0（S0）	0（S0）	2
	3	0（S0）	Ri0	0（S0）	0（S0）	2
C2	1	0（S0）	Ri0	0（S0）	0（S0）	0
	2	0（S0）	Ri0	0（S0）	0（S0）	0
	3	0（S0）	Ri0	0（S0）	0（S0）	0
C3	1	0（S0）	Ri0	0（S0）	0（S0）	0
	2	0（S0）	Ri0	0（S0）	0（S0）	0
	3	0（S0）	Ri0	0（S0）	0（S0）	0
C4	1	0（S0）	Ri0	0（S0）	0（S0）	2
	2	0（S0）	Ri0	0（S0）	0（S0）	2
	3	0（S0）	Ri0	0（S0）	0（S0）	2
C5	1	0（S0）	Ri0	0（S0）	0（S0）	2
	2	0（S0）	Ri0	0（S0）	0（S0）	2
	3	0（S0）	Ri0	0（S0）	0（S0）	2

注：试板边缘及划痕处不评定。

各试样耐人工循环老化试验中间结果（3个月） **表8-20**

涂料品牌	平行样	起泡等级	生锈等级	裂纹等级	剥落等级	粉化
C1	1	0（S0）	Ri0	0（S0）	0（S0）	2

续表

涂料品牌	平行样	起泡等级	生锈等级	裂纹等级	剥落等级	粉化
C1	2	0（S0）	Ri0	0（S0）	0（S0）	2
	3	0（S0）	Ri0	0（S0）	0（S0）	2
C2	1	0（S0）	Ri0	0（S0）	0（S0）	0
	2	0（S0）	Ri0	0（S0）	0（S0）	0
	3	0（S0）	Ri0	0（S0）	0（S0）	0
C3	1	0（S0）	Ri0	0（S0）	0（S0）	0
	2	0（S0）	Ri0	0（S0）	0（S0）	0
	3	0（S0）	Ri0	0（S0）	0（S0）	0
C4	1	0（S0）	Ri0	0（S0）	0（S0）	2
	2	0（S0）	Ri0	0（S0）	0（S0）	2
	3	0（S0）	Ri0	0（S0）	0（S0）	2
C5	1	0（S0）	Ri0	0（S0）	0（S0）	2
	2	0（S0）	Ri0	0（S0）	0（S0）	2
	3	0（S0）	Ri0	0（S0）	0（S0）	2

注：试板边缘及划痕处不评定。

各试样耐人工循环老化试验中间结果（4 个月）　　表 8-21

涂料品牌	平行样	起泡等级	生锈等级	裂纹等级	剥落等级	粉化
C1	1	0（S0）	Ri0	0（S0）	0（S0）	3
	2	0（S0）	Ri0	0（S0）	0（S0）	3
	3	0（S0）	Ri0	0（S0）	0（S0）	3
C2	1	0（S0）	Ri0	0（S0）	0（S0）	0
	2	0（S0）	Ri0	0（S0）	0（S0）	0
	3	0（S0）	Ri0	0（S0）	0（S0）	0
C3	1	0（S0）	Ri0	0（S0）	0（S0）	0
	2	0（S0）	Ri0	0（S0）	0（S0）	0
	3	0（S0）	Ri0	0（S0）	0（S0）	0
C4	1	0（S0）	Ri0	0（S0）	0（S0）	3
	2	0（S0）	Ri0	0（S0）	0（S0）	3
	3	0（S0）	Ri0	0（S0）	0（S0）	3

续表

涂料品牌	平行样	起泡等级	生锈等级	裂纹等级	剥落等级	粉化
C5	1	0（S0）	Ri0	0（S0）	0（S0）	3
	2	0（S0）	Ri0	0（S0）	0（S0）	3
	3	0（S0）	Ri0	0（S0）	0（S0）	3

注：试板边缘及划痕处不评定。

各试样耐人工循环老化试验中间结果（5 个月）　　表 8-22

涂料品牌	平行样	起泡等级	生锈等级	裂纹等级	剥落等级	粉化
C1	1	0（S0）	Ri0	0（S0）	0（S0）	3
	2	0（S0）	Ri0	0（S0）	0（S0）	3
	3	0（S0）	Ri0	0（S0）	0（S0）	3
C2	1	0（S0）	Ri0	0（S0）	0（S0）	0
	2	0（S0）	Ri0	0（S0）	0（S0）	0
	3	0（S0）	Ri0	0（S0）	0（S0）	0
C3	1	0（S0）	Ri0	0（S0）	0（S0）	0
	2	0（S0）	Ri0	0（S0）	0（S0）	0
	3	0（S0）	Ri0	0（S0）	0（S0）	0
C4	1	0（S0）	Ri0	0（S0）	0（S0）	3
	2	0（S0）	Ri0	0（S0）	0（S0）	3
	3	0（S0）	Ri0	0（S0）	0（S0）	3
C5	1	0（S0）	Ri0	0（S0）	0（S0）	3
	2	0（S0）	Ri0	0（S0）	0（S0）	3
	3	0（S0）	Ri0	0（S0）	0（S0）	3

注：试板边缘及划痕处不评定。

各试样耐人工循环老化试验中间结果（6 个月）　　表 8-23

涂料品牌	平行样	起泡等级	生锈等级	裂纹等级	剥落等级	粉化
C1	1	0（S0）	Ri0	0（S0）	0（S0）	3
	2	0（S0）	Ri0	0（S0）	0（S0）	3
	3	0（S0）	Ri0	0（S0）	0（S0）	3
C2	1	0（S0）	Ri0	0（S0）	0（S0）	0
	2	0（S0）	Ri0	0（S0）	0（S0）	0

续表

涂料品牌	平行样	起泡等级	生锈等级	裂纹等级	剥落等级	粉化
C2	3	0（S0）	Ri0	0（S0）	0（S0）	0
C3	1	0（S0）	Ri0	0（S0）	0（S0）	0
	2	0（S0）	Ri0	0（S0）	0（S0）	0
	3	0（S0）	Ri0	0（S0）	0（S0）	0
C4	1	0（S0）	Ri0	0（S0）	0（S0）	3
	2	0（S0）	Ri0	0（S0）	0（S0）	3
	3	0（S0）	Ri0	0（S0）	0（S0）	3
C5	1	0（S0）	Ri0	0（S0）	0（S0）	3
	2	0（S0）	Ri0	0（S0）	0（S0）	3
	3	0（S0）	Ri0	0（S0）	0（S0）	3

注：试板边缘及划痕处不评定。

各试样耐人工循环老化试验腐蚀性蔓延测试结果　　表 8-24

涂料品牌	试样平行号	蔓延距离（W = 2mm）											M 平均值
		测点 1	测点 2	测点 3	测点 4	测点 5	测点 6	测点 7	测点 8	测点 9	最大宽度	M	
C1	1	9.0	10.0	8.0	8.0	11.0	12.0	8.0	9.0	9.0	12.0	3.7	4.5
	2	8.0	8.0	8.0	7.0	6.0	10.0	10.0	9.0	8.0	10.0	3.1	
	3	15.0	16.0	11.0	9.0	8.0	18.0	17.0	21.0	22.0	22.0	6.6	
C2	1	3.0	3.0	3.0	3.0	3.0	3.0	3.0	3.0	3.0	3.0	0.5	1.1
	2	5.0	3.0	3.0	8.0	7.0	3.0	5.0	7.0	6.0	8.0	1.6	
	3	3.0	3.5	5.0	4.0	3.0	3.5	3.5	4.0	3.5	5.0	1.1	
C3	1	4.0	5.0	6.0	5.0	6.0	7.0	6.0	5.0	5.0	7.0	1.7	1.9
	2	5.0	7.0	5.0	6.0	6.0	6.0	6.0	8.0	9.0	9.0	2.2	
	3	5.0	6.0	5.0	7.0	8.0	6.0	5.0	5.0	5.0	8.0	1.9	
C4	1	11.0	11.0	10.0	10.0	9.0	9.0	10.0	10.0	10.0	11.0	4.0	3.8
	2	12.0	12.0	11.0	9.0	8.0	8.0	9.0	10.0	10.0	12.0	3.9	
	3	8.0	9.0	8.0	9.0	8.0	8.0	12.0	10.0	9.0	12.0	3.5	
C5	1	13.0	15.0	12.0	16.0	13.0	14.0	16.0	15.0	15.0	16.0	6.2	5.9
	2	13.0	12.0	11.0	11.0	13.0	15.0	13.0	12.0	13.0	15.0	5.3	
	3	10.0	11.0	12.0	14.0	14.0	10.0	19.0	20.0	20.0	20.0	6.2	

各试样耐人工循环老化试验腐蚀性蔓延测试结果 表 8-25

涂料品牌	试样平行号	蔓延距离（$W=0.05$mm）											M平均值
		测点 1	测点 2	测点 3	测点 4	测点 5	测点 6	测点 7	测点 8	测点 9	最大宽度	M	
C1	1	11.0	12.0	12.0	10.0	8.0	8.0	9.0	10.0	9.0	12.0	4.9	5.0
	2	9.0	10.0	9.0	9.0	8.0	7.0	7.0	8.0	6.0	10.0	4.0	
	3	12.0	12.0	10.0	17.0	13.0	10.0	11.0	12.0	12.0	17.0	6.0	
C2	1	3.0	3.0	2.0	4.0	2.0	3.0	3.0	2.0	2.0	4.0	1.3	1.6
	2	2.0	5.0	4.0	4.0	2.0	3.0	4.0	2.0	4.0	5.0	1.6	
	3	3.0	2.0	6.0	2.0	4.0	3.0	3.0	5.0	5.0	6.0	2.1	
C3	1	8.0	8.0	10.0	6.0	9.0	9.0	6.0	9.0	8.0	10.0	4.0	4.4
	2	8.0	10.0	10.0	12.0	11.0	10.0	9.0	9.0	7.0	12.0	4.8	
	3	0	0	0	0	0	0	0	0	0	0	0	
C4	1	9.0	10.0	9.0	9.0	11.0	12.0	10.0	11.0	11.0	11.0	5.1	5.0
	2	8.0	8.0	8.0	9.0	8.0	9.0	12.0	11.0	10.0	12.0	4.6	
	3	11.0	12.0	12.0	11.0	10.0	10.0	9.0	12.0	11.0	12.0	5.4	
C5	1	14.0	15.0	12.0	11.0	10.0	12.0	13.0	12.0	16.0	16.0	6.4	6.4
	2	15.0	16.0	17.0	15.0	16.0	14.0	14.0	13.0	13.0	17.0	7.4	
	3	10.0	10.0	9.0	10.0	10.0	9.0	10.0	15.0	17.0	17.0	5.5	

从试验检查结果可以看出，C2 及 C3 涂层配套在试验期间表现良好，均未发生明显的起泡、生锈、裂纹、剥落、粉化现象，C1、C4、C5 涂层配套未发生明显的起泡、生锈、裂纹、剥落现象，但出现了一定程度的粉化现象，粉化级别最终为 3 级。

腐蚀蔓延计算结果表明，划痕为 2mm 的部位平均蔓延距离：最小 C2 为 1.1mm；其次为 C3，距离为 1.9mm；第三为 C4，距离为 3.8mm；第四为 C1，距离为 4.5mm；最大为 C5mm，距离为 5.9mm。划痕为 0.05mm 部位的平均蔓延距离：最小 C2 为 1.6mm；其次为 C3，距离为 4.4mm；C4 与 C1 距离一样，均为 5.0mm；最大为 C5，距离为 6.4mm。从数据也可以看出，划痕 2mm 部位蔓延距离从小到大顺序与 0.05mm 划痕部位顺序保持一致。

8.4.9 耐阴极剥离性试验

位于全浸区及泥下区的海上风电基础的防腐涂层一般需与牺牲阳极或外加电流系统联合防腐，本项测试主要为考察涂层系统与电化学系统的协调性、兼容性，考虑涂层是否会因电化学作用而导致剥离。

测试方法按照国家标准《防锈漆耐阴极剥离性试验方法》GB/T 7790—2008 中规定的方法 B，采用牺牲阳极法进行。试验环境温度为（23±2）℃，测试用人造海水温度可按（23±2）℃，则测试时间为 4200h。

涂层厚度检测结果见表 8-26，检查情况见表 8-27～表 8-33。试验照片见彩图 113～彩图 132。

各试样耐阴极剥离试验涂层厚度测试结果　　表 8-26

涂料品牌	平行号	涂层厚度（μm）							
		受测基准面 1			平均值	受测基准面 2			平均值
C1	1	745	754	764	754	799	733	742	758
	2	767	764	807	779	791	758	820	779
	3	813	801	809	808	818	773	771	787
	4	888	862	839	863	785	798	761	781
C2	1	867	858	835	853	819	841	832	831
	2	937	931	901	923	923	893	915	910
	3	908	864	876	883	861	838	836	845
	4	890	888	854	877	861	880	892	878
C3	1	1184	1100	1176	1153	1402	1356	1410	1389
	2	1006	1138	1320	1155	1096	943	1254	1098
	3	1214	1384	1248	1282	1116	1110	1134	1120
	4	1292	1462	1228	1327	950	665	992	869
C4	1	875	856	872	868	842	854	838	845
	2	736	760	801	766	797	797	774	789
	3	798	803	849	817	807	799	766	791
	4	762	793	833	796	784	772	790	782
C5	1	844	818	860	841	849	798	776	808
	2	717	707	724	716	744	718	795	752
	3	790	821	807	806	795	835	819	816
	4	812	786	801	800	792	816	820	809

各试样耐阴极剥离试验中间检查结果（1 个月）　　表 8-27

涂料品牌	平行样	起泡等级	生锈等级	裂纹等级	剥落等级	起泡距钻孔距离（mm）
C1	1	0（S0）	Ri0	0（S0）	0（S0）	—
	2	0（S0）	Ri0	0（S0）	0（S0）	—

续表

涂料品牌	平行样	起泡等级	生锈等级	裂纹等级	剥落等级	起泡距钻孔距离（mm）
C1 +锌阳极	1	0（S0）	Ri0	0（S0）	0（S0）	—
	2	0（S0）	Ri0	0（S0）	0（S0）	—
C2	1	0（S0）	Ri0	0（S0）	0（S0）	—
	2	0（S0）	Ri0	0（S0）	0（S0）	—
C2 +锌阳极	1	0（S0）	Ri0	0（S0）	0（S0）	—
	2	0（S0）	Ri0	0（S0）	0（S0）	—
C3	1	0（S0）	Ri0	0（S0）	0（S0）	—
	2	0（S0）	Ri0	0（S0）	0（S0）	—
C3 +锌阳极	1	0（S0）	Ri0	0（S0）	0（S0）	—
	2	0（S0）	Ri0	0（S0）	0（S0）	—
C4	1	0（S0）	Ri0	0（S0）	0（S0）	—
	2	0（S0）	Ri0	0（S0）	0（S0）	—
C4 +锌阳极	1	0（S0）	Ri0	0（S0）	0（S0）	—
	2	0（S0）	Ri0	0（S0）	0（S0）	—
C5	1	0（S0）	Ri0	0（S0）	0（S0）	—
	2	0（S0）	Ri0	0（S0）	0（S0）	—
C5 +锌阳极	1	0（S0）	Ri0	0（S0）	0（S0）	—
	2	0（S0）	Ri0	0（S0）	0（S0）	—

各试样耐阴极剥离试验中间检查结果（2 个月）　　表 8-28

涂料品牌	平行样	起泡等级	生锈等级	裂纹等级	剥落等级	起泡距钻孔距离（mm）
C1	1	0（S0）	Ri0	0（S0）	0（S0）	—
	2	0（S0）	Ri0	0（S0）	0（S0）	—
C1 +锌阳极	1	0（S0）	Ri0	0（S0）	0（S0）	20
	2	0（S0）	Ri0	0（S0）	0（S0）	—
C2	1	0（S0）	Ri0	0（S0）	0（S0）	—
	2	0（S0）	Ri0	0（S0）	0（S0）	—
C2 +锌阳极	1	0（S0）	Ri0	0（S0）	0（S0）	—
	2	0（S0）	Ri0	0（S0）	0（S0）	—

续表

涂料品牌	平行样	起泡等级	生锈等级	裂纹等级	剥落等级	起泡距钻孔距离（mm）
C3	1	0（S0）	Ri0	0（S0）	0（S0）	—
	2	0（S0）	Ri0	0（S0）	0（S0）	—
C3 ＋锌阳极	1	0（S0）	Ri0	0（S0）	0（S0）	—
	2	0（S0）	Ri0	0（S0）	0（S0）	—
C4	1	0（S0）	Ri0	0（S0）	0（S0）	—
	2	0（S0）	Ri0	0（S0）	0（S0）	—
C4 ＋锌阳极	1	0（S0）	Ri0	0（S0）	0（S0）	—
	2	0（S0）	Ri0	0（S0）	0（S0）	—
C5	1	0（S0）	Ri0	0（S0）	0（S0）	—
	2	0（S0）	Ri0	0（S0）	0（S0）	—
C5 ＋锌阳极	1	0（S0）	Ri0	0（S0）	0（S0）	—
	2	0（S0）	Ri0	0（S0）	0（S0）	—

各试样耐阴极剥离试验中间检查结果（3 个月）　表 8-29

涂料品牌	平行样	起泡等级	生锈等级	裂纹等级	剥落等级	起泡距钻孔距离（mm）
C1	1	0（S0）	Ri0	0（S0）	0（S0）	—
	2	0（S0）	Ri0	0（S0）	0（S0）	—
C1 ＋锌阳极	1	0（S0）	Ri0	0（S0）	0（S0）	20
	2	0（S0）	Ri0	0（S0）	0（S0）	—
C2	1	0（S0）	Ri0	0（S0）	0（S0）	—
	2	0（S0）	Ri0	0（S0）	0（S0）	—
C2 ＋锌阳极	1	0（S0）	Ri0	0（S0）	0（S0）	—
	2	0（S0）	Ri0	0（S0）	0（S0）	—
C3	1	0（S0）	Ri0	0（S0）	0（S0）	—
	2	0（S0）	Ri0	0（S0）	0（S0）	—
C3 ＋锌阳极	1	0（S0）	Ri0	0（S0）	0（S0）	—
	2	0（S0）	Ri0	0（S0）	0（S0）	—
C4	1	0（S0）	Ri0	0（S0）	0（S0）	—
	2	0（S0）	Ri0	0（S0）	0（S0）	—

续表

涂料品牌	平行样	起泡等级	生锈等级	裂纹等级	剥落等级	起泡距钻孔距离（mm）
C4 +锌阳极	1	0（S0）	Ri0	0（S0）	0（S0）	—
	2	0（S0）	Ri0	0（S0）	0（S0）	—
C5	1	0（S0）	Ri0	0（S0）	0（S0）	—
	2	0（S0）	Ri0	0（S0）	0（S0）	—
C5 +锌阳极	1	0（S0）	Ri0	0（S0）	0（S0）	—
	2	0（S0）	Ri0	0（S0）	0（S0）	—

各试样耐阴极剥离试验中间检查结果（4 个月）　表 8-30

涂料品牌	平行样	起泡等级	生锈等级	裂纹等级	剥落等级	起泡距钻孔距离（mm）
C1	1	0（S0）	Ri0	0（S0）	0（S0）	—
	2	0（S0）	Ri0	0（S0）	0（S0）	—
C1 +锌阳极	1	0（S0）	Ri0	0（S0）	0（S0）	20
	2	0（S0）	Ri0	0（S0）	0（S0）	—
C2	1	0（S0）	Ri0	0（S0）	0（S0）	—
	2	0（S0）	Ri0	0（S0）	0（S0）	—
C2 +锌阳极	1	0（S0）	Ri0	0（S0）	0（S0）	—
	2	0（S0）	Ri0	0（S0）	0（S0）	—
C3	1	0（S0）	Ri0	0（S0）	0（S0）	—
	2	0（S0）	Ri0	0（S0）	0（S0）	—
C3 +锌阳极	1	0（S0）	Ri0	0（S0）	0（S0）	—
	2	0（S0）	Ri0	0（S0）	0（S0）	—
C4	1	0（S0）	Ri0	0（S0）	0（S0）	—
	2	0（S0）	Ri0	0（S0）	0（S0）	—
C4 +锌阳极	1	0（S0）	Ri0	0（S0）	0（S0）	—
	2	0（S0）	Ri0	0（S0）	0（S0）	—
C5	1	0（S0）	Ri0	0（S0）	0（S0）	—
	2	0（S0）	Ri0	0（S0）	0（S0）	—
C5 +锌阳极	1	0（S0）	Ri0	0（S0）	0（S0）	—
	2	0（S0）	Ri0	0（S0）	0（S0）	—

各试样耐阴极剥离试验中间检查结果（5 个月）　　表 8-31

涂料品牌	平行样	起泡等级	生锈等级	裂纹等级	剥落等级	起泡距钻孔距离（mm）
C1	1	0（S0）	Ri0	0（S0）	0（S0）	—
	2	0（S0）	Ri0	0（S0）	0（S0）	—
C1 +锌阳极	1	0（S0）	Ri0	0（S0）	0（S0）	20
	2	0（S0）	Ri0	0（S0）	0（S0）	—
C2	1	0（S0）	Ri0	0（S0）	0（S0）	—
	2	0（S0）	Ri0	0（S0）	0（S0）	—
C2 +锌阳极	1	0（S0）	Ri0	0（S0）	0（S0）	—
	2	0（S0）	Ri0	0（S0）	0（S0）	—
C3	1	0（S0）	Ri0	0（S0）	0（S0）	—
	2	0（S0）	Ri0	0（S0）	0（S0）	—
C3 +锌阳极	1	0（S0）	Ri0	0（S0）	0（S0）	—
	2	0（S0）	Ri0	0（S0）	0（S0）	—
C4	1	0（S0）	Ri0	0（S0）	0（S0）	—
	2	0（S0）	Ri0	0（S0）	0（S0）	—
C4 +锌阳极	1	0（S0）	Ri0	0（S0）	0（S0）	—
	2	0（S0）	Ri0	0（S0）	0（S0）	—
C5	1	0（S0）	Ri0	0（S0）	0（S0）	—
	2	0（S0）	Ri0	0（S0）	0（S0）	—
C5 +锌阳极	1	0（S0）	Ri0	0（S0）	0（S0）	—
	2	0（S0）	Ri0	0（S0）	0（S0）	—

各试样耐阴极剥离试验中间检查结果（6 个月）　　表 8-32

涂料品牌	平行样	起泡等级	生锈等级	裂纹等级	剥落等级	起泡距钻孔距离（mm）
C1	1	0（S0）	Ri0	0（S0）	0（S0）	—
	2	0（S0）	Ri0	0（S0）	0（S0）	—
C1 +锌阳极	1	0（S0）	Ri0	0（S0）	0（S0）	10
	2	0（S0）	Ri0	0（S0）	0（S0）	—
C2	1	0（S0）	Ri0	0（S0）	0（S0）	—
	2	0（S0）	Ri0	0（S0）	0（S0）	—

续表

涂料品牌	平行样	起泡等级	生锈等级	裂纹等级	剥落等级	起泡距钻孔距离（mm）
C2 ＋锌阳极	1	0（S0）	Ri0	0（S0）	0（S0）	—
	2	0（S0）	Ri0	0（S0）	0（S0）	—
C3	1	0（S0）	Ri0	0（S0）	0（S0）	—
	2	0（S0）	Ri0	0（S0）	0（S0）	—
C3 ＋锌阳极	1	0（S0）	Ri0	0（S0）	0（S0）	—
	2	0（S0）	Ri0	0（S0）	0（S0）	—
C4	1	0（S0）	Ri0	0（S0）	0（S0）	—
	2	0（S0）	Ri0	0（S0）	0（S0）	—
C4 ＋锌阳极	1	0（S0）	Ri0	0（S0）	0（S0）	—
	2	0（S0）	Ri0	0（S0）	0（S0）	—
C5	1	0（S0）	Ri0	0（S0）	0（S0）	—
	2	0（S0）	Ri0	0（S0）	0（S0）	—
C5 ＋锌阳极	1	0（S0）	Ri0	0（S0）	0（S0）	—
	2	0（S0）	Ri0	0（S0）	0（S0）	—

各试样耐阴极剥离试验涂层人造孔划线涂层翘起距离检查结果　　表 8-33

涂料品牌	平行样	涂层翘起距离（mm）	平均（mm）
C1	1	8.0	8.0
	2	8.0	
C1 ＋锌阳极	1	20.0	12.5
	2	5.0	
C2	1	0.5	0.5
	2	0.5	
C2 ＋锌阳极	1	0.5	0.5
	2	0.5	
C3	1	0.5	0.5
	2	0.5	
C3 ＋锌阳极	1	0.5	0.5
	2	0.5	

续表

涂料品牌	平行样	涂层翘起距离（mm）	平均（mm）
C4	1	8.0	8.0
	2	8.0	
C4 ＋锌阳极	1	6.0	8.0
	2	10.0	
C5	1	10.0	10.0
	2	10.0	
C5 ＋锌阳极	1	10.0	8.0
	2	6.0	

从试验结果可以看出，除了 C1 之外，C2、C3、C4、C5 在外加牺牲阳极的作用下涂层未发生明显的变化，其人造孔划线处未发生涂层剥离距离增大的情况，耐阴极剥离性能良好；只有 C1 一个试样加牺牲阳极时距离涂料一个试样距钻孔 10mm 处起了一个 ϕ16mm 的泡，边缘也出现了几个较大的起泡，其人造孔划线处涂层剥离距离达到 20mm，比未加牺牲阳极时候扩展了 12mm，其耐阴极剥离性能不如 C2、C3、C4、C5 涂层体系。

8.5　测试试验结论

本次海上风电工程钢结构防腐蚀技术检测及试验共选取了 4 家涂料企业的 5 种产品体系进行了测试，测试项目包括涂层厚度、结合力、冲击性、柔韧性、耐磨性、人工循环老化、耐海水浸泡及腐蚀性蔓延、耐阴极剥离试验。结合试验情况，将试样测试情况汇总如下：

（1）涂层厚度测试表明，除了冲击及柔韧性特殊要求外，4 个厂家选取的涂层配套均为较厚的涂层体系，耐海水浸泡及腐蚀性蔓延、结合力、耐阴极剥离、人工循环老化、边缘保持性试验涂层厚度均在 600μm 以上，其中 C3 涂层厚度最厚，达到了 1000μm 以上，最厚处 1500μm。

（2）涂层结合力试验表明，五种涂料与基材结合力均比较好，除了 C1 一块试样层间脱落 20% 时候结合力为 8.5MPa 外，其余出现层间脱落的试样结合力均在 11MPa 以上，C2 试样在 100% 脱落时达到了 20MPa。总体而言，5 种涂料与基材间结合力均超过规范要求，达到 8.0MPa 以上。

（3）冲击试验结果表明，五种涂层试样在按照相同冲击条件下表现均比较完好，冲击后无任何裂纹、皱纹及剥落出现，能够满足冲击性要求。

（4）耐磨试验表明，在同样的条件下，磨耗仪双壁分别荷载 1000g 的条件下，运行 1000 转后 C4 失重量最大，达到了 1418mg，耐磨性较差；C2 和 C1 失重分别为 949mg 和 935mg 耐磨性较差；C5 失重 607mg，耐磨性较好；C3 失重最小，失重量

272mg，其耐磨性最好。耐磨性试验结果总体上不是很理想，主要可能与设备及加载重量较高有关系，测试结果并没有达到 NACE 等相关标准的要求。

（5）漆膜柔韧性试验结果表明，5 种涂料试样在按照轴棒直径从大到小的绕轴弯曲试验中均未出现明显的网纹、裂纹、剥落现象，其绕轴弯曲性均为 0.5mm，较为理想。

（6）海水浸泡试验表明，经过实际浸渍 3360h 后，5 种涂料试样的抗腐蚀蔓延性能从高到低的顺序为：C3 ＞ C2 ＞ C4 ＞ C1 ＞ C5。C3、C2、C4 基本上很少扩展，C1、C5 耐海水浸渍性相对较差。

（7）边缘保持性试验结果表明，样本脊线 / 平面涂层厚度均值比值 C2 在 0.29～0.34 之间，表现最好；其次为 C4，在 0.26～0.28 之间，C3 次之，在 0.20～0.23 之间；最差为 C5，为 0.11～0.13。C1 涂料因为试样规格有所差异，未对本项进行测试。

（8）人工循环老化试验结果表明，C2 及 C3 涂层配套在试验期间表现良好，均未发生明显的起泡、生锈、裂纹、剥落、粉化现象，C4、C5、C1 涂层配套出现了一定程度的粉化现象。蔓延距离计算结果表明，几种涂层体系在 2mm 部位及 0.05mm 部位的蔓延距离顺序保持一致，从小到大依次为 C2、C3、C4、C1、C5。

（9）耐阴极剥离试验结果表明，C2、C3、C4、C5 在外加牺牲阳极的作用下，涂层表面未发生明显的变化，人造孔划线处也未见明显的涂层剥离距离扩展；C1 涂料一个试样距钻孔 10mm 处起了一个 ϕ16mm 的泡，边缘也出现了几处起泡，其耐阴极剥离性能相对要差一些。

根据上述几项试验结果，绘制五种涂料性能参数排序表如表 8-34 所示。

各试样测试结果汇总及性能参数初步排序表 **表 8-34**

涂料种类	C1	C2	C3	C4	C5
结合力	2	1	1	1	1
耐冲击	1	1	1	1	1
耐磨性	3	3	1	5	2
柔韧性	1	1	1	1	1
海水浸泡	4	1	1	1	5
边缘保持性	—	1	3	2	5
耐人工循环老化	4	1	2	4	5
耐阴极剥离性能	4	1	1	1	1

注：1 代表性能最好，5 代表性能最差。

8.6 小结及建议

在本章内容中，从国内外海工涂料供应商中选择了 4 家涂料厂家的 5 种型号的涂料委托第三方测试机构进行测试，总体而言，测试结果能较客观地反映在试验中的几种规格涂料的各项性能，但由于真正实施于海上风电中与针对性的涂层配套体系有所差异，且实施效果与涂料供应商的质量技术规范书和提供的技术支持密切相关，故不可因此而判断各家涂料实际性能的优劣。结合测试试验，给出以下建议：

（1）海上风电场属于新生事物，涂料体系作为腐蚀防护最重要的手段之一，在工程实施前，务必选择 3 家以上涂料供应商，针对风机基础等结构物提交其认为最合适的涂层配套体系以及施工技术规范书及破损修复规范等，并要求涂料供应商在工程实施全过程中，提供针对性的技术指导。

（2）本章经充分调研国内外腐蚀防护方面的技术标准，提出涂层测试的项目及要求，总体上是合适的，在海上风电项目中，应针对不同的腐蚀防护区域选择相应的测试项目，并制定科学合理的测试值要求。

（3）本章的边缘保持性测试项目中，因相关条件受限，均由涂料供应商提供已涂装好的测试试板，导致涂层厚度不一，直角的圆角也差异很大，因此该项测试没有任何实质意义。建议在实际工程中，应按相同规格要求制作完试板后，按相同工艺要求统一涂装相同厚度的涂层，并在试验室内相同条件固化后再进行测试比较。

（4）本章结合 ISO 20340 和 NORSOK M501 等国际标准开展了耐人工循环老化的测试项目，在国内的海洋及海岸工程中一般无此测试项目，而仅开展紫外线照射的老化试验。但测试结果比预期的更为理想，其中两种涂层体系通过测试，均未发生明显的起泡、生锈、裂纹、剥落、粉化现象，该项试验也是欧洲海洋工程对涂层进行的最严酷测试，建议在初期海上风电场中应予以考虑。

（5）本章测试项目在实际工程中应用的建议：① 漆膜厚度和涂层结合力，建议在试验室和工程现场均应测试，并记录测试中涂层脱开的位置，建议现场测试的结合力也应达到 8.0MPa 以上；② 耐冲击性和耐磨性，试验室测试项目，对船舶停靠的防护区域涂层体系应测试，耐磨性测试时加载偏高，实际工程中可参规范要求实施；③ 耐海水浸渍与腐蚀性蔓延，试验室测试，对飞溅区及全浸区的防腐涂层体系，该项要求属常规要求，必须测试；④ 耐人工循环老化，试验室测试，对于飞溅区（大气区防腐涂层必要时也应包括）的防腐涂层体系应予以开展；⑤ 耐阴极剥离试验，试验室测试，对于全浸区和水位变动区的防腐涂层体系应予以开展。

第9章 海洋生物腐蚀污损防护研究

9.1 海洋生物腐蚀的内涵

从广义上讲，海洋生物腐蚀包括海洋中的各种生物对海洋中各种材料的蚕食、无机材料体的腐蚀及有机材料体的降解等方面，其中与人类关系较大的是海洋生物对海洋中金属材料的腐蚀。

海洋生物对金属材料的腐蚀包括海洋细菌腐蚀、微生物膜和污损生物群落等方面，总体表现为海洋生物污损对金属材料的腐蚀。生物污损是指人造材料的表面在工业级生活应用中，被天然生物有害积累，从而影响其特性。海洋生物污损问题的出现，是一个逐渐发展的过程，在这个定义中，构成危害的生物包括微生物，如细菌、真菌和藻类等，也包括如水螅、藤壶、牡蛎等大型生物，如彩图133所示。

9.2 海洋生物污损的形成过程及其对腐蚀的影响

生物污损是指人造材料的表面在工业级生活应用中，被天然生物有害积累，从而影响其特性。海洋生物污损问题的出现，是一个逐渐发展的过程，在这个定义中，构成危害的生物包括微生物，如细菌、真菌和藻类等，也包括如水螅、藤壶、牡蛎等大型生物，当生物膜的出现以及大型生物的附着超过规定的限制，造成干扰时才认为出现了生物污损问题。

海洋中约有2000种污损海生物，植物性约600种，动物性约1300种，常见的50～100种。所有的污损海生物有半数以上生长在养料充裕的海岸和港湾处。污损海生物按个体大小可分为微观和宏观两类。依照污损海生物的生态特性和群落大致可分为以下几种。固着生物：是宏观的大型污损海生物，如藤壶类、牡蛎、苔藓虫、花筒螅、石灰虫、海鞘等。其中藤壶是最主要也是危害最大的污损生物，在港湾中均以优势群出现，长期以来一直将藤壶作为防污染的主要对象。黏附微生物：品种有细菌、硅藻、真菌和原生动物等。当物体表面接触海水时，极快地由细菌和硅藻分泌黏液形成一层黏膜，这层黏膜为大型固着物提供营养佳肴和附着载体。附着植物，主要有海藻类、如浒台、水云、丝藻等，大部分集中生长在近海水面，污损多发生在船舶水线部位。

我国海域辽阔，因而污损生物种类十分丰富。常见的具有代表性的污损生物有东方小藤壶（Chthamalus challengeri）、纹藤壶（Balanus ampHitrite）、鹅茗荷（Lepas anserifera）、舟形藻（Navicula）、石花菜（Gelidhmi spp.）、面包软海绵（Halichondria panicea）、中胚花筒螅（Tubularia mesembryanthemum）、乳蛰虫（Thelepus cincinnatus）、独角裂孔苔虫（Schizoporella unicornis）、河蜾蠃蜚（CoropHimn acherusicum）、柄瘤海鞘（Styelaclava）、紫贻贝（Mytilus galloprovincialis）、红条毛肤石鳖（Acanthochiton rubrolineatus）等。不同海域不同季节下污损生物构成差异较大。

9.2.1　海洋生物污损的形成过程

（1）初期阶段——微生物膜的形成

当固体浸入海水中以后，通常在几个小时内，就会有细菌等吸附在固体表面。而吸附细菌的数量在初期的时间内，会呈现出指数增长的趋势，随后会有硅藻、原生动物、真菌等其他微生物附着于固体表面。微生物膜的一个典型特征就是膜内生物体自身会分泌出多糖、蛋白质甚至胞外 DNA 形成细胞外聚合物（EPS），通过它连接在一起贴附于物体的表面。

近几十年来，人们逐渐认识到微生物在地球上形成膜状态为主要的生存形式，吸附于固体表面的微生物密度远高于海水中密度，对微生物膜的研究也成了一个高度活跃的领域。随着突光显微镜、共聚焦激光扫描显微镜、微电极、扫描电镜等新技术的引入以及化学分析和蛋白质分析方面的进展，对微生物膜的研究也变得更加深入。

附着生活形式对微生物的存活的优势：提高了生物对杀虫剂和其他压力的抵抗力；溶解细胞被保留在细胞膜内作为营养物质回收；建立了不同梯度的生物栖息地，实现了生物的多样系；便于遗传交流；高密度的种群产生的信号分子浓度更容易达到相应的阈值，促进细胞间通信。

通常污损形成的初期阶段是微生物膜的产生，关于大型污损生物和微生物膜形成的影响关系，目前人们普遍认为，微生物膜的先期形成更利于大型污损生物如藤壶等的附着，起到了促进作用。黏膜对大型生物附着的促进作用体现在多个方面。

首先，微生物膜的形成改变了固体的表面的静电荷和湿润性能。基底性质会影响生物附着。EPS 包裹细胞的膜层结构起到了良好的固水效果，膜层 75%～95% 均是由水构成，其生长的不均匀性也使得固体表现变得粗糙，从而大大提高了表面的亲水性，有利于大型生物附着。实践中发现经过清洗处理的基板与暴露于天然海水中的基板相比，难以观察到微生物膜的形成。在污损生物的实验室培养中，也利用这一特性，对附着基进行预处理。

其次，微生物膜可以作为饵料吸引污损生物的幼虫附着。前述可知微生物膜主要由细菌、单细胞藻类等构成。单细胞藻类以及膜层所捕捉保留的海水中或细胞代谢死亡产生的有机碎屑都可以作为饵料提供给幼虫。对于幼虫来说，其发育和变态过程与食物的摄取有着至关重要的联系。

此外，微生物膜的存在改变了浸海物体表面微环境。大多数的污损生物喜欢在背光的环境下附着。微生物膜的形成以及进一步增厚，减少了光在浸海固体的表面的反射，有利于污损生物附着，这是由于在相当大的光亮度变化下，固体表面的附着量才会增加。细菌的存在可能导致金属机体的腐蚀，形成腐蚀坑，当腐蚀坑的大小与污损生物金星幼虫的触角圆盘大小相当时，会更加适于幼体的附着，间接加速生物污损大型污损生物的幼体在变态发育以及附着的过程中，往往需要诱导物质的作用，而微生物膜中的细菌、藻类或者其他生物可能会产生这类化学诱导物。

（2）中期及稳定阶段——大型污损生物附着

浸海固体在经历了初期微生物膜形成的阶段之后，大型生物的幼虫开始在其表面附着。在热带、亚热带海域，以及处于暖季水温较高的冷水海域，浸海固体表面在一周左右的时间内就会有大型生物幼虫附着。而在中高纬度海域寒季水温较低时，黏膜可能会延续数月，然后到了适宜的温度才会被大型生物所取代。一些生长速度较快、生长密度大的物种成为中期阶段的优势种，不同的物种在不同的月份可能分别成为某海域的主导物种。污损生物种群发展的中期阶段的特点是，群落内物种的种类和数量不断增加，个体的体积尺寸和重量不断增大，优势种呈现交替的现象。

在经历了中期的种群增长和优势种交替之后，污损生物层的种群构成，污损生物的附着量以及覆盖状态即进入稳定阶段，随着时间的变化，污损生物群落不再发生显著的变化。不同种类的生物之间，以及同种生物的不同个体之间，存在着相互依赖同时又相互制约的关系。一方面，种群的形成提高了生物个体对外在环境变化的抵抗力，另一方面，它们彼此之间也存在着对食物以及附着基空间的竞争。环境的变化对附着基的理化性质也产生着影响。污损生物群落通过其内在的调节机制，在生物个体及环境不断变化地条件下，保持其相对稳定性。

由此可知，污损生物种群一旦形成，由于其自身具有一定的稳定性，如果没有外界强制作用的影响，会持续存活并对其所附着的浸海物体表面，包括人类活动所涉及的工业或生活设施产生持续的负面作用。

9.2.2 海洋生物污损对腐蚀的影响

大多数金属材料浸入海水中，在适宜的条件下，数小时就会在金属表面形成细菌膜，在 3～5d 后会形成微型生物黏膜，随后是大型附着生物幼体在膜中发育生成，最终形成一个群体生物层，这些附着生物的附着、生长及死亡过程中所产生的物质，均会直接或间接的影响金属腐蚀，不同材料、不同附着生物及不同的附着形态，对腐蚀产生的影响亦不同。

（1）大型附着生物的作用

大型附着生物种类繁多，从附着基的性质可分为钙质和胶质两类，目前对钙质为底的附着物研究较多。

进入海水中的钢质结构物，在适宜的海域一年后可被附着物覆盖，几年后最大附着厚度可达 10cm。随着生物的生长繁殖，由对金属表面的局部附着发展到全部附着，附着量由少到多，对金属腐蚀过程的影响也由局部影响发展到对腐蚀过程的影响，金属表面的电化学不均匀性，促进局部腐蚀，特别对依赖于氧形成钝化膜一类的金属，如不锈钢、蒙乃尔合金和一些铝合金，在不长的时间内会引起严重孔蚀。当群体附着生物层形成后，改变了钢铁浸海初期的腐蚀环境，使金属 - 海水体系变为金属 - 附着物 - 海水体系，由原来的敞开的海洋环境转为一个“封闭”的小海洋环境中，腐蚀环境的变化必将导致腐蚀过程的变化。

（2）生物膜的作用

通过海上挂片试验在不同海域发现浸海金属板在不长时间内表面会形成由细菌、硅藻、原生动物所组成的微生物黏膜，黏膜的厚度一般在 2～3μm，最后的膜可达 500μm。这层黏膜使海水不能直接和金属接触，海水只能通过扩散，渗透到金属表面。测定表明，膜内的金属离子浓度比膜外海水中高，直接影响金属腐蚀。膜内的 pH 值比周围海水低 2.5 倍，这种环境的变化必导致金属腐蚀初期阶段的变化，直接影响金属腐蚀过程。另外，海生物黏膜也将影响到防污涂料的效果，这层黏膜将控制涂料中的有毒离子向海水扩散的速度，使黏膜中保持有效毒性，而防止大型生物幼体的侵入。

（3）微生物的作用

细菌参与阴极氢去极化理论，至今仍有争议。微生物活动的间接腐蚀作用是人们关注的。微生物家族中的细菌、酵母、真菌等繁殖过程中，把碳氢化合物氧化成 CO_2 和水，并伴有有机酸的形成，有的还产生 S、H_2S 等，这些生成物可加速金属腐蚀。有的附着细菌产生一种多阴离子的醇，它和金属离子有较强的络合能力，对腐蚀过程的影响具有特殊意义。

（4）海洋活性有机质的作用

海水中含有微量的有机质，这些有机质大多是由海洋微生物对海水有机体的分解所产生的，而金属表面的微生物黏膜对海洋活性有机质又有明显的富集作用，目前人们已发现的有腐殖酸、甘露醇、有机酸、蛋白质（褐藻多酚）等，这些海洋活性有机质对重金属腐蚀均有不可忽视的影响。

海上生物腐蚀是建立在海洋生物学、生物化学和敷设电化学结合的基础上，它将牵扯到生物的分离、培养和生物化学的分析、鉴定。目前由实海试验转入室内模型试验，由宏观定量研究转入微型结构分析和表面敷设电化学的跟踪测试。

（5）生物污损对涂层的影响

海工设施的涂料保护层除了防污涂料在有限期内不被生物附着外，所有涂层均会被附着生物附着，附着生物在涂层上生长过程中，均会破坏涂层，无论是以钙质为附着基的附着生物，还是以足丝为附着基的附着物，均会慢慢穿过涂层，附着在海工基体表面上，这样就会使涂层局部龟裂而脱落，进而失去更好的保护作用。

（6）生物污损对阴极保护的影响

海工金属设施的水下部位总是要进行阴极保护来防止金属腐蚀，阴极保护是通过给被保护体施加阴极电流消除表面的腐蚀纯电池，使之整体表面在同一电位下，控制金属的腐蚀。在那些能够提供硬壳类繁殖适宜环境的部位，群体附着生物可达 10cm 以上，这样厚的污损生物层对保护电流起着屏蔽作用，另外附着层下厌氧细菌繁殖处所需保护电流密度值亦要增大，故而 3 年后的海工设施上阴极保护在局部区域仍会出现由污损生物引起的保护电流不足多产生的局部腐蚀。

牺牲阳极保护系统，依靠阳极材料均匀溶解提供电流给被保护体，有些阳极由于熔炼工艺等因素造成局部失效，在这些区域就会有附着生物附着，它们会慢慢扩大面积，影响牺牲阳极的正常性能的发挥。

9.3 海洋污损防除技术

9.3.1 海洋生物污损防除技术发展史

（1）古代

早在公元前700年，腓尼基人用铅皮包覆帆船船底，保护木材效果较好。中国古代海船就以结构坚固、耐波性好、抗风浪能力强而著称。对航海的木船保护在宋代已广泛采用桐油和颜料的油漆材料，防污方法有：定期上岸，清除污物；烟熏火烤；杀死船蛆；船底涂白灰，称“白底船”，具有防海蛆功效；采用短期在淡水中停泊，以改变海洋污损生物的生活环境，杀死生物等。

（2）19世纪前

1691年英国海军成功引进采用铜皮包复木船的方法，防海蛆效果良好，其他国家相继采用。

1737年Lee等人发明用沥青、焦油和硫黄等组成的涂覆物，在英国使用，证明具有2年以上的防污效果。

（3）1860～1900年

随着铁船的产生和发展，美国海军和许多西方国家的远洋船舶多采用铜皮包覆铁船的方法防污，但铁船的腐蚀严重问题已不亚于防污问题，需要非常仔细地用木块在铁船和铜皮之间隔绝。由于铜皮抗海水磨蚀性能有限，每年需要更换部分铜皮，并且建议船速不超过15节。

防止铁船的腐蚀问题，促进了防污漆的发明，到1871年底在英国申请的防止船舶腐蚀和污损的专利已超过200件。在实际使用的千百种防污漆中，实际有效的是以砷、铜和汞化合物为毒料，树脂为热熔性热塑型漆和溶解性冷塑型漆。

（4）1900～1980年

二次世界大战和战后经济发展，为争夺海上霸权，刺激了造船工业的发展，船舶防污漆的研究和防污方法的研究也迅速发展。一直到20世纪70年代，铜和铜化合物（主要是红色的氧化亚铜）是防污漆的主要防污剂，其他防污增效剂有氧化汞和有机金属化合物，如铅、汞、砷、锌和锡。防污漆的类型以溶解型和接触型为主。

20世纪60年代中期，以有机锡高聚物为代表的自抛光型防污漆技术的发明，标志着防污漆技术的新高度。其广泛应用为航运事业带来了巨大的经济效益。

有机锡和铜盐等对海洋环境的影响一直促进新型无毒防污漆和防污方法的研究：低表面能防污漆、导电防污漆、生物型防污漆和其他无毒防污漆。

（5）1980～2003年

取代有机锡自抛光型防污漆的产品，其他新型防污漆技术和产品的研究已成为必然趋势，各类无锡防污漆产品已陆续推向市场。

（6）2003年以后

无锡防污涂料：以合成树脂为主要基料，以氧化亚铜和有机杀生物剂为主要防污剂的防污漆已成为船舶防污漆市场的主流；其他低毒和无毒防污涂料，如低表面能防污涂料、无机防污漆等进一步发展。

9.3.2　当前主要防污损技术

针对海洋污损生物群落的形成过程及附着机理，人们采取了各种各样的防除方法。根据其原理的不同可大致分为物理防污法、化学防污法和生物防污法三大类。

1. 物理防污法

物理防污法是指物理清除或通过物理方法减少或阻止污损生物的附着，从而达到防污的目的。大部分传统防污方法都属于物理防污法。

（1）机械清除法

借助相应的设备在船底或水下设施表面进行清洗和刮除，以减少生物附着或使之完全脱落。机械清除法操作简单，成本低廉，对较大的无脊椎生物等效果显著。主要缺点是不能防止污损过程的发生，只能在附着之后进行清理，通常是利用正常停机期间进行作业。机械清除法可以是人工清除，也有采用水下机器人清除的，其清除效率不高，容易损坏船体构件，应用受到限制。

（2）空穴化水喷射流除污法

利用空穴化水流中的空穴在高压喷射破裂时产生的局部应力来清除污损生物。结构物表面的涂料质地较软，会降低空穴破裂的裂度，在清除过程中不会受到破坏。研究表明在 3.5 MPa 压力的喷射流作用下已有很好的清除效果，而即使是在高达 21 MPa 的高压水流冲击时对涂料也只有很小的损坏。近年来，该方法在国内已经得到应用，但附属设备较复杂，清除成本较高。

（3）可剥落涂层防污法

在水下设施或船体表面涂覆可剥落性涂层，当附着的污损生物达到一定数量或面积密度时，在重力的作用下涂层会自动脱落，从而阻止污损生物的大量附着。

（4）低表面能涂料防污法

涂料的表面能决定了海洋生物在其表面附着的强度和数量，表面能越低，附着就越困难。可以利用表面能较低的材料作为涂层，使污损生物难以在其上附着和生长。低表面能防污涂料不含生物灭杀剂，无毒环保，有效期长，其主要成分为氟聚合物和以二甲基硅氧烷（PDMS）为基料的硅树脂材料，配以交联剂、低表面能添加剂和其他助剂组成，主要缺点是与底漆配套性差，重复涂覆性不好。

（5）超声波除污法

利用电子装置产生一定频率（一般为 20～200 kHz）的超声波来破坏污损生物的生存环境，杀死附着的生物幼体和孢子或使刚附着的生物不能生长发育。超声波防污法需要消耗巨大的能量，并且诸如高频声波在船体结构中的分布、声波的传递、对乘员的影响、对防污涂料的作用等问题尚未研究透彻。

（6）紫外线防污法

利用紫外线杀死污损生物或使其丧失活性，从而实现防污的目的。使用紫外线防污法的缺点在于其施用时间较长，另外紫外线辐射会导致涂料的自由基间反应，使得涂料中的高分子材料降解并导致涂料退化，自由基间反应产物还会导致海洋生物的遗传畸形。

2. 化学防污法

化学防污法是指利用特定的化学物质对污损生物进行灭活或毒杀，干扰其附着过程或降低附着强度。化学防污法主要可分为直接加入法、防污橡胶、化学防污涂料法和电解防污法。

（1）直接加入法

直接在海水中添加具有毒性或其他防污效果的化学物质，抑制污损生物的生长繁殖或直接将其杀死。直接加入法时效性较好，效果显著，适用于固定海域或设施的防污，海上移动设备如船舶等则很难采用该方法。直接加入法一般采用的化学物质有液氯、次氯酸钠溶液、二氧化氯和臭氧等。其中，臭氧的灭杀作用更强更广谱，灭杀速度快、无污染，有着良好的发展前景。

（2）防污橡胶

防污橡胶本身含有毒物，橡胶表面接触海水后，由于弹性物体的转移特性会将胶内毒物定量的不断向表面转移而渗出，从而防止生物附着和生长。毒物一般为可溶于橡胶的有机铜、锡和氯等。防污橡胶的优点是拉伸强度和撕裂强度高、耐腐蚀性好，使用期限长，其主要缺点是成本较高。

（3）化学防污涂料法

在涂料中添加对污损生物有毒性作用的毒料，涂覆于海水设施表面以达到防污的目的。在防涂涂料历史上曾被大量应用的毒料主要是铜及其化合物（主要是红色的氧化亚铜）和有机锡。

1948 年 Hay 发明了一种含有氧化亚铜的涂料可以在一定时间内阻止海生物附着，开启了氧化亚铜的在防污涂料中的应用。此后世界上的一些主要沿海国家如美国、英国、日本以及一些欧洲国家生产出多种基于氧化亚铜为毒料的防污涂料。如美国海军标准中的 134MIL-P-22299 配方、I21/62MIL-IM5931B 配方、15HPNMIL-P-19452 配方和 105MIL-P-19451 配方。

根据基料溶解性的差异，氧化亚铜涂料包括基料溶解型和接触型。基料溶解型涂料的特点是氧化亚铜会与基料同时溶解下来，这类涂料在溶解后往往会残留不溶性的树脂、颜料的海绵状结构，毒料不能充分发挥效力，使得其防污效果不能充分发挥，保护寿命下降，此外在清除时会对人体造成危害。接触型防污涂料一般采用物理性能强的基料如氯乙烯醋酸乙烯共聚体、聚乙烯丁烯橡胶等。在接触型涂料中氧化亚铜的含量可达 55% 以上，这样毒料可以不断渗出延长防污期效。

以有机锡为毒料的防污涂料研究起源于 20 世纪 50 年代，三丁基锡被发现具有广谱杀死污损生物的能力，其抗污损性能是氧化亚铜的十几倍。有机锡在防污方面的作用被发现之后，很快引起了各国的研究兴趣，英国 60 年代后开始研究有机锡聚合物，1974 年英国国际船舶涂料公司研制自抛光防污涂料（SPC）。美国安美特公司生产的丙烯酸三丁基锡雕聚合物能够实现 3 年的防护效果。这其中自抛光涂料的发现最引人注目，有机锡高聚物既是毒料又是成膜物质，它的表层可以在海水中均匀地溶解，使新鲜的涂料显露出来，使表面不断更新，这样一来，其毒料均匀渗出，表面粗糙度降低，实现了较长时间的防污效果。三丁基锡会在细胞内产生活性氧，引起神经元的损伤，这可能是其防污作用机理，同时它还可以引起海洋生物的性畸变。

总体而言，可以分为以下几种：

1）基料可溶型防污涂料

通过涂料中微溶于海水（pH = 8.1～8.3）的基料缓慢地溶解使毒料粒子不断地接触海水并释放出来，以此防止污损生物的附着。基料可溶型防污涂料的防污期较短，常用的基料一般为松香，毒性物质为氧化亚铜或有机锡。

2）基料不溶型防污涂料

毒料溶解后在涂层中留下蜂窝状结构，海水随之渗入其内部，使内部的毒料能与海水接触并从这些孔隙中不断释放出来。基料不溶型防污涂料的主要缺点是毒料溶解后涂层表面变得粗糙，使得航行阻力增加，降低了船舶的航行速度，而且毒料的渗出率会随着时间变化而衰减，残留的毒剂至少有 30% 得不到利用，后期防污效果较差且失效的防污涂层不易除去。

3）扩散型防污涂料

以丙烯酸类树脂和乙烯类树脂作为基料，以有机锡化合物作为毒料，毒料与基料形成固定液分散在整个涂层中，可以有效防止污损生物的幼虫和孢子的生长发育，具有广谱、高效的特点。

4）自抛光型防污涂料

典型的自抛光型防污涂料是有机锡自抛光防污涂料。自抛光型防污涂料的涂膜会在海洋环境中降解，释放出有毒杀作用的三丁基锡离子，其表面由于水解变得松散，在水流的冲刷下露出新的涂膜，新的涂膜接着水解并释放毒料。这样不断地进行，既减少了生物的附着又降低了表面粗糙度，可以起到很好的防污减阻的作用。由于自抛光型防污涂料在海水中几乎以恒定的速度发生水解和溶解，因此其有效期取决于漆膜厚度。一般来说，每 100 μm 厚的涂层有效期为一年。

（4）电解防污法

利用电解生成的化学物质来抑制污损生物的生长或直接将其杀死。电解防污法成本较低、无需专人操作管理。用于船体防污还可以提高航速、增加船舶在航率、减少进坞次数和维修时间。

电解防污法分为海水直接电解防污法和电解重金属防污法。

1）海水直接电解防污法

采用钌钛阳极等不溶性或微溶性阳极，直接以海水为电解液进行电解。在阳极电流的作用下海水中的 Cl^- 放电产生 Cl_2，Cl_2 与 H_2O 反应产生 HClO，利用 HClO 来杀死海洋生物幼虫和孢子，见式（9.3-1）、式（9.3-2）。

$$2Cl = Cl_2 + 2e \tag{9.3-1}$$

$$Cl_2 + H_2O = HClO + 2Cl^- \tag{9.3-2}$$

海水直接电解法使用方便，安全可靠且经济环保。目前对海水直接电解防污法的研究主要集中在开发长寿命、低能耗、高电流效率的阳极上，如含铱、钯、钽等贵金属涂层的阳极。

海水直接电解法的最新研究成果是电解涂层防污法，也称导电涂膜防污技术，如彩图 134 所示。电解涂层防污法将电解技术与涂层防污技术相结合，其防污原理是在接触海水的表面上涂覆绝缘涂膜，然后在其上涂敷导电性涂膜。把这种涂膜作为阳极，通以微小电流，在其表面上的海水就会被电解，导电涂膜的表面会被次氯酸离子覆盖，从而防止微生物、藻类、贝类等海洋生物的附着。

根据实验室研究结果表明，有效氯为20mg/L的处理海水，能杀死海水中几乎所有的细菌和海生物，但由于费用昂贵（需持续供电，供电量很高），尚稀少在实际工程中的应用。

2）电解重金属防污法

以重金属（主要是铜）作为阳极在海水中电解，利用电解生成的重金属离子来杀死污损生物。目前电解重金属防污技术主要有电解铜－铝防污技术和电解氯－铜防污技术，如彩图135所示。电解铜－铝技术是以铜和铝作为阳极，生成的铜离子作为灭杀剂，生成的铝离子形成絮状物作为铜离子的载体与铜离子一同附着在海洋结构物表面上。电解氯－铜技术是采用析氯活性阳极和铜阳极，电解时生成铜离子和次氯酸盐，两种有毒物质共同作用达到防污的目的，见式（9.3-3）～式（9.3-5）。

$$Cu = Cu^{2+} + 2e \quad (9.3\text{-}3)$$

$$Al = Al^{3+} + 3e \quad (9.3\text{-}4)$$

$$Al^{3+} + 3H_2O = Al(OH)^{3+} + 3H^+ \quad (9.3\text{-}5)$$

电解重金属法投资较少、运行费用低、安装简单，缺点是需消耗大量的重金属，并且会导致环境污染。

3. 生物防污法

生物防污法是采用生物活性物质作为防污剂来防止海洋生物的污损。

（1）生物防污剂涂料

生活在海洋中的许多生物可以产生具有防污活性且对环境无危害的代谢产物。红藻、褐藻、海绵和珊瑚等生物的有机粗提物及次生代谢产物对藤壶、贻贝等主要污损生物的幼虫具有明显的抑制作用。

以粉末状的辣椒素（来自胡椒、辣椒或洋葱）为天然防污剂制成的低表面能无毒防污涂料，可以抗细菌和海生物的附着，且对金属、木材及水泥等有良好的附着力。

（2）仿生涂料

大多数海洋生物具有抵制污损生物附着的作用，尤其是海豚、鲸类等大型哺乳动物，其表皮能分泌出特殊的黏液，形成亲水的低表面能表面，使其他生物难以附着。根据这些生物的防污损机理研制出的仿生涂料具有很好的防污损性能。我国舰船涂料攻关项目把仿生防污课题列为预研项目。美国海军研究部和技术部在20世纪90年代初制定了海洋分子生物计划，以生物的方法解决海洋生物污损问题。

9.3.3 海洋防污技术分析

根据其原理的不同可大致分为物理防污法、化学防污法和生物防污法三大类。

物理防污法是传统防污方法的重要组成部分，其本质是利用物理能量破坏污损生物与附着基体之间的黏附作用或干扰其生长发育过程，操作简单方便，时效性较强。传统的机械清除法，在海洋工程维护中经常被采用，功效低但效果明显；低表面能涂料防污法是物理防污法的最新成果，具有物理防污法的无毒环保等优点，综合防污性能较为理想，具有重要的研究意义与广阔的发展前景。

化学防污法是当前最为成熟的防污方法，在各类船舶设备上都得到了广泛的应用，起到了较为显著的防污作用。化学防污法采用次氯酸、重金属离子等有毒物质来毒杀污损生物，与涂料技术相结合可以实现较长时间的防污效果，但对已经产生的污损难以去除，而其他污损生物会以此为基础开始附着，需进行人工或机械清除，因此适宜于在工程设计时就应结合海洋防腐涂层综合考虑，但一般 3～5 年之后随着化学离子的消耗而逐步失效。化学防污法的另一个缺点是其采用的有毒物质会污染海洋环境，使海洋生物产生畸变，对人类本身也有较大的危害。

生物防污方法是新兴的防污方法，其防污周期较长，效果明显，无毒无公害，相对于采用毒性物质防除污损的化学防污法来说具有明显的优势。目前国内外有许多学者在从事生物防污法的研究工作，但是其基础仍然相对薄弱，还需进行大量的研究和实践检验方能用于实际应用。

9.4　海洋生物腐蚀防护未来发展趋势

海洋生物腐蚀防护与海洋生物污损防护的技术息息相关，随着人类对海洋资源开发利用的逐步深入，生物污损造成的损失将越来越严重，进一步了解海洋污损生物的成长及其附着机理，探索新的更有效的防污损方法有着极为广阔的发展前景和实际意义。

9.4.1　全面系统地研究生物污损的生态学机理

海洋结构物的生物污损是一个复杂的生态学问题，因此其防除研究应当首先从生物学基础研究开始。首先要针对生物污损现状及海洋开发的需求，对重点海域特别是大部分近海区域的污损生物群落结构、组成、种群数量、生态规律等进行充分的调查研究。目前污损生物生态学研究基本上仍处于静态定性描述阶段，尚未能准确地了解和掌握其动态变化过程，而此过程也正是当前污损生物生态学研究领域所关注的核心问题。因此，下一阶段工作应开展污损生物生态数学模型的研究，为准确地预测其群落发展趋势、有效地进行污损防除工作提供科学依据。在对重点海域的生物进行大规模普查的基础上，要加强对主要污损物种、优势种（主要是藤壶、牡蛎、贻贝等危害性较大的污损生物种类）的研究，深入探究其附着条件及影响其生存繁殖的因素，明确其生存史中易清除的阶段。在污损生物群落的形成过程中，细菌和硅藻为主的生物膜的产生是大型污损生物附着的基础，其生态意义不言而喻。污损生物附着是个动态、随机的过程，而不是一个精确的连续过程。甲壳类、苔藓类及水螅类动物在一定程度上替代了细菌类生物的附着。深入研究了解细菌、硅藻等微型污损生物的特性及其与大型污损生物之间的关系，对于研究大型污损生物的附着机理和有针对性地开发防除技术有着十分重要的作用。

9.4.2　深入探索污损生物附着机理

许多大型污损生物如藤壶、牡蛎和贻贝等在附着时，都会分泌一种特殊的生物胶质来将其牢固地黏附在附着基体表面上。这种生物胶质粘合强度较高，粘合速度快，可在水下迅速聚合固化，且极难降解。因此需要对其进行详细的研究，彻底查清其黏附特点和交联聚合作用机制。若能弄清其结构组成及聚合固化机理，便可针对这种生物胶质的粘结过程和固化机理，通过人为因素来干扰其形成或交联聚合过程。目前已经对海洋生物分泌的生物胶质进行了一定程度的研究工作，但是对于组成胶质的蛋白质结构及黏附过程中各因素之间的相互作用并没有彻底了解清楚。因此，今后的工作重点应放在进一步探讨海洋生物胶粘物的结构、组成及黏附机理上，寻找干扰或抑制液态胶交联聚合过程的方法和技术，阻止从液态到固态这一转变过程的发生。

除生物胶质以外，影响海洋生物附着的因素还有很多。水温、盐度、pH 值、离子浓度、海水溶氧浓度等都会对其造成一定的影响。研究表明，蔓足类生物的附着不仅受水温、盐度的影响，还与光、附着基颜色、水深和水流等因素密切相关。

综上所述，如能彻底了解海洋生物胶质黏附的深层次原理并掌握污损生物优势种的发育特点及其关键时期、附着过程、变态规律等信息，便可以通过相应手段对其进行干扰，有助于开发新型防污技术。

9.4.3 研究新型防污除污技术

目前的防污除污方法主要有物理防污法、化学防污法和生物防污法等，总体而言，这些防污方法本身都存在着一定的局限性，其防污除污效果还不能满足日益增长的海洋开发工作对高效经济环保的防除手段的需要。因此现在相关研究都在朝着开发新型、高效及长效、低毒或无毒、环境友好型防污技术的方向发展。

（1）微生物黏膜防污技术

海洋结构物表面附着的微生物黏膜是一个可控制的复杂生态系统，一方面与污损生物群落的形成和发展密切相关，另一方面对涂料膜中毒料的渗出起着重要作用。Egan 等发现用从石莼表面分离出的两种细菌经培养形成菌膜后，能有效抑制藻类孢子和无脊椎动物幼虫的附着；高运华等从防污涂料表面细菌黏膜中分离出具有抑制附着作用的细菌菌株（Q193）并用其制成人工细菌黏膜，在一定时间内可以有效地防止生物污损。因此，深入细致探讨微生物黏膜中的细菌对其他生物所产生的抑制作用，将有助于开发新型防污产品。

（2）表面植绒型防污技术

表面植绒型防污技术是一种新型的表面防污技术，其防污原理是在涂料表面生成一层类似于微生物鞭毛的不稳定结构，鞭毛结构在海水的冲击下会不停地运动使污损生物的孢子和幼虫难以在其表面附着，因此可以起到良好的防污效果。相对于传统的防污涂料，表面植绒型防污技术不采用毒物、使用中不会产生有害化学物质消耗，因此其具有环境友好、长效广谱的优点。

（3）纳米防污技术

近些年来纳米技术经历了突飞猛进的发展，取得了十分突出的成绩和令人瞩目的成就。现有的防污技术中有机锡防污剂已全面禁用，有机杀生剂和普通氧化亚铜的长效防污性能不能满足要求，在这种情况下，将传统防污技术与纳米科技相结合为防污技术的发展提供了一个新的方向。

将纳米科技应用于防污技术，可以有效提高防污剂的活性，延长其使用寿命并使防污剂中的毒物得到充分利用。将其应用于表面涂料还可以使涂料得到更加优异的物理化学性能。采用纳米级的氧化亚铜结合高效杀生剂制成纳米防污涂料，包裹在基料中的氧化亚铜不会随海水的冲刷而流失，但是可以缓慢地释放出来，达到长效防污的效果。微胶囊包覆技术是纳米科技应用于污损生物防除领域的最新成果，它采用聚合物材料对纳米级防污剂（如纳米级氧化亚铜、纳米级氧化锌）进行包覆形成微粒，然后配制在涂料中，通过改变聚合物材料的种类、沉积物厚度、交联度、包覆物微粒直径、包覆方法以及包覆颗粒在涂料中的浓度可以调节防污剂的释放率。在海水的作用下微胶囊会逐渐溶解，缓慢而有效地释放出防污剂，从而可以达到长效稳定且效果更佳的防污作用。

纳米防污材料是理想的环保长效型防污材料，通过纳米材料选择，纳米负载技术和防污试验的进一步开展与完善，终将研制出具有良好应用前景的高效纳米防污涂料。

（4）自抛光型防污涂料技术

目前生物污损防护领域已有各型自抛光防腐涂料，如自抛光树脂。但存在两大问题，其一，自抛光树脂仍然是利用其释放的有毒杀作用的离子，阻止海生物附着；其二，自抛光树脂并未真正意义上实现“自抛光”，其有效期仍然局限在 5 年以内。未来，自抛光防污涂料仍有着很大的发展空间，但应在“自抛光”的有效性与长效性上改进，且因考虑涂层剥落或者产生环境友好的产物组织海生物附着。

（5）超声及次声波防污技术

20 世纪 80 年代，瑞典人首创了以次声波清除锅炉烟道内积灰的技术。此后，声波清除法在清除锅炉烟道内结焦积灰方面得到了广泛的应用。在船舶生物附着的清除中应用强声发生器产生的大振幅、高声强的强声声波来破坏污损生物的附着是一个很有发展前景的研究方向。该方法对污损生物不具有灭杀作用，而是采用强声机械能来破坏污损生物与基体之间的附着。在未发生附着时可以使用低能量的强声进行防污，对于已经附着的污损生物可以用高能强声声波将其去除。强声清除法无毒副作用，不污染环境；适合各种复杂结构表面的附着清除，不会损坏船舶结构；容易实现自动清除，清除效率高，效果好。

9.5　小结及建议

海洋生物腐蚀与海洋生物污损息息相关，控制海洋生物污损是最有效的控制海洋生物腐蚀的重要策略。针对海洋污损生物群落的形成过程及附着机理，人们采取了各种各样的防除方法，根据其原理的不同可大致分为物理防污法、化学防污法和生物防污法三大类，但这些防污方法本身都存在着一定的局限性，其防污除污效果还不能满足日益增长的海洋开发工作对高效经济环保的防除手段的需要。

对于海上风电工程而言，其特殊的环境条件限制了多种防污、除污措施的使用，而海上风电结构物多为静态的，相对于船舶等动态防污，其难度更大。目前，海上风电生物污损防护方法也仅限于添加重金属离子（如铜）的防污涂料。

本章的研究中，实施了添加辣椒素的措施，但在初期防污效果理想而有效期不超过 2 年；另外实施了 ICCP 阴极防腐并防污的措施，在风电场使用期内，ICCP 系统由于电流作用，对海生物生长有一定的抑制作用，可减少海生物的附着量及厚度，但尚不能完全阻止海生物的污损作用。

随着相关研究的不断进行，未来应加大对生物污损的生态学机理及污损生物附着机理的研究，逐步开发出新型、高效、无毒、环境友好型的防污措施，其趋势如微生物黏膜防污技术、表面植绒型防污技术、纳米防污技术、自抛光型防污涂料技术、超声及次声波防污技术等。

第10章　国外海洋防腐技术标准借鉴与分析

10.1　ISO规范分析与参考

ISO（International Organization for Standards，标准化组织）是世界上最大的非政府性标准化专门机构，是国际标准化领域中一个十分重要的组织，负责除电工、电子领域和军工、石油、船舶制造之外的很多重要领域的国际标准化活动。

10.1.1　ISO 12944系列规范

90年代中期以来，涂料工业与腐蚀防护专家组建了防腐防护研究委员会，制订了一系列规范，而其中的ISO 12944是其全球公认的权威标准。其目的主要是为工程师、工程顾问、工程承包方以及涂层供应商提供全面的有关涂层防腐的指导。《色漆和清漆防护漆体系对钢结构的防腐蚀防护》ISO 12944，共分为八个部分，分为《总则》《腐蚀环境分类》《设计内容》《表面类型和表面处理》《防腐涂层体系》《试验室性能测试方法》《涂装工作的实施和监管》《新工艺和维修规范的开发》（上述规范名称为译文，供参考）。

1．防腐设计年限及腐蚀环境分类

涂层系统年限，类似于防腐设计寿命，分为三个级别：2～5年、5～15年和15年以上，意为考虑工程防腐保护年限要求与经济性的平衡。海上风电工程则属于最高级别。

腐蚀环境分类（我国规范已翻译并采纳该规定）主要分为大气环境、水与土壤环境两类。其中C1、C2环境指乡村/干燥的区域、低污染，相对较为中性的大气环境，年涂层重量损失小于10～200g/m^2，厚度损失为1.3～25μm；C3指城市和工业大气环境，中等程度的SO_2污染，低盐度的海岸地区，如具有高湿度和轻度空气污染的车间，年涂层重量损失200～400g/m^2，厚度损失为25～50μm；C4指工业地区和中等烟的海岸地区，如化工厂，年涂层重量损失400～650g/m^2，厚度损失为50～80μm；C5指具有高湿度的工业环境，如重污染的工业建筑物防护、海洋大气区域，年涂层重量损失650～1500g/m^2，厚度损失为80～200μm。Im1指河流等淡水环境，Im2指海水及盐分离子浓度高的水中；Im3则指土壤中，如对土壤中的桩基、储存罐和管道等。对腐蚀环境界定清楚，便于防腐工程设计及施工控制。

2．结构设计应考虑的因素

ISO 12944第3册针对在结构设计中考虑的防腐因素进行相应的规定，见彩图136。

如彩图137所示，对于工字钢结构，应考虑防腐涂层施工的有效空间，而且尽量规避死角，对结构物间的间距以及长度作了一些规定与建议，如彩图 138 所示。

对于图中所示的结构，应考虑规避出现阳角，而使得海水、雨水或其他事物容易堆积，而且腐蚀产生的产物残留也容易使得腐蚀加速。即使因其他原因不得不设置阳角，也应考虑设置相应的排水措施等。

对部分焊接部位，尽量不要使得钢板层叠，而应采用对接焊；而对于螺栓连接部位，很容易出现缝隙，该类型的缝隙既是难以涂装的部位，也是容易出现电偶加速腐蚀的位置，且难于维修，图示建议将两道角钢螺栓连接改为单道成型的型钢，若不易避免用角钢，则建议干脆将角钢两端焊接充填起来。

彩图 139、彩图 140 所示的原理与彩图 137 类似，钢结构与混凝土等连接时，局部可考虑凸起而不宜平接，避免出现缝隙及积水腐蚀加速位置；在焊接时应检查不要出现焊缝表面明显缺陷，宜凸起且尽可能圆滑过渡的衔接位置角度更大。

彩图 141 所示的规定在防腐上就非常有必要，而且是工程设计施工中容易忽视的问题。因防腐涂层与钢材之间特性的差异，表面张力的影响，尖角位置容易出现涂层厚度不够，甚至加速腐蚀、磨损的因素，因此在涂层涂装时，需要考虑该类型部位的预涂，而且在工程设计中应预先考虑倒角或者圆角。

同时，笔者在研究时也关注到 NACE（美国防腐蚀协会）中，对涂层测试项目中有一项为“边缘保持性”，即为了测试涂层在尖角位置，涂装完成后尖角与平面的漆膜厚度差，若低于 50% 则表明该涂层边缘保持性较差。

彩图 142 所示的规定在焊缝交叉时，焊接前应割除尖角，这在船舶建造及海洋工程结构（即包括海上风电）内部加强时往往涉及。且图示建议，实际上不仅仅考虑到防腐涂层的死角，而且该位置也恰恰是应力强集中位置，从结构应力匀滑的角度上而言，也应采纳图示建议。

3. 表面类型及表面处理

ISO 12944 规范中对材料表面以及涂装前表面处理要求进行了较详细的划分，我国规范《涂装前钢材表面锈蚀等级和除锈等级》GB 8923—1988 也对此有部分规定，但规范较为陈旧，且许多规定都是较模糊的规定。ISO 规范则对材料表面的种类进行了相应的分级，对表面不同污浊程度、污浊物的处理方法进行了推荐，如清水清洗、蒸汽清洗、溶剂清洗。对表面手工打磨（往往在涂层修复中应用较多）、电动工具处理（在国内也基本推行了喷砂进行表面处理）的实施方法、环境条件以及喷砂表面处理后的表面粗糙度的检测给予了目测与工具检测的手段。

作为涂装前最关键的一道手续，表面处理一直以来都是国内实施防腐涂层施工的薄弱环节，既与防腐工人作业水平有关，也与规范标准的可操作性密切相关。

4. 防腐涂装系统建议

规范中分别针对不同的腐蚀环境、设计年限，给出了不同类型涂层的配套体系，考虑可靠性与经济性的平衡，同时也考虑不同涂层的适应性。如表 10-1、表 10-2 给出海上风电 C5 和 Im2 环境的建议涂层配套体系。

需要特别提醒的是，该规范只是给出建议涂层配套体系的最低要求，在工程设计及建设中，原则上不得低于该标准。对于海上风电工程，设计使用寿命远超过 15 年，因此采用的涂层总干膜厚度则要明显高于上述建议的厚度。

低合金碳钢处于腐蚀环境 C5-I 与 C5-M 下的涂层体系　　　**表 10-1**

底材：低合金碳钢
表面处理：锈蚀等级为 A、B、C 级的底材，表面处理达 Sa2.5 级（参见 ISO 8501-1）。

涂层体系编号	底涂层				后道涂层	涂层体系		预期耐久性		
	漆基类型	底漆类型[a]	涂装道数	NDFT[b] μm	漆基类型	涂装道数	NDFT[b] μm	低	中	高
C5-I										
A5I.01	EP,PUR	Misc.	1-2	120	AY,CR,PVC[c]	3-4	200	■		
A5I.02	EP,PUR	Misc.	1	80	EP,PUR	3-4	320	■	■	■
A5I.03	EP,PUR	Misc.	1	150	EP,PUR	2	300	■	■	
A5I.04	EP,PUR,ESI[d]	Zn(R)	1	60[e]	EP,PUR	3-4	240	■	■	
A5I.05	EP,PUR,ESI[d]	Zn(R)	1	60[e]	EP,PUR	3-5	320	■	■	■
A5I.06	EP,PUR,ESI[d]	Zn(R)	1	60[e]	AY,CR,PVC[c]	4-5	320	■	■	■
C5-M										
A5M.01	EP,PUR	Misc.	1	150	EP,PUR	2	300	■	■	
A5M.02	EP,PUR	Misc.	1	80	EP,PUR	3-4	320	■	■	■
A5M.03	EP,PUR	Misc.	1	400	—	1	400	■	■	
A5M.04	EP,PUR	Misc.	1	250	EP,PUR	2	500	■	■	■
A5M.05	EP,PUR,ESI[d]	Zn(R)	1	60[e]	EP,PUR	4	240	■	■	
A5M.06	EP,PUR,ESI[d]	Zn(R)	1	60[e]	EP,PUR	4-5	320	■	■	■
A5M.07	EP,PUR,ESI[d]	Zn(R)	1	60[e]	EPC	3-4	400	■	■	■
A5M.08	EPC	Misc.	1	100	EPC	3	300	■	■	

底漆漆基	类型	水性化可能性	后道涂层漆基	类型	水性化可能性
EP =环氧	双组分	×	EP =环氧	双组分	×
EPC =环氧化合物	双组分		EPC =环氧化合物	双组分	
ESI =硅酸乙酯	单组分或双组分	×	PUR =聚氨酯，脂肪族	单组分或双组分	×
PUR =聚氨酯，脂肪族或芳香族	单组分或双组分	×	CR =氯化橡胶	单组分	
			AY =丙烯酸	单组分	×
			PVC=氯化乙烯聚合物类	单组分	

a　Zn(R) =富锌底漆，Misc. =采用其他类型防锈颜料的底漆（参见 5.2 条）。
b　NDFT =额定干膜厚度（更多信息参见 5.4 条）。
c　推荐与涂料生产商进行相容性确认。
d　推荐在硅酸锌底漆（ESI）上覆涂一道后续涂层作为连接漆/过渡漆。
e　选择富锌底漆时，NDFT 适宜选择范围为 40 ～ 80 μm。

注：上表为 ISO 12944 中表 A.5。

低合金碳钢浸渍于腐蚀环境 Im1、Im2、Im3 下涂层体系　　　　表 10-2

底材：低合金碳钢
表面处理：锈蚀等级为 A、B、C 级的底材，表面处理达 Sa2.5 级（参见 ISO 8501-1）。
低耐久性不推荐采用，因而下表中没有列出低耐久性的涂层体系。

涂层体系编号	底涂层				后道涂层	涂层体系		预期耐久性		
	漆基类型	底漆类型[a]	涂装道数	NDFT[b] μm	漆基类型	涂装道数	NDFT[b] μm	低	中	高
A6.01	EP	Zn(R)	1	60[e]	EP,PUR	3-5	360	■	■	
A6.02	EP	Zn(R)	1	60[e]	EP,PURC	3-5	540	■	■	■
A6.03	EP	Misc.	1	80	EP,PUR	2-4	380	■	■	
A6.04	EP	Misc.	1	80	EPGF,EP,PUR	3	500	■	■	■
A6.05	EP	Misc.	1	80	EP	2	330	■	■	
A6.06	EP	Misc.	1	800	-	-	800	■	■	■
A6.07	ESI[d]	Zn(R)	1	60[e]	EP,EPGF	3	450	■	■	■
A6.08	EP	Misc.	1	80	EPGF	3	800	■	■	■
A6.09	EP,PUR	Misc.	-	-	-	1-3	400	■	■	
A6.10	EP,PUR	Misc.	-	-	-	1-3	600	■	■	■

漆基类型	组分数量	水性化可能性	后道涂层漆基	组分数量	水性化可能性
EP =环氧	双组分	×	EP =环氧	双组分	×
ESI =硅酸乙酯	单组分或双组分	×	EPGF =环氧玻璃鳞片	双组分	
PURC =聚氨酯组合物	双组分		PURC =聚氨酯组合物	双组分	
PUR =聚氨酯，脂肪族或芳香族	单组分或双组分	×	PUR =聚氨酯，脂肪族或芳香族	单组分或双组分	×

a　Zn(R) =富锌底漆，Misc. =采用其他类型防锈颜料的底漆（参见 5.2 条）。
b　NDFT =额定干膜厚度（更多信息参见 5.4 条）。
d　推荐在硅酸锌底漆（ESI）上覆涂一道后续涂层作为连接漆/过渡漆。
e　选择富锌底漆时，NDFT 适宜选择范围为 40 ～ 80μm。
f　水性漆产品通常不适用于浸渍型腐蚀环境。

注：上表为 ISO 12944 中表 A.6。

此外，在选择涂层配套时，除上述建议外，防腐设计时完全可以自行选择相应的涂层配套体系，而该规范同时给出不同类型的涂料的适应性，在保光性、保色性、耐化学品、耐干湿热、物理性能等方面的性能特征。如表 10-3 所述。

各种不同类型涂料的一般性能　　**表 10-3**

性能 ■ 好 ▲ 有限 ● 差 — 不相关	氯化乙烯聚合物（PVC）	氯化橡胶（CR）	丙烯酸（AY）	醇酸（AK）	聚氨酯，芳香族（PUR）	聚氨酯，脂肪族（PUR）	硅酸乙酯（ESI）	环氧（EP）	环氧组合物（EPC）
保光性	▲	▲	▲	▲	●	■	—	●	●
保色性	▲	▲	■	▲	●	■	—	●	●
耐化学品性									
水浸泡	▲	■	▲	●	▲	●	▲	■	■
雨 / 凝露	■	■	■	▲	■	▲	■	■	■
溶剂	●	●	●	▲	■	▲	■	▲	▲
溶剂（飞溅）	●	●	●	■	■	■	■	■	■
酸	▲	■	▲	▲	■	▲	●	▲	■
酸（飞溅）	■	■	▲	▲	■	■	●	■	■
碱	▲	▲	▲	▲	▲	▲	●	■	■
碱（飞溅）	■	■	▲	▲	■	■	●	■	■
耐干热温度									
60～70℃	●	●	▲	■	■	■	■	■	■
70～120℃	—	—	▲	■	■	■	■	■	▲
120～150℃	—	—	▲	●	▲	●	■	▲	▲
＞150℃，但≤400℃	—	—	—	—	—	—	■	—	—
物理性能									
耐磨性	●	●	●	▲	■	▲	■	■	▲
耐冲击性	▲	▲	▲	▲	■	▲	▲	■	▲
柔韧性	■	■	■	▲	▲	■	●	▲	▲
硬度	▲	▲	▲	■	■	▲	■	■	■

注：上表为 ISO 12944 中表 C.1。

对此，也需要提及的是，表中给出的信息只是综合各方面的数据而得到，目的是为常见类型的涂料性能提供常规指导。笔者也与不同的防腐涂层供应商做过深入沟通，对于树脂基团不同时，可能存在多种变化，不少环氧类或聚氨酯类树脂都是“改性”过的。如，欧洲海上风电中采用较为广泛的改性环氧类玻璃鳞片涂料，理论上环氧类涂料耐候性并不好，但改性环氧类玻璃鳞片涂料则在浪花飞溅区有着较多长效防护的案例。

5. 防腐涂装试验室测试

ISO 12944 规范第 6 册主要介绍试验室进行涂层测试试验的相关规定，对涂层试板、测试环境、人工海水等给予了规定，主要测试项目包括耐化学品、耐海水浸渍、耐盐雾、人工老化、附着力等。本节对 ISO 规范主要测试要求列举如表 10-4。

涂层体系的试验程序要求

表 10-4

ISO 12944-2 中定义的腐蚀性级别	耐久性期限	ISO 2812-1[a]（耐化学品性）（h）	ISO 2812-2（浸水试验）（h）	ISO 6270（水冷凝）（h）	ISO 7253（人造盐雾）（h）
C2	低	—	—	48	—
	中	—	—	48	—
	高	—	—	120	—
C3	低	—	—	48	120
	中	—	—	120	240
	高	—	—	240	480
C4	低	—	—	120	240
	中	—	—	240	480
	高	—	—	480	720
C5-1	低	168	—	240	480
	中	168	—	480	720
	高	168	—	720	1440
C5-M	低	—	—	240	480
	中	—	—	480	720
	高	—	—	720	1440
Im1	低	—	—	—	—
	中	—	2000	720	—
	高	—	3000	1440	—
Im2	低	—	—	—	—
	中	—	2000	—	720
	高	—	3000	—	1440
Im3	低	—	—	—	—
	中	—	2000	—	720
	高	—	3000	—	1440

a 用方法 1（所用到的化学品见 5.6 条）。耐化学品性测试的目的不是评价体系的防腐蚀保护性能，而是评价体系抵御高度工业环境的能力，因此，不论耐久性要求高低，测试持续时间相同。

用于 C5-I 腐蚀性级别的涂料体系，ISO 2812-1 测试可用 ISO 3231 测试来取代或补充，试验持续时间按对 ISO 6270 测试的要求，如 240h（10 个循环）用于低耐久性，480h（20 个循环）用于中耐久性，720h（30 个循环）用于高耐久性。

注：上表参考 ISO 12944—6：2018 中的表 1、表 2。

对试验后的评价则另行引用 ISO 4628 规范进行评定，人工老化则按 ISO 7253 试验后，按本规范进行评定。需要指出的是，通过对于测试内容及测试要求对比分析，可见 NACE 规范对涂层测试更为苛刻，而且测试内容更多。对于海上风电场工程特别是风机基础部位，建议参照 NACE 的试验室测试要求执行更为可靠。

10.1.2 ISO 20340 规范

ISO 规范除在各行业被采用的 12944 系列规范外，对于海上平台独立制定了比较重要的规范《色漆与清漆 海上平台及相关结构防护涂料体系的性能要求》ISO 20340。其产生也多由于 ISO 12944 适用于海上工程的 C5 和 Im2 环境存在争议，而 ISO 20340 则更有侧重，但其在内容上与 ISO 12944 也有着很大的相关性。

ISO 20340 主要涉及的内容为海洋工程现场施工、涂料、防护涂料系统和涂料系统的测试等。重点强调高耐久性的涂料体系，目的是减少维修和因此带来的安全考虑及对环境的影响。

标准中规定要进行资格认定的防护涂料体系应根据表 10-5 进行说明。

涂层体系的说明 表 10-5

<table>
<tr><td colspan="2">制造商</td><td colspan="2">基材类型</td><td>环境类型</td></tr>
<tr><td colspan="2">名称：
地址：</td><td colspan="2"></td><td></td></tr>
<tr><td colspan="5"></td></tr>
<tr><td>表面处理：</td><td colspan="4"></td></tr>
<tr><td colspan="5"></td></tr>
<tr><td></td><td>商品名</td><td>颜色</td><td>涂料类型</td><td>NDFT（μm）</td></tr>
<tr><td>第 1 道涂层</td><td></td><td></td><td></td><td></td></tr>
<tr><td>第 2 道涂层</td><td></td><td></td><td></td><td></td></tr>
<tr><td>第 3 道涂层</td><td></td><td></td><td></td><td></td></tr>
<tr><td>第 4 道涂层</td><td></td><td></td><td></td><td></td></tr>
<tr><td>等等</td><td></td><td></td><td></td><td></td></tr>
<tr><td colspan="4">总额定干膜厚度：</td><td></td></tr>
</table>

注：上表为对 ISO 20340 中表 2 进行说明。

该标准中对海洋工程涂料技术应达到的水准做出示范，并不对所有涂料进行特别详细的配套体系建议。但其要求明显要高于 ISO 12944 的规定，具体如表 10-6 所述。

ISO 20340 涂料系统和基本性能要求

表 10-6

基材	经喷射清理的碳钢，达 Sa2.5-Sa3 级；表面粗糙度：中（G）								热浸锌钢[a]	有金属涂层的钢材[a]
环境腐蚀性级别	C5-M			Im2					C5-M	C5-M
第 1 道涂层	Zn(R)[b] 硅酸锌	Zn(R) 有机的	其他底漆	Zn(R)[b] 硅酸锌	Zn(R) 有机的	其他				
NDFT，μm	≥ 60	≥ 40	≥ 60	≥ 60	≥ 40	≥ 60	≥ 200	—		
涂层道数	4（含过渡漆）	3	3	4（含过渡漆）	3	3	2	1	2	2（含过渡漆）
总 NDFT，μm	≥ 280	≥ 300	≥ 350	≥ 330	≥ 350	≥ 450	≥ 600	≥ 800	≥ 200	≥ 200
下面给出的按 ISO 4628 测试获得的拉开法附着力值，可以作为表格 5 中认证测试的性能要求。										
按 ISO 4628 的拉开法附着力测试值（老化前），MPa	3	3	4	3	3	4	6	8	2	2

a　金属涂层的厚度符合 ISO 1461（热浸锌）或 ISO 2063（金属化钢材）要求，表面准备按 ISO 12944-4：1998 第 12 条（热浸锌）或第 13 条（金属化钢材）。

b　Zn(R) 指与 ISO 12944-5 要求一致的富锌底漆。

注：上表为 ISO 20340 中表 3。

而该规范对于涂层测试程序、测试试验的评估方法和要求也给予了很具体的规定，对于防腐测试与设计施工具有很好的指导意义。

此外，该规范提出需开展的“人工循环老化试验”也是目前涂料行业进行涂层测试最苛刻的测试之一，其具体要求与 NORSOK M501 规范是一致的。标准的人工循环老化试验需进行 25 个循环，每个循环持续一周（168h，如彩图 143），它包括：

（1）暴露于紫外线和水侵蚀的环境下 72h，按 ISO 11507 执行。

（2）盐雾试验 72h，按 ISO 7253 执行。

（3）低温暴露 24h，约 −20℃环境。

10.2　NACE 规范分析与参考

NACE（美国腐蚀工程师协会）成立于 1943 年，最早是由研究管道防腐的工程师所成立的，几十年来已经逐步扩展到几所有其他工业部门的腐蚀研究领域，目前已是美国最权威的腐蚀与防腐蚀研究机构，而全球的防腐蚀工程师认证中知名度最高也就是 NACE 认证。

SSPC（美国腐蚀涂料学会）则专注于防腐涂料的技术与标准制定，NACE 和 SSPC 虽是独立两个协会（学会），但在涂料标准方面二者有很多的共性，NACE 和 SSPC 标准间也相互对应（NACE 在阴极防护等其他方面的技术标准则是 SSPC 所缺少的），甚至近几年来，NACE 和 SSPC 也联合在发布新的标准。

本节主要对 NACE 海工标准做相关的分析与介绍。

10.2.1 涂层防护系统

对于防腐涂层，NACE 标准认为因为在海洋平台现场进行涂层维修施工的费用要远远高于在工厂内涂装施工，因而只有通过资格认证测试的涂层体系才能被设计用于新建和防腐维修。除了优良的涂料性能，一个成功的涂层体系也需要正确的表面处理、涂装施工、质量保证和质量控制程序。

底漆是涂层体系中最紧要的。通常，底漆至少具有三种防腐蚀保护原理中的一种防腐蚀保护功能，这三种防腐蚀原理是屏蔽、缓蚀（腐蚀抑制）和牺牲阳极（阴极保护）。用于海上平台结构的底漆外，应覆涂中间层和面漆，这些涂层作为屏障层，以延缓和阻止水汽、氧和腐蚀性化学介质。面漆还可以提供耐磨性、耐冲击、耐紫外线和耐溶剂性能以及表观装饰功能。NACE 标准还注明涂层保护必须要涂装两道及以上的涂料。典型的浪溅区和全浸区碳钢新建防腐用涂层体系可分别参考 NACE SP 0108—2008 标准中的表 6A 和表 6B。

10.2.2 涂层系统测试

基于严谨及海洋平台重要性、维修难度等方面的考虑，NACE 标准对于推荐的涂层配套并不如 ISO 12944 那么关注，但其防腐涂层测试要求较高，测试项目包括耐腐蚀性蔓延性能、边缘保持性（彩图 144）、热循环、柔韧性、耐冲击性能、耐海水浸渍、耐阴极剥离试验等，标准对测试程序进行了非常明确的规定，对于测试完成后的试板验收也进行了非常量化的界定。具体大气区和浪溅区涂层体系测试程序及要求、全浸区涂层体系测试程序及要求以及涂层体系测试的验收要求，可分别参考 NACE SP 0108—2008 标准中表 10、表 11 及表 12。

10.2.3 阴极保护的相关要求

除熟知的常规要求外，该标准提出，风暴潮或强潮汐可产生高速水流，会对构筑物产生去极化。高水位也会增加未被保护的钢结构面积，从而需要增加达到保护电位所需的电流。因此，对于我国海上风电场处于潮流流速较大的区域，应注意该影响。

阴极保护可以影响构筑物的腐蚀疲劳特性。处于典型电位值的阴极保护趋向于将钢恢复到空气中的疲劳值，而过保护电位下的阴极保护可能会加速某些钢疲劳裂纹的扩展速度，利用疲劳裂纹生长数据可以确定过保护电位的影响程度。

在高应力区部位必须进行腐蚀控制，以防止可能促成疲劳裂纹的点蚀的产生。

海水中牺牲阳极的性能主要取决于合金的成分，特别是锌和铝合金。镁阳极是特别活泼的金属，同时可提供很大的电流输出。因此，在阴极保护系统中使用的阳极个数宜少，并且据镁阳极自身特性，通常不用于长寿命的设计中（如大型海上石油平台）。所以，海上风电工程由于使用寿命较长，不推荐采用镁阳极或镁含量高的阳极。且规范给出了一个建议，当构筑物构件与阳极块最小间距为 300mm 时，设计通常可获得均匀的电流分布，这源自美国石油平台导管架的牺牲阳极布置距离，在海上风电设计时，是很好的参考。

由于某些铝阳极埋在淤泥中对其效率有不利影响，只有经过在典型的泥中对阳极进行测试后，或经验表明埋在泥线下的阳极材料没有钝化，才宜将阳极安装在泥线处或泥线以下的构筑物构件上。如果将阳极安装在泥线处或泥线以下，宜考虑到阳极被泥覆盖降低了发出电流和效率。

NACE 标准中也有牺牲阳极＋外加电流两种阴极保护方法共用的说明，但其主要目的是，当外加电流系统因电力未能及时供给而停止工作时，以牺牲阳极块作为临时保护。外加电流系统（ICCP）具有长期保护的功能，但对设计、安装以及维修缺陷的承受能力比牺牲阳极系统差，只有在充分考虑机械强度、电连接、电缆保护（尤其在飞溅区）、阳极类型的选择以及电源完整性的前提下，这种系统才能有好的使用效果。因此，我国目前海上风电工程若采用 ICCP 系统，则应由成熟的 ICCP 供应商完成并提交设计审核后实施。

10.2.4 结构设计的相关要求

NACE 规范对于结构设计也给出了相关要求或建议，对于海上平台建议在结构设计时最大限度地减少钢材在飞溅区的表面积，并尽量避开在飞溅区设置“T”“K”“Y”形等节点。

建议部分附属构件宜考虑拆除或更换，与主体结构间通过紧固件连接而不应焊接。对于需焊接的部位，则应全密封焊接，避免间断焊，避免搭接面；对于已确定需焊接的构件，以及全焊接的部件，不宜再增加采用螺栓等其他紧固件连接。

在全浸区尽最大可能采用圆管结构，不可采用槽钢、工字钢等死角难于保护的型钢，且推荐钢管的最小净间距是连接钢管间较小管径的 1.5 倍。

考虑泥面线以下部位的腐蚀速率较低，泥面线以下的部位推荐采用阴极保护系统进行防护，但应关注泥面线处附近的位置，其腐蚀性状是呈现突变的情况。对于泥面线处腐蚀情况加剧的特殊情况，本书通过相关调研分析，了解到该部位由于海泥微生物、冲刷等影响，导致其与全浸区的钢材之间形成了电偶腐蚀，意即该部分的钢材充当了“宏电池”的“阳极”，钢材的电子流至全浸区，对全浸区的钢材起到了阴极防护的作用。

10.2.5 其他防腐措施

对于腐蚀裕量的取值，NACE 规范建议其确定宜依据预期寿命和预测的腐蚀速率进行计算，通常不小于 6mm，飞溅区腐蚀速率一般取 0.2～0.4mm/ 年。

对于浪花飞溅区的防护，NACE 规范推荐了几种：① 包覆铜镍合金；② 硫化氯丁橡胶，典型的使用厚度是 6～13mm；③ 膜厚较大的防腐涂层，涂层中含有石英玻璃鳞片或玻璃丝，并同样应预先进行喷砂处理，典型厚度为 1～5mm；④ 热喷涂铝（火焰或电弧），喷涂厚度为 200μm，且用硅氧烷密封剂封闭，按要求做好表面处理，该防腐层至少宜 2 道，美国军用标准 MIL-STD-2138 提出了使用和质量控制要求，其中防腐层与钢材间的附着力宜超过 7MPa。

而对于复杂构件，用通常的方法施加防腐层费用会很高，而且也困难，而热浸镀锌会是一种有效的方法。像护栅、扶栏、梯子、钢格栅、仪表盒、设备支座及其他类似形状的构件可用镀层保护，这可延伸到海上风电场的大气区附属构件，基本均可考虑热浸镀锌处理，必要时在热浸镀锌后，涂装上覆油漆涂层。

10.3　小结

鉴于国内海洋防腐领域技术水平及行业标准与欧洲差距较大，而海上风电又属于新型领域，2011 年国内陆续有机构制定了《海上风电场钢结构防腐蚀技术标准》NB/T 31006—2011 等能源行业标准，但主要还是基于原港口水运行业钢结构及钢筋混凝土防腐提出来的，规范内容及深度尚不够细化与具体，本章结合 ISO 12944、NACE 等标准以及本阶段研究成果，对相关技术进行了梳理，主要内容小结如下：

（1）ISO 12944 系列标准由全球标准化协会制定，目前防腐领域全球公认的权威标准，其目的主要是为工程师、工程顾问、工程承包方以及涂层供应商提供全面的有关涂层防腐的指导，《色漆和清漆 防护漆体系对钢结构的防腐蚀防护》ISO 12944 共分为八个部分，含《总则》《腐蚀环境分类》《设计内容》《表面类型和表面处理》《防腐涂层体系》《试验室性能测试方法》《涂装工作的实施和监管》《新工艺和维修规范的开发》（上述规范名称为译文，供参考）等较全面的内容。该系列标准对我国海上风电防腐具有一定的参考意义，报告中做了一定的摘录与论述。

（2）NACE（美国腐蚀工程师协会）成立于 1943 年，最早是由研究管道防腐的工程师所成立的，几十年来已经逐步扩展到几所有其他工业部门的腐蚀研究领域，目前已是美国最权威的腐蚀与防腐蚀研究机构，制定了全球防腐领域最全面的技术标准和工程师指导手册。报告中借鉴了 NACE 标准中关于涂层防护系统、涂层系统测试、阴极保护和结构设计的相关要求。

第11章　海上风电工程基础结构防腐蚀技术导则

11.1　一般要求

海上风电场工程投资大、施工建设难度大、离岸距离远，对腐蚀防护而言，海上风电工程基础结构腐蚀防护的期限长、后期维护困难大而且费用高。因此，应综合考虑全寿命周期的经济性，工程建设期尽可能选择性能优良、可靠性与耐久性高的防腐蚀配套方案，而减少后期维护的工作量，尽可能做到免维护或少维护。

海上风电工程基础结构的腐蚀防护应根据不同腐蚀环境分区针对性设计，并考虑结构腐蚀方案间的协调统一性。

海洋环境的腐蚀区域宜划分为大气区、飞溅区、全浸区和内部区，飞溅区主要是受潮汐、风和波浪（不包括大风暴）影响所致支撑结构干湿交替的部分。浪溅区上限 SZ_U、下限 SZ_L 为：

$$SZ_U = U_1 + U_2 + U_3$$

式中　U_1——$0.6H_{1/3}$，$H_{1/3}$ 为重现期100年有效波高的1/3（m）；

U_2——最高天文潮位（m）；

U_3——基础沉降（m）。

$$SZ_L = L_1 + L_2$$

式中　L_1——$0.4H_{1/3}$，$H_{1/3}$ 为重现期100年有效波高的1/3（m）；

L_2——最低天文潮位（m）。

飞溅区以上部位为大气区；飞溅区以下部位为全浸区，包括水下区和泥下区两部分，其分界线建议在多年冲刷线以下1.0～2.0D桩径；内部区为封闭的不与外界海水接触的部分。

11.2　钢结构基础典型防腐配套系统

11.2.1　钢结构涂层防腐方案

大气区的防腐蚀多采用涂层或金属喷涂层保护，面漆需采用耐候性良好的涂料，如聚氨酯涂料，有条件时也可选用氟碳涂料或聚硅氧烷等高耐候性面漆品种；飞溅区的防腐蚀宜采用海工重防腐涂层或金属热喷涂加封闭涂层保护，也可采用复合包覆技术防腐；水下区牺牲阳极和涂层联合防腐蚀措施技术成熟，防腐效果好，基本可满足长效防护的目标；泥下区防腐应采用阴极保护，必要时可适当考虑涂料防护。

其中涂层防腐作为最常用的防腐措施在每个腐蚀分区均应涂装，结合本书研究成果以及工程实施情况，建议对海上风电钢结构物典型的防腐涂层配套方案如表 11-1 所示，涂层体系性能要求如表 11-2 所示，热喷涂涂层最小厚度如表 11-3 所示。

风机基础钢结构防腐涂层配套体系　　表 11-1

环境分区	防腐涂层配套		
大气区（C5-M）	配套体系	底层	环氧富锌底漆、无机富锌底漆
		中间层	环氧类、玻璃鳞片类涂料
		面层	聚氨酯涂料、氟碳涂料、聚硅氧烷涂料、丙烯酸树脂
飞溅区（Im2）	防腐配套体系一	底层	环氧富锌底漆、无机富锌底漆或取消底漆
		中间层	环氧类、玻璃鳞片类涂料
		面层	聚氨酯涂料、玻璃鳞片类涂料
飞溅区（Im2）	防腐配套体系二	底层	金属热喷涂、金属热浸镀层
		中间层	环氧类封闭漆
		面层	聚氨酯涂料、玻璃鳞片涂料、氟碳涂料
飞溅区（Im2）	防腐配套体系三	底层	环氧富锌底漆、无机富锌底漆
		中间层	PTC 覆层矿脂包覆防腐蚀
		面层	
水下区（Im2）	配套体系	底层	环氧富锌底漆、无机富锌底漆或取消底漆
		中间层	环氧类、玻璃鳞片类涂料
		面层	
泥下区（Im3）	配套体系		同水下区体系但厚度更薄，或无涂料
内部区（C5-M）	配套体系	底层	环氧富锌底漆、无机富锌底漆
		中间层	环氧涂料、玻璃鳞片涂料、聚氨酯涂料
		面层	环氧类、聚氨酯涂料、丙烯酸树脂，或无面漆

热喷涂涂层最小局部厚度

表 11-2

环境区域	涂层类型	最小局部厚度（μm）
海洋大气区	喷锌 Zn	200
	喷铝 Al	160
	喷 ZnAl 合金（Al 为 15%）	160
浪溅区	喷锌 Zn	300
	喷铝 Al	200
	喷 ZnAl 合金（Al 为 15%）	300
水下区	暂不推荐在水下区采用金属热喷涂	

11.2.2 钢结构牺牲阳极保护及监测系统防腐方案

（1）牺牲阳极阴极保护设计和安装要求

根据不同海上风电场潮位条件的不同，计算需要采用牺牲阳极保护的钢结构面积，按照采用的牺牲阳极的型号，计算需要的牺牲阳极数量，合理对称地布置于钢结构表面。

阴极保护的电位应符合表 11-3 的规定。

阴极保护电位要求

表 11-3

环境、材质			保护电位相对于 Ag/AgCl/ 海水电极（V）	
			最正值	最负值
碳钢和低合金钢	含氧环境		−0.80	−1.10
	缺氧环境（有盐酸盐还原菌腐蚀）		−0.90	−1.10
不锈钢	奥氏体	耐孔蚀指数≥ 40	−0.30	不限
		耐孔蚀指数＜ 40	−0.60	不限
	双相钢		−0.60	避免电位过负
高强钢（$\sigma_s \geq$ 700MPa）			−0.80	−0.95

注：强制电流阴极保护系统辅助阳极附近的阴极保护电位可以更负一些。

根据牺牲阳极结构，每只牺牲阳极有两只焊脚，四条焊缝，焊缝连续、宽度均匀、平整、无裂纹。牺牲阳极的工作表面为铸造表面，外形尺寸符合设计要求，不允许有纵向裂纹。牺牲阳极的工作面应无氧化渣、无毛刺飞边等缺陷，牺牲阳极所有表面允许有长度不超过 50mm，深度不超过 5mm 横向裂纹存在，但在同一表面不允许超过 3 个。牺牲阳极工作面允许有铸造缩孔，但其深度不得超过阳极厚度的 10%。牺牲阳极工作面不能有油漆、熔渣、毛刺或其他任何污染物存在。每块牺牲阳极长度偏差为 ±2%，阳极宽度偏差为 ±3%，阳极厚度偏差为 ±5%，阳极的重量偏差为 ±3%，但总重量不应出现负偏差。采用碳素结构钢制造。钢板的成分和尺寸应符合 GB 1499 的规定。铁脚表面应清洁无锈，并经镀锌处理，镀锌层质量应符合 CB/T 3764 的规定。

（2）牺牲阳极阴极保护监测系统组成

牺牲阳极阴极保护监测系统可保证阴极保护系统数据采集与分析工作的便利性、准确性、可靠性，让阴极保护的数据有据可查，便于管理，简化了牺牲阳极阴极保护日常数据采集与维护的工作量，如彩图 145 所示。阴极保护监测系统主要有如下特点：可对各监测点的阴极保护电位连续监测，能够对电位异常情况及时给出报警；可以对整个保护阶段的监测数据进行全程记录、储存、打印和分析。

牺牲阳极阴极保护监测系统主要由系统管理终端、电位传送器、参比电极等组成。牺牲阳极防腐保护过程中，电位检测仪通过参比电极检测风机基础钢结构的电位值，通过光纤接口将电位信号传送到控制室进行监测。

参比电极作为阴极保护系统重要组成部分，既可用来测量被保护风机基础的电位，又可作为电位仪自动控制的信号源，如高纯锌（99.99% 以上纯度）参比电极，其主要由 PVC 壳体、高纯锌参比电极和测试电缆等组成。

牺牲阳极阴极保护监测系统可用作牺牲阳极保护的电位精确测量，能够精确监测阴极保护的状态，可根据电位测量的情况推测因牺牲阳极块钝化、牺牲阳极块消耗、损坏等情况，能够及时对牺牲阳极进行检测更换或补充。

11.2.3　钢结构外加电流阴极保护监检测系统防腐方案

（1）外加电流阴极保护及监检测系统描述

该系统可将钢管桩基结构（保护范围：水下、泥面以下）的保护电位维持在有效的范围内，并稳定在最佳值上，使桩基达到防腐保护目的（设计使用年限≥ 25 年）。外加电流阴极保护采用自动控制系统，通过自动调节所需要的保护电流，将实时监测输出的电压、电流数据，并通过远程传输至监测中心，从而使钢管桩、导管架的保护电位始终维持在最佳范围，获得有效地保护。本系统具有用户管理、电杆信息、系统设置、动态报警、历史数据、历史报警等功能，如彩图 146 所示。

（2）外加电流阴极保护及监检测系统组成

① 恒电位仪，提供 230Vac/50Hz 的电质，开关容量在 10A，控制输出电压、电流大小；

② 参比电极，采集风电基础钢结构的实际电位；

③ 辅助阳极，输出电流到钢结构，抑制或减弱钢结构的腐蚀；

④ 传输电缆，专用海水屏蔽电缆连接各个部件；

⑤ 监测系统，远程显示电位，电流大小等数据供工作人员查看；

⑥ 安装水密要求 500kPa 水压下，历时 15min 不得渗水。

（3）基础防腐系统设计方案

外加电流阴极保护及监检测系统要求如表 11-4 所示。

风机基础外加电流阴极保护及监检测系统典型方案要求　　表 11-4

总体要求	防护区域	风机基础防腐：水下区和泥下区
	保护面积	水下区和泥下区钢结构外表面面积
	电流容量	可提供 100 ～ 300A
	工作温度	−10 ～ 50℃
系统设备	恒电位仪	输入：AC 230V，2PH，50Hz，开关容量在 10A； 输出：DC 24V，100Amp； 尺寸：H700mm×W700mm×D300mm； 提供数据 RJ45 接口，光纤接口，进行远程监控信号输出
	长形阳极	容量：50Amp； 尺寸：ϕ 120mm×L920mm； 安装位置：−5.5m（2 个）
	参比电极	材料：高纯锌； 尺寸：ϕ 120mm×L460mm； 安装位置：（1 个）−3.85m
	防护要求	金属外壳＋涂层保护，不低于 IP55

11.3　钢筋混凝土基础防腐配套指导建议及要求

11.3.1　钢筋混凝土结构耐久性防腐方案

在海洋环境下，由于长期受海水浸泡、干湿交替、日光暴晒、沿海盐雾、海生生物及潮湿空气的腐蚀，钢筋混凝土的使用功能会随着时间而劣化。有效的防腐措施可以防止混凝土结构在设计服役寿命内钢筋腐蚀破坏的发生。主要防腐措施为采用低渗透性的防腐耐久混凝土和适当增加混凝土保护层厚度，附加防腐措施为混凝土表面涂层、涂层钢筋、混凝土中掺入钢筋阻锈剂以及阴极保护等。

（1）合理选择优质原材料、采用高性能混凝土

选择高质量的混凝土原材料，采用高性能混凝土可有效提高混凝土的耐久性。水泥作为混凝土的胶结材料，其物质组成和特性直接影响到混凝土的耐久性，选择含碱量小、水化热低、干缩性小、抗渗性、抗冻性、抗腐蚀性性能好的水泥。

为保证混凝土的强度要求，骨料必须选择质地致密，具有足够强度的混凝土骨料，尤其是混凝土粗骨料，应控制骨料中有害物质的含量。骨料的选择应考虑骨料的碱活性，防止碱 - 骨料反应对混凝土的破坏。为提高混凝土的抗渗性、抗冻性，尽量选择具有抗蚀性能好，吸水性能差的骨料，选择合理的级配，提高混凝土拌合物的和易性，提高混凝土的密实度，以提高耐久性。拌和用水应控制水质和水量，应对拌和用水进行水质化验，防止有害物质对水泥石和钢筋的侵蚀。

同时，工程设计中应根据混凝土所处的环境设计相应的混凝土保护层厚度，以防止外界介质渗入混凝土内部腐蚀钢筋。对容易产生破坏的部位，可根据规范要求，加

大混凝土保护层厚度；混凝土结构宜尽量采用整体浇筑，少留施工缝，如预留施工缝，其结构形式和位置不应损害混凝土耐久性要求；另外在结构设计中，应严格控制混凝土裂缝开展宽度，防止裂缝开展宽度过宽导致钢筋腐蚀，影响混凝土耐久性。

（2）合理采用环氧涂层钢筋

位于潮差区和浪贱区的风机基础混凝土结构中的外层钢筋或全部钢筋，采用环氧涂层钢筋，环氧涂层厚度一般在 0.15～0.30mm。不锈钢钢筋的价格为普通钢筋的 6～10 倍，混凝土结构的初期建造成本上升 5%～6%，因此如果工程投资费用允许，可采用不锈钢钢筋代替环氧涂层钢筋，可以更好地提高混凝土结构的耐久性。环氧涂层钢筋在使用过程中必须对涂层质量进行检查，严格控制施工工艺，避免环氧涂层破坏。

掺加钢筋阻锈剂被认为是较为经济有效的措施，其使用比较方便，无需专门维护，且费用相对比较低廉。本工程风机基础钢筋阻锈剂建议选用亚钙类或氨基醇类的复合型有机阻锈剂，其可改善混凝土的工作性能，对混凝土的强度影响不大，根据实践一般可以延长混凝土使用寿命 15～20 年。

（3）选用环氧填充型钢绞线

环氧涂层钢绞线是在正常的裸钢绞线表面上涂覆一层有机环氧树脂。其涂层有光面型和表面含砂型两种。环氧钢绞线有 3 种形态的产品：单丝涂覆的薄层环氧钢绞线（即单丝薄层型）、七丝之间无环氧的厚环氧钢绞线（即厚环氧型）和七丝之间填充环氧的填充型环氧钢绞线（即填充型）。目前，环氧填充型钢绞线在日本、美国、澳大利亚等国已大量使用，同时 2004 年在我国厦门钟宅湾大桥上首次采用，被称为真正意义上的一次性防腐预应力材料，且在国际上有标准可循，分别是美标和国际标准。

环氧填充型钢绞线具有卓越的防腐、耐久和抗疲劳性能，其在保证环氧层厚度的同时，环氧填充实钢绞线丝与丝之间的间隙，使钢绞线形成一个实心整体，杜绝了腐蚀介质的侵入，解决光面钢绞线的腐蚀问题。本工程复合筒型重力式基础上部结构作为预应力混凝土结构，建议选用目前在预应力结构中应用最广泛的环氧填充型钢绞线。

（4）合理掺加钢筋阻锈剂等附加措施

在混凝土中掺加钢筋阻锈剂被认为是较为经济有效的措施，其使用比较方便，无需专门维护，且费用相对比较低廉。本工程风机基础钢筋阻锈剂建议选用亚钙类或氨基醇类的复合型有机阻锈剂，其可改善混凝土的工作性能，对混凝土的强度影响不大，根据实践一般可以延长混凝土使用寿命 15～20 年。

11.3.2　钢筋混凝土结构表面涂层防腐方案

钢筋混凝土表面涂层防腐是指将涂料涂敷于混凝土表面，以降低 Cl^-和 CO_2 渗透速率。现在国内外的海港码头、跨海大桥以及沿海钢筋混凝土结构常规应用的涂料主要有环氧涂料、聚氨酯涂料、氯化橡胶涂料、丙烯酸酯涂料、玻璃鳞片涂料、有机硅树脂涂料、有机硅烷浸渍涂料、氟树脂涂料和聚脲涂料等几种。

通过调研，硅烷浸渍工艺目前在海工混凝土防腐蚀领域应用的最为广泛，如宁德核电项目、山东海阳核电站、广东台山核电站、沈阳桃仙机场、哈尔滨太平机场、乌鲁木齐国际机场、山东东营港码头、福建莆田湄洲湾码头、可门码头、洋山深水港码头、东海大桥海上风电项目等。根据国内外有机硅烷浸渍涂层的应用经验，已有的数据表明此类材料通常在20年左右仍有一定保护效果。从施工方面看，优质的有机硅烷浸渍型混凝土外涂层可以在混凝土表面潮湿的状态下进行施工，且效果良好。从外观效果看，有机硅烷浸渍型混凝土外涂层可以做到透明效果，表现混凝土原色。海上风机基础保护期限长、后期维护困难、维护费用高，表面涂层一般应一次涂覆，全寿命有效。选择合理的防腐涂料，设计合理的防腐涂层，可延长薄壁预应力混凝土结构的使用寿命。本工程复合筒形风机基础上部混凝土结构表面防腐保护推荐采用硅烷浸渍防护技术。

混凝土硅烷浸渍防护技术原理是利用硅烷特殊的小分子结构，穿透混凝土的表层，深层渗透到混凝土内部，分布在混凝土毛细孔内壁，甚至到达最小的毛细孔壁上，与暴露在酸性和碱性环境中的空气及基底中的水分产生化学反应，又聚合形成网状交联结构的硅酮高分子羟基团（类似硅胶体），这些羟基团将与基底和自身缩合，产生胶连、堆积，固化结合在毛细孔的内壁及表面，形成坚固、刚柔的防腐渗透斥水层。因为不会阻塞气孔，可保持基材的透气性。通过抵消毛细孔的强制吸力，硅烷混凝土防护剂可以防止水分及可溶解盐类，如氯盐的渗入，可有效防止基材因渗水、日照、酸雨和海水的侵蚀而对混凝土及内部钢筋结构的腐蚀、疏松、剥落、霉变而引发的病变，还有很好的抗紫外线和抗氧化性能。能够提供长期持久的保护，提高建筑物的使用寿命。因化学反应形成的硅酮高分子与混凝土有机结合为一整体，使基材具有了一定的韧性，能够防止基材开裂且能弥补0.2mm的裂缝。理论上，硅烷可以和混凝土同样持久，且混凝土强度越强使用寿命可能越长。

硅烷浸渍防护技术具有建筑物表面处理简单（无积水、灰尘、油污即可）、施工简单、渗透力强、抗氧化、防紫外线、表面不易磨损等突出优势。硅烷浸渍防护技术与其他常规防腐涂料对混凝土保护效果如表11-5所示。

重防腐环境硅烷与常规涂料对混凝土保护效果对比表　　表11-5

项目	硅烷浸渍	常规防腐蚀涂料
服务年限	15～20年以上	＜10年，实际上只有5～10年的效果
耐久性	与基材永久结合，优越的抗氧化、抗风化、抗紫外线、抗老化	涂层受紫外线和氧化作用影响破坏老化变脆，封闭气孔致使内部水汽无法排出，皲裂破裂，导致过早被破坏
防氯离子及防水	＞90%，能长久保护	新涂层，＞90%
抗碳化、抗冰盐能力和耐酸碱性	优良	在涂层不被破坏的情况下，优良
弥补裂缝能力	弥补裂缝能力至0.2mm	需要在使用之前修补裂缝
环保性	与混凝土反应结合成一体，反应产物是石英和乙醇，非常环保	常规涂料中含有的环氧树脂、溶剂（二甲苯）、固化剂对人有致癌作用，对环境污染较大
保护效果	深层渗透混凝土内部，通过化学键与混凝土结合成一体，表面磨损和破坏不会影响防护性能	涂膜停留在混凝土表面，任何磨损/紫外线破坏导致保护失效，任何较小面积局部破坏都会导致大面积的保护失效，不透气易起鼓、开裂

续表

项目	硅烷浸渍	常规防腐蚀涂料
施工	简单，只需简单基面处理，喷涂、刷涂即可，施工时间短	复杂，重防腐环境需要多重施工，施工时间长
费用	总费用低，施工费用低。维护费用少，总工程投资费用节省	多道施工工序，原材料费用高，施工和维护费用更高

混凝土硅烷浸渍系列产品目前主要以异丁基三乙氧基硅烷（无色透明液体）和异辛基三乙氧基硅烷（白色膏体）施工方便，应用最多。复合筒型基础结构上部混凝土在陆上完成立模、浇筑、养护等工作，同时也具备陆上防腐涂装的工作环境和条件，因此推荐采用异辛基三乙氧基硅烷进行风机基础混凝土表面的防腐保护。

11.4　重防腐涂层测试要求

前期涂料测试报告调研的调研发现，重防腐涂层测试并没有针对苛刻的海洋腐蚀环境，仅仅做了较常规的测试，这些测试项目其实是远远不够的。

结合国内外防腐方面的相关技术标准，本书总结了更具针对性的海上风电涂层测试方面的要求，并委托第三方进行涂层测试试验，提取海上风电工程应开展的测试项目及技术指标要求，简要汇总如表 11-6 所示。

风机基础钢结构涂层体系性能要求　　**表 11-6**

腐蚀环境	耐盐水试验（h）	耐湿热试验（h）	耐盐雾试验（h）	耐老化试验（h）	耐冲击试验	耐磨性试验	腐蚀性蔓延试验（h）	边缘保持性试验	耐阴极剥离试验（h）	附着力（MPa）
内部区	—	—	1000	1000	—	—	—	√	—	≥ 8.0MPa
大气区	—	4000	4000	4200	√	√	—	√	—	
浪溅区	4200	4000	4000	4200	√	√	4200	√	4200	
全浸区	4200	4000	—	—	√	—	4200	√	4200	

注：1. 耐盐水性能涂层试验后不生锈、不起泡、不开裂、不剥落，允许轻微变色和失光；
2. 腐蚀性蔓延试验与耐盐水性能试验一起，但另外应测试划痕的腐蚀性蔓延程度；
3. 人工加速老化性能涂层试验后不生锈、不起泡、不开裂、不剥落，允许轻度粉化和 3 级变色、3 级失光，一般参照 GB 标准进行，要求较高时也可参照 ISO 20340 或 NORSOK M501 实施；
4. 耐盐雾涂层试验后不起泡、不剥落、不生锈、不开裂；
5. 耐阴极剥离试验后不起泡、不剥落、不生锈、不开裂。

11.4.1　漆膜厚度检测

漆膜厚度指漆膜表面与底材之间的距离，本项目主要测定干膜厚度，即涂料硬化后存留在底材表面涂层的厚度。

干膜厚度测定分破坏性方法和非破坏性方法，本项目对待测试的每块试板涂料干膜厚度进行测试，故应采取非破坏性方法，初步拟定采用超声波测厚仪进行测定，并记录每块试板的编号及测试结果。具体测试方法、步骤及要求应依据国家标准《色漆和清漆 漆膜厚度的测定》GB/T 13452.2—2008，也可采用对等的国际标准 ISO 2808：2007。

11.4.2 耐冲击性能测试

耐冲击性主要测试涂料在冲击荷载作用下的漆膜完好性，主要为保障海上风电基础结构在船舶撞击、波浪及海流往复荷载作用下的涂料仍可保持良好的状态。

冲击试验器的重锤重量为（1000±1）g，冲程为（50±0.1）cm，同一试板进行三次冲击试验，完成后应采用 10 倍放大镜（规范为 4 倍放大镜）观察漆膜受冲击后的状况。

具体测试方法及报告整理结果应依据国家标准《漆膜耐冲击测定法》GB/T 1732—1993。测试单位也可采用类似的国际、欧洲或美国标准（如 ASTM G14），但应对所有需进行冲击性能测试的试板统一采用相同标准，并在测试报告中予以明确。

11.4.3 耐磨性能测试

耐磨性为涂层对摩擦机械作用的抵抗能力，该项应采用旋转橡胶砂轮法进行测试，依据的国家标准为《色漆和清漆 耐磨性的测定 旋转橡胶砂轮法》GB/T 1768—2006。

橡胶砂轮试验仪的每个壁上施加 500g 负载，每块待测试的试板测试次数为 1000 转，且每运转 500 转后应重新整新橡胶砂轮。在测试中，应严格遵照规范布置测试设备、吸尘装置等，尽可能减少磨损物的质量损耗，并避免任何外界增加，称量用天平精度应达到 0.1mg 甚至更高精度。

11.4.4 柔韧性试验

该项主要基于柔韧性测定器测定涂层干膜的柔韧性，并以不引起漆膜破坏的最小轴棒直径表示漆膜的柔韧性，测试用试板、试验方法、步骤及要求参照国家标准《漆膜柔韧性测定法》GB/T 1731—1993。

观察用放大镜为 10 倍。测试用试板为两组，7×2 块。

11.4.5 耐海水浸渍及腐蚀性蔓延试验

本项测试用的人造海水测试条件可按（23±2）℃，则测试时间为 4200h；或加热海水温度为（40±1）℃（注意不要与环境温度混淆），测试时间为 2500h。

本项测试涵盖涂料耐海水浸渍性能和耐腐蚀蔓延性能，故应在待测试的试板预制时，在试板测试表面中部采用圆切刀划一道纵向划痕，划痕长 90mm、宽 2mm，应小心操作以确保每个划痕深度恰好暴露出裸钢，且划痕处应采用压缩空气清理，不留下碎片及残骸。

测试方法应采用浸泡法，测试方法、步骤及其他相关要求见规范 *Paints and varnishes-Determination of resistance to liquids* ISO 2812—2，或参照国内早期标准《色漆和清漆 耐液体介质的测定》GB 9274—1988，但应对所有需进行耐海水浸渍及腐蚀性蔓延试验的试板统一采用相同标准，并在测试报告中予以明确。

测试完，应采用目测及 10 倍放大镜观察漆膜是否有起泡、生锈、裂纹、剥落、粉化等现象，依据国家标准《色漆和清漆 涂层老化的评级方法》GB/T 1766—2008 或国际标准 ISO 4628，并对比测试前、后，观察是否有变色和失光。

腐蚀性蔓延试验测定 M 指标（参考 ISO 20340：2003）。具体为在采用合适的方法清洗后，测量 9 个点（划痕中心点或两侧各 4 个点）的腐蚀宽度，计算底材上划痕处腐蚀蔓延 M 值＝（$C-W$）/2，C 为 9 个点测量值的平均值，W 为划痕的原始宽度。

11.4.6　边缘保持性试验

本项主要测试涂层在底材的棱角、边缘处的保持性。测试试板为脊背处曲率半径为（0.7±0.1）mm 的 90°角型铝材，涂层体系按设计要求的厚度喷涂至角型铝材上，且其凸面应按规定的临近脊线的每个平面上干膜厚度应均匀。

测试时，应使用带锯从 150mm 长的角铝上切割下长度为 12.7mm 的 9 段作为测试样本，每 3 个测试样本放置于测试容器内，测试溶液为液态聚酯或环氧树脂，溶液应完全淹没测试样本，每个角铝 9 个测试样本共须制备 3 个测试容器。

本项测试用的人造海水测试条件为（23±2）℃，则测试时间为 4200h；或加热海水温度为（40±1）℃（注意不要与环境温度混淆），测试时间为 2500h。

测试完时，应通过目测及 10 倍放大镜观察角铝脊线处漆膜情况，并清洗并干燥处理后，测定其干膜厚度。具体可参照规范《海上平台大气区和浪溅区新建用防腐涂层体系评估》NACE TM0404—2004 执行。

11.4.7　耐人工循环老化试验

海上风电基础的防腐涂层特别是浪溅区长期承受紫外线照射、海水侵蚀、低温、盐雾等影响，容易老化而损坏。本项测试是整个测试工作的重中之重，也是涂料测试环境最为苛刻的一项，具体按照 ISO 20340：2003 附录 A 中程序 A 执行。具体测试工作为：

试板按循环暴露一周（168h）为一个循环周期，如彩图 147 所示，分以下三项：

（1）72 h 的紫外线和水的暴露，4 h 紫外线照射（60±3）℃和 4 h 冷凝（50±3）℃交叉进行。并注意以紫外线照射开始，以冷凝结束。

（2）72 h 盐雾试验。

（3）24 h 低温暴露试验（−20±2）℃。在第（2）项盐雾试验完之后，可用去离子水清洗试板，但不用干燥。

以上一周（168h）为一个循环周期，总计将试板暴露 25 个循环，即 4200h。

11.4.8　耐阴极剥离性试验

位于全浸区及泥下区的海上风电基础的防腐涂层一般需与牺牲阳极或外加电流系统联合防腐，本项测试主要为考察涂层系统与电化学系统的协调性、兼容性，考虑涂层是否会因电化学作用而导致剥离。

测试方法按照《色漆和清漆 - 暴露于海水中的涂层耐阴极剥离性能的测定》ISO

15711:2003 的要求。

若因试验条件受限，也可参照国标《防锈漆耐阴极剥离性试验方法》GB/T 7790—1996，试验环境温度为（23±2）℃。测试用人造海水温度可按（23±2）℃，则测试时间为4200h；或加热海水温度为（40±1）℃（注意不要与环境温度混淆），测试时间为2500h。

11.5 重防腐涂层施工技术要求

11.5.1 总则

（1）涂漆工作的执行和监督应符合ISO 12944—7的要求。必须由一家有资格的专业公司进行工作并严格满足涂层系统供货厂家技术产品参数表给出的要求，进行涂装作业的技术人员应具备5年以上涂装经验，油漆供应商须安排具备NaceII、FROSIO、SSPC等资质的人员进行指导。

（2）防腐油漆供应商必须提供正确使用涂漆材料所需的技术产品参数和材料安全参数表，承包方可用于制定符合现行的健康、安全和环境保护法规的工艺。

（3）涂层系统制造厂必须证明防腐油漆产品的技术适合性（涂漆材料）。必须出具由认证机构出具ISO 12944—6要求的检验合格证或者其他类似认证证明。

11.5.2 涂层材料

（1）防腐涂层厂商应具有5个以上海上工程使用10年以上的良好业绩，采用的防腐涂层配套体系必须在海上工程有实际使用业绩。

（2）防腐涂层厂商须出具国家资质检测机构提供的第三方检测报告，符合ISO 12944—6要求的检验合格证和其他类似证明，包括耐老化、抗冲击性、耐磨性、附着力、耐碱、抗氯离子渗透性、延伸率（断裂）等试验，试验指标不低于ISO 20340—2003、Norsok M501—2004、ISO 4624等的相关要求。防腐涂层测试建议参考11.4节执行。

（3）为保证良好的电流流通性，牺牲阳极铁脚与桩体之间连接的法兰盘、螺栓、垫片、螺母等导电接触部位不涂防腐涂层；对导电无影响的表面均需进行防腐处理，防腐油漆配套与相应区域的附属结构相同。

（4）为确保边缘、焊缝、角落处达到规定的膜厚，在每道涂层施工前，需对这些部位进行预涂。

（5）涂层配套体系的不同层油漆，应采用不同的颜色，便于施工监测。

（6）所采用的防腐油漆底漆、中间漆、面漆均必须兼容，且防腐油漆必须保证与阴极保护系统相兼容。

11.5.3 防腐施工环境

（1）表面处理和防腐涂层施工过程中，要进行环境控制，以获得最佳的涂装质量。环境控制主要包括温度、相对湿度和露点。

（2）表面处理和防腐涂层施工，要求在通风和照明良好的室内施工；空气相对湿度要低于 85%，底材须高于露点温度至少 3℃。

（3）常温型防腐涂层施工环境温度范围为 5～40℃；当环境温度为 −5～5℃时，施工必须使用冬用型涂料，施工工艺按涂料供应商提供的说明进行。低于 −5℃时严格禁止防腐涂层施工。

（4）油漆涂装应在厂房内喷涂，室内光线明亮，空气流通。涂装操作区地面干净，保证在喷涂过程中无灰尘扬起。操作区应有隔离地带和安全警示标牌。在施工和干燥期间采取适当的通风和预防措施，使雾粒和挥发的溶剂处于安全浓度范围内，防止造成中毒及爆炸、火灾事故。

（5）若油漆供应商对所采用型号的防腐油漆允许施工温度还有其他要求，应同时满足油漆供应商的相关要求。

11.5.4　表面处理及涂装要求

（1）防腐涂层施工主要工艺流程如下：钢板表面预处理→喷砂除锈→除尘→检测→喷涂底漆→调配涂装料→喷涂第二道漆→喷涂第三道漆→喷涂面漆→成品检测→涂层养护→损伤补涂。

（2）全部机械准备工作（去飞边毛刺，锐边尖角进行倒角等）必须在打砂清理之前完成，锐边和切割边缘打磨到 $R \geqslant 2$mm，并清除所有的焊接飞溅物和焊渣，咬边要进行打磨。

（3）采用水基生物降解清洁剂清除表面的油、水、油脂、盐分、切削液等化学试剂。若油漆厂家提供清洁剂，则必须使用油漆厂家的清洁剂。小面积的污染表面可用蘸有溶剂的抹布擦拭干净；大面积的污染表面喷淋清洁剂溶液，浸 5min，然后刷洗待表面油、脂得到充分反应后，再用淡水冲净。盐分用高压淡水冲净。

（4）喷砂施工应在相对封闭的喷砂房内进行，并保证足够的通风和照明；油漆涂装过程必须在厂房内进行。喷涂场地开阔，设有专用操作区。室内空气流通，光线明亮。要求使用钢砂、钢丸。

（5）钢材表面在涂装前须进行喷砂除锈处理。第一道涂层为防腐油漆时，表面除锈等级应达到 Sa2½ 级，平均粗糙度要达到 50～80μm，符合《涂装前钢材表面锈蚀等级和防锈等级》GB 8923—1988 的要求；第一道涂层为热浸镀锌或热喷锌时，钢材表面除锈等级应达到 Sa3 级，平均粗糙度要达到 50～100μm，符合《涂装前钢材表面锈蚀等级和防锈等级》GB 8923—1988 的要求。且应保持钢材表面粗糙度和清洁度直到第一道涂层施工，否则应重新处理。

（6）表面处理经质量自检，并取得监理工程师认可，合格后必须在 4h 内喷涂，其间隔时间越短越好。若遇下雨或其他造成钢材基体表面潮湿时，要待环境达到施工条件后，用干燥的压缩空气吹干表面水分和除去灰尘，并重新喷砂处理至设计要求的等级。

（7）要求海上风机基础各构件的涂层均应在打桩前（或安装前）一星期完成。即涂层经一星期养护后才能应用。涂层在未完全固化的情况下，禁止承受拉力作用；涂层固化过程中，应保持良好的通风，在固化前，应避免接触水汽。

11.5.5　质量检查

（1）涂装后应按《色漆和清漆　漆膜厚度的测定》GB/T 13452.2—2008 中规定的方法进行涂层干膜厚度测定。干膜厚度应大于或等于设计厚度值者应占检测点总数的 90% 以上，其他测点的干膜厚度也不应低于 90% 的设计厚度值，当不符合上述要求时，应根据情况进行局部或全面修补。

（2）施工人员在涂层喷涂过程中，要不断检测调节每道涂层的湿膜厚度，以控制干膜厚度。湿膜厚度与干膜厚度的关系为：

$$湿膜厚度=\frac{干膜厚度}{体积固体分}$$

如果涂料稀释后进行喷涂，湿膜厚度与干膜厚度的关系为：

$$湿膜厚度=\frac{干膜厚度\times(1+稀释量\%)}{体积固体分}$$

（3）防腐涂装完成并达到固化要求出厂前，应由监理工程师进行检验，检验项目包括：颜色和光泽、有无气泡、锈蚀、开裂、剥落、粉化、渗色、咬边或皱皮、缩孔或鱼眼、白化、漏涂或擦伤等涂装缺陷。观察检验项目包括目测和 10 倍放大镜检查。

（4）对桩体、导管架外表面的全部涂装范围均应采用高压漏涂点检测仪进行漏点检测；桩体、导管架内表面和防撞管、电缆管、爬梯表面的 50% 涂装范围应进行漏点抽检；其余部位按 10% 范围进行漏点抽检。抽检位置由现场监理工程师指定。

（5）漏涂点应按 NACE SP0188 进行检测，干膜厚度在 200～300μm 时，检漏电压为 1500V；300～400μm 时，检漏电压为 2000V；400～600μm 时，检漏电压为 2500V；600～1000μm 时，检漏电压为 3000V。发现任何漏涂点均应进行补涂，且修补处的干膜厚度复测结果应满足设计要求。

（6）漏涂点检测时，应特别注意操作人员及周边人员、设备的安全，施工单位提交施工方案时，应包括该部分的安全保障措施。

（7）当有检验不合格的区域，需要按 11.5.6 节要求进行修补，并待修补完成达到固化时间要求、监理工程师确认之后方可出厂。

11.5.6　涂层修补

（1）有下列情形之一的，应在现场监理工程师监督下进行补涂，并经监理工程师确认后，方可继续使用。

① 防腐涂层厚度未达到设计标准；

② 因运输、起吊、运堆存过程中造成漆膜破损、裂纹等，影响防腐层性能时；

③ 按 11.5.5 节进行质量检查不合格的。

（2）修补方法。

① 对于未达到涂层设计厚度的修补，应按照油漆供应商的指导或产品说明书对油漆表面进行处理后，补涂油漆；

② 对于破损的涂层，修补前先对破损位置进行表面清洁处理，除去水、油污、异

物等，再喷砂处理到 Sa2½ 级；

③ 采用已涂装的防腐油漆配套进行补涂刷，其配方应按本施工技术要求及油漆供应商的相关规定，涂装前应经监理工程师确认后进行；

④ 补涂装时注意对其他区域涂层的保护，避免干喷或漆雾等现象的产生，同时应控制涂膜的厚度；

⑤ 补涂位置待涂层固化后，应进行复测并达到设计要求。

（3）出厂后（含海上施工及运输途中）修补方法。

① 修补前先对破损位置进行表面清洁处理，除去水、油污、异物等，并用压缩空气吹干后，再喷砂处理到 Sa2½ 级或用动力工具打磨至 St3 级。除锈打磨的方法的选择，视破损面积的大小及施工条件而定，具备工厂修补条件时，优先采用喷砂方式；

② 防腐油漆供应商必须为承包方制定修复规范，该修复规范及涂料性能等相关数据必须在第 1 批涂料（或第 1 个样品）交货前提供给业主及设计认可；

③ 采用由防腐涂料供应商确认并经设计认可的适合潮湿环境施工的涂料进行补涂刷，涂装方法及检验标准遵照 11.5.6 节的相关要求。

11.6　阴极保护系统技术要求

经前期研究，并依托实际工程设计及运行情况检验，对海上风电工程阴极防护系统拟按如下要求执行。

11.6.1　牺牲阳极材料

（1）海上风电工程所采用的牺牲阳极规格应按规范要求，其中较广泛的如：Ai-Zn-In-Mg-Ti 合金牺牲阳极，规格为 A（21）I-1 或 A（21）I-2，具体见《铝 - 锌 - 铟系合金牺牲阳极》GB 4948—2002。

（2）牺牲阳极材料的化学成分应符合表 11-7。

阳极材料的化学组成表　　表 11-7

Zn	In	Mg	Ti	Si	Fe	Cu	Al
4.0 ～ 7.0	0.02 ～ 0.05	0.50 ～ 1.50	0.01 ～ 0.08	≤ 0.10	≤ 0.15	≤ 0.01	余量

注：表中化学组成按质量分数 % 分配。

（3）牺牲阳极的电化学性能应符合表 11-8。

阳极材料的电化学性能表　　表 11-8

项目	开路电位（V）	工作电位（V）	实际电容量（Ah/kg）	电流效率（%）	消耗率［kg/（A·a）］	溶解状况
电化学性能	−1.18 ～ −1.1	−1.12 ～ −1.05	≥ 2600	≥ 90	≤ 3.37	产物容易脱落，表面溶解均匀

注：表中试验数据基于饱和甘汞参比电极，海水或人造海水为介质。

（4）牺牲阳极块表面不允许沾染油漆、油污等，否则应采用水基生物降解清洁剂清除表面。

（5）牺牲阳极工作面应无氧化渣、飞边、毛刺等缺陷，牺牲阳极所有表面允许有少量长度≤ 50mm，深度≤ 5mm 的横向细裂纹存在，但不允许任何裂纹团存在。

（6）牺牲阳极块尺寸偏差为长度 ±2%，宽度 ±3%，厚度 ±5%，直线度≤ 2%；阳极块单体总重量偏差为 0～+3%，不允许出现负偏差。

（7）牺牲阳极与铁脚间的接触电阻≤ 0.001Ω。

11.6.2 检验要求

（1）牺牲阳极安装前需提交正式的材料质量证明书、检测及试验报告，报送业主及监理工程师审核。

（2）牺牲阳极的工作表面质量及单体重量、尺寸的检验应逐个进行。

（3）牺牲阳极的化学成分复验按每批抽检 3 个试件，试件取样即直接在产品上切割，但注意避开铁脚。试件取样量不低于 20g，取样用的钻头或刀具应清洁干净，严禁试件中混入杂质。

（4）电化学性能检验时，应分别于 3 个不同批次的阳极块上切割取样；若本工程所采用的阳极块均为同一批次，则随机取样 3 个。

（5）牺牲阳极与铁脚的接触电阻复验按每批 1 个试件，总量不少于 3 个试件进行取样，接触电阻检验应对阳极块无损伤，该项检验合格的产品仍可继续投入工程使用。

（6）牺牲阳极块的化学成分分析按《铝-锌-铟系合金牺牲阳极化学分析方法》GB/T 4949 的规定执行；电化学性能试验按 GB/T 17848 的规定执行；接触电阻的测量方法按《铝-锌-铟系合金牺牲阳极》GB/T 4948 的规定执行。

（7）检验中若有一个样品不符合要求，应加倍抽样复验；若二次抽样复验仍有不符合要求的，则该批产品不合格。表面质量及尺寸、重量检验不合格产品按个处理。

11.6.3 牺牲阳极焊接及其要求

（1）先按施工图纸要求焊接牺牲阳极块的接口，焊接、防腐处理、检测的要求均参照钢管桩的制作要求，每块阳极接口的具体焊接位置、尺寸、方向都必须严格按照施工图进行。

（2）牺牲阳极块的实际安装标高允许误差 ±50mm，阳极块与钢管桩的距离允许误差为 ±10mm。

（3）海上施工前，需在工厂内对牺牲阳极块进行预安装，经监理确认无误后，方可准备出厂相应手续。

（4）钢管桩海上打桩后，应检查牺牲阳极接口焊接的完整性；如果发现牺牲阳极接口振落或焊接处有损坏，要求重新焊接，并按现场涂层修补要求进行局部防腐涂层施工。

（5）牺牲阳极块采用螺栓固定法，现场通过螺栓进行固定，以确保使用期间不脱落、不松动；局部区域若有现场焊接，以施工图为准。

（6）如果购买此类型牺牲阳极不便，施工单位可以采用报设计单位校核同意的其他类型牺牲阳极。

11.6.4　保护电位测量方法

（1）测量保护电位应使用阻抗大于 10MΩ、精度为 0.001V 的万用表或其他电位监测设备进行测量。

（2）牺牲阳极的阴极保护系统竣工验收后，投入正常使用，其保护电位应满足表 11-9 的要求。

牺牲阳极保护的保护电位范围　　表 11-9

参比电极种类	Cu/$CuSO_4$ 参比电极	Ag/AgCl 参比电极	Zn 参比电极
保护电位	−0.85 ～ −1.10	−0.80 ～ −1.05	0.25 ～ 0

（3）若保护电位测得超过或低于上表的电位范围，可能对风机基础钢结构造成过保护或保护不足，应及时联系设计共同解决。

11.6.5　牺牲阳极更换

（1）牺牲阳极应按照设计使用寿命定期更换。

（2）牺牲阳极块使用期间内，当检查发现牺牲阳极工作表面不溶解时，应及时联系设计，经确认同意后予以更换。

11.7　防腐系统运行期检查与维护要求

鉴于我国海上风电属于朝阳行业，对于海上风电防腐实际可控的程度有限，随着时间增长，防腐涂层会存在老化、破损，牺牲阳极有可能被破坏、损耗或因潮汐原因对部分区域无法防护，应定期对防腐措施进行监测和维护。

（1）工程实施后初期 2 年内，至少每半年检测一次；在运行维护其他时间段内每年检测一次；并可根据防腐系统的运行情况，适当增加。

（2）检查与检测项目主要包括：防腐涂层破损情况，8～10 处典型位置的涂层厚度检查，牺牲阳极块焊脚完整性、消耗情况，风机基础保护电位检测。

（3）防腐涂层破损、剥落、起泡、裂纹、锈蚀等应按防腐涂层修补处理的技术要求进行及时修补。

（4）当发现牺牲阳极块工作表面明显钝化时，要挫去表面的氧化层，使得牺牲阳极可正常工作。

（5）保护电位检测结果应满足规范要求，若测得保护电位超过或低于允许的电位范围，可能对风机基础钢结构造成过保护或保护不足，应及时研究解决。

（6）检查后发现有牺牲阳极块脱落等严重情况时，应采取措施进行维修。

11.8　小结及建议

本章结合前述的 ISO 12944、NACE 等标准、本阶段研究成果以及在海上风电实际工程应用的情况，提出我国海上风电工程基础结构防腐蚀技术导则，导则内容包括：一般要求、钢结构基础典型防腐蚀配套系统、钢筋混凝土基础防腐蚀指导建议及要求、重防腐涂层测试要求、重防腐涂层施工技术要求、阴极保护系统技术要求、防腐系统运行期检查与维护要求等。

其中，对涂层测试（即委托第三方机构进行的测试试验）建议开展的项目包括：漆膜厚度检测、耐冲击性能测试、耐磨性能测试、柔韧性试验、耐海水浸渍及腐蚀性蔓延试验、耐盐雾试验、耐湿热试验、边缘保持性试验、耐人工循环老化试验、耐阴极剥离性试验等。

导则中“钢结构基础典型防腐蚀配套系统”“钢筋混凝土基础防腐蚀指导建议及要求”等章节内容，可供海上风电工程防腐配套选用时参考；而“重防腐涂层测试要求”“重防腐涂层施工技术要求”“阴极保护系统技术要求”“防腐系统运行期检查与维护要求”等章节内容，则可为海上风电工程基础结构防腐蚀实施过程中的材料、测试、施工、检验等各环节应遵照技术标准的参考。

总体而言，该导则对于工程设计、施工、检验、工程管理等具有一定的实际指导意义，并可供后续海上风电工程防腐蚀方面的技术规范编制、标准修编等参考使用。

第12章　工程案例及海上风电工程应用

12.1　工程案例

上海东海跨海大桥项目

东海大桥全长32.5km，在大桥跨海段中，除通航孔外，约24km的桥梁结构全部由钢管桩构成下部基础结构支撑，涉及设计墩号331个，钢管桩总数5376根，消耗钢材约26万t。钢管桩由上节桩和下节桩拼焊组成，上节桩是厚为25mm的直焊缝管，下节桩是厚为18mm螺旋焊缝管，材质为Q345C，外径为ϕ1500mm，在桩顶下5.9m的范围内受潮汐影响的部位采用重防腐涂层保护。钢管桩本身腐蚀速率较快，钢管桩的有效使用年限取决于钢管桩的防腐蚀技术与效果，以及运行期间对大桥防腐蚀系统的维护与管理。为保障钢管桩的有效使用，需定期监测防腐蚀效果，每年全面普测一次钢管桩保护电位，检查防腐涂层防腐蚀效果，检查钢管桩腐蚀与保护状况等工作。

（1）防腐技术指标

东海大桥钢管桩的设计防腐蚀年限是$t \geqslant 35$年，钢管桩的年保护度≥95%，年腐蚀率低于0.03m/年，被保护钢管桩的保护电位控制在最佳保护电位范围：−0.85～−1.10V（相对铜/饱和硫酸铜参比电极）；潮差区涂层耐盐雾、耐老化、耐湿热、抗振性和附着力强，不产生大面积剥离，最终自然破损率低于30%；钢管桩各区段无明显腐蚀，不产生蚀坑等集中腐蚀现象；防腐蚀系统对海域无污染、对钢管桩强度无副作用。

（2）防腐技术方案

东海大桥钢管桩防腐蚀采用阴极保护和涂覆层的联合应用，可以使水下金属结构物获得最经济和有效的保护。一方面阴极保护可有效地防止涂层破损处产生的腐蚀，延长涂层使用寿命，另一方面涂层又可大大减少保护电流的需要量，改善保护电流分布，增大保护半径，使阴极保护变得更为经济有效。阴极保护的费用通常只占被保护金属结构物造价的1%～5%，而结构物的使用寿命则可因此而成倍甚至几十倍地延长。

1）涂层防腐技术方案

采用环氧重防腐涂料，对全桥5376根钢管桩（含截补桩57根）进行涂层防腐保护。

① 涂装范围：自桩顶＋2.5m至−3.4m，单桩涂敷长度约5.9m，涂装总面积14.94万m^2；

② 表面处理：喷砂除锈达Sa2½级；

③ 涂料材质：725-H53-9环氧重防腐涂料；

④ 涂层厚度：桩顶＋2.5m至＋1.0m承台包覆段涂层厚度100μm；钢管桩＋1.0m至−3.4m段（潮差段）涂层厚度为1100μm。

2）牺牲阳极阴极保护防腐技术方案

钢管桩采用高效铝合金牺牲阳极阴极保护法，为了达到保护效果对全桥钢管桩进行了焊装阳极的施工。

牺牲阳极保护范围是整根钢管桩从桩顶到泥下桩尖全方位保护，保护面积约147.31万m^2。牺牲阳极采用Al-Zn-In-Mg-Ti高效铝合金阳极，规格是1450mm×（180mm＋210mm）×200mm，净重145kg，毛重157kg。焊装牺牲阳极数量是17685支，其中单根焊装3支阳极的钢管桩量为4030根，单桩焊装4支阳极的钢管桩数量为1095根，单桩焊装5支阳极的钢管桩数量为89根，单桩焊装6支阳极的钢管桩数量为98根，单桩焊装7支阳极的钢管桩数量为26根。钢管桩的焊装部位是浅海水中−3.5～−12.0m段分三层均匀配置焊装；深海水中−3.5～−18.0m段分四层均匀配置焊装。

（3）钢管桩涂层质量与防腐蚀效果检测

东海大桥钢管桩地处海洋环境中，渔船碰撞、海洋暗流、偷盗等因素都会对钢管桩或阳极块造成破坏，从而导致阴极保护失效，因此必须每年对牺牲阳极阴极保护的效果进行评价并同时对钢管桩表观涂层进行检查。目前检修维护公司定期采取船只和专用检修车到达测试位置，对钢管桩防腐蚀效果进行测试与检查，通过电位测量值来判断钢管桩的保护状态是否正常，以及铝合金阳极块是否有效与脱落。

钢管桩自桩顶＋2.5m至−3.4m涂有ZF725-H53-9环氧重防腐涂料，在对钢管桩电位测试的同时，借助于目测，直接检查钢管桩潮差段的腐蚀现状和涂层剥离情况，定期水下探摸高效铝阳极的溶解情况，并估算其溶解量，进而计算阳极的有效防腐蚀年限；或者根据钢管桩的保护电位、阳极工作电位、水质电阻率等参数，推算高效铝阳极的有效防腐蚀年限。要求在有效防腐蚀年限内，钢管桩潮差段无任何锈迹，涂层不存在大面积剥离现象，最终涂层自然累积破损率低于30%，高效铝合金牺牲阳极应达到35年的有效防腐蚀年限。彩图148中所示是钢管桩入水使用8年后，钢管桩防腐涂层的现状。

东海大桥钢管桩防腐蚀工程2006年竣工验收，2007～2012年，由桥梁检修和维护单位独立实施维护与管理工作。2008年，材料研究所对部分墩位进行复测，复测结果基本与检测成果一致，且经对钢管桩保护度与腐蚀率进行计算，数据显示防腐蚀系统满足设计要求。

12.2 防腐配套体系工程应用

自2009年以来，江苏如东海域陆续开发建设了江苏如东潮间带试验风电场项目、江苏如东150MW海上风电场示范项目、江苏如东150MW海上风电场示范项目增容50MW项目、江苏如东试验风电场扩建项目、江苏龙源如东海上风电场示范项目扩建200MW项目等海上风电场项目，风机基础包括单桩基础、多桩导管架基础等多种基础形式。

江苏如东潮间带海上风电场示范项目位于江苏如东沿海的潮间带上，洋口港环港作业区以东，刘埠闸沟槽外侧的海域，距现有海岸线距离 1.5～10.0km，海床面高程为 0～-16.0m，如彩图 149 所示。

考虑到风电机组基础暴露于腐蚀环境的实际情况，根据 ISO 12944-2 的要求，风机基础钢结构表面属于 C5-M 或 Im2、Im3 腐蚀性环境类别。其中桩体内部表面的泥面以上部分、内平台等为 C5-M 环境，海水区域为 Im2 环境，海泥区域为 Im3 环境，风机基础防腐设计年限为 25 年（表 12-1）。

风机基础防腐配套体系简述表 **表 12-1**

适用条件	涂层范围	第一道涂层	第二道涂层	第三道涂层	第四道涂层
潮差区域及浪溅区（Im2）	主体结构外表面	环氧玻璃鳞片漆总干膜厚 800μm，2～3 道			脂肪族聚氨酯面漆 50～80μm
	附属构件外表面	热浸镀锌 150μm	环氧封闭漆 50μm	环氧玻璃鳞片漆 350μm	脂肪族聚氨酯面漆 50～80μm
	风机基础所用的螺栓、螺母	316L 不锈钢螺栓螺母			
大气区（C5-M）	主体结构内表面	环氧富锌底漆 50μm	改性环氧耐磨漆 300μm		
	爬梯、栏杆、外平台的表面	热浸镀锌 150μm	环氧封闭漆 50μm	环氧玻璃鳞片漆 250μm	脂肪族聚氨酯面漆 50～80μm
海泥区桩体（Im3）	主体结构表面（浅表层区域）	环氧玻璃鳞片漆 总干膜厚 600μm，2 道			

本项目建成后，委托苏州热工研究院对风机基础进行了电位检测并绘制电位云图、进行效果评估，并编写了非常完备的评估报告《钢构基础阴极保护电位检测报告》。

报告主要结论如下：

2010 年 11 月完成 2010 年度首次风机牺牲阳极检测，可知钢构基础的保护情况良好。2011 年 7～8 月完成 2011 年度第一次风机牺牲阳极检测，与去年检测结果进行对比，今年牺牲阳极的保护电位产生正移，而钢构基础的保护情况良好。2011 年 9 月完成 2011 年度第二次风机牺牲阳极检测，与 2011 年第一次检测结果进行对比，两次检测结果变化不大，牺牲阳极均能对钢构基础产生良好的保护效果，高潮区牺牲阳极的保护电位分布更为均匀（表 12-2）。

风机基础防腐电位季度检测结果汇总表 **表 12-2**

序号	114 号	113 号	112 号	64 号	62 号	61 号	54 号	53 号
高潮	-1.030	-1.030	-1.050	-1.030	-1.030	-1.030	-1.040	-1.050
低潮	-1.030	-1.010	-1.050	-0.950	-1.030	-1.030	-0.990	-1.010

续表

序号	39 号	11 号	10 号	9 号	8 号	106 号	105 号	
高潮	−0.980	−1.090	−1.050	−1.050	−1.030	−0.970	−0.980	
低潮	−1.010	−0.990	−1.050	−0.990	−1.030	−1.067	−1.010	

以上为部分钢结构风机基础的电位检测统计成果表，通过本工程的保护电位检测结果看，测得电位均在 −0.85～−1.10V 范围内，说明本工程采用的防腐配套方案对风机基础起到了有效的保护。

12.3 浪花飞溅区特种防腐工程应用

笔者依托实际海上风电试验项目，对部分风机基础结构试点性采用了金属热喷涂技术方案，即如 7.4.1 节所述，通过金属热喷锌一定厚度后，再增加涂装环氧类封闭漆＋中间漆＋面漆的方案，如彩图 150 所示。

12.3.1 浪溅区涂层配套体系

依托海上风电试验项目中，对主体结构实施热喷锌后，均要求按设计要求做好完整的封闭漆、中间漆和面漆。封闭漆具有较低的黏度，并应与金属涂层具有良好的相容性，而中间漆、面漆每道间也应有着良好的相容性。

热喷涂防腐蚀中采用涂料涂装封闭，起到了一定的封孔作用，但不完全等同于对金属涂层的封孔。涂料涂装的涂料一般情况下黏度较高，难以渗透到金属涂层的孔隙中去，有机涂层黏附在金属涂层表面，电解质的通道依然存在，当电解质透过有机涂层后仍可抵达钢铁基体表面，造成基体的腐蚀或加大金属涂层的消耗。

要起到封闭金属涂层内部孔隙的作用，封孔材料必须具有足够低的黏度，做到无孔不入，才能够充分地渗透到金属涂层的孔隙中去，同时能与金属涂层以及表面涂料有较好的相容性，使得表面涂料和金属涂层有较好的结合力，这样复合涂层才能有最佳的协同效应。钢结构热喷涂金属涂层表面常采用环氧类、聚氨酯类涂料涂装，因此采用环氧类、聚氨酯类树脂为成膜物质，锌铬黄、磷酸锌为主颜料作为封孔剂比较好，对于小型工程为考虑施工方便也可采用经稀释的环氧类、聚氨酯类清漆或罩面涂料作为封孔剂，而环氧云母氧化铁涂料、厚浆型涂料、耐磨涂料等因填料颗粒较粗，即使经过稀释也很难渗入到金属涂层微孔中去，不宜作为封孔剂使用。

某些钢结构部分面积处在海水中，部分面积处于潮差浪溅区，部分面积在海洋大气中，金属涂层表面涂料涂层的选择应充分考虑到环境因素，应选择自身密实性好、耐水的涂料以隔离电解质的侵入，另一方面为防止金属涂层腐蚀产生的腐蚀产物膨胀造成涂料涂层鼓泡破坏，涂料涂层应有较高的强度，氯化橡胶等质地较软的涂料不适宜作为水下金属热喷涂表面涂层使用。环氧云母氧化铁以环氧树脂为胶液，云母氧化铁作为填料，云母片具有良好的化学惰性，本身呈片状，在漆膜中重叠，可以有效地隔离腐蚀介质的渗透，环氧树脂本身具有很好的耐水性，较高的强度，是较为理想的表面涂料或中间层涂料。

经研究后，在封闭漆和中间漆、面漆的选择上，做了较细致的规定，涂料性能要求较高。配套简单介绍如表 12-3 所述。

浪花飞溅区金属热喷涂＋涂料配套体系　　表 12-3

防腐区域	涂层配套	厚度（μm）
钢管桩外部（飞溅区）	热喷锌	120
	环氧类封闭漆	30
	改性环氧树脂漆（改性环氧玻璃鳞片漆）	600
	脂肪族聚氨酯面漆	60
导管架主体外部（飞溅区）	热喷锌	120
	环氧类封闭漆	30
	改性环氧树脂漆（改性环氧玻璃鳞片漆）	600
	脂肪族聚氨酯面漆	60
内部大气区域	环氧富锌漆	80
	环氧树脂漆	360

由于热喷涂金属与涂料间物理性能差异较大，且热喷锌表面处理难度较钢材表面处理难度更大，因此各涂层间粘结力较薄弱的环节，仍然是喷锌表面与封闭漆之间。但经附着力测试看，虽然喷锌表面与封闭漆之间粘结力（均值 8.89MPa）较钢材表面与海工涂料（均值 18.83MPa）要低很多，如彩图 151、彩图 152 所示。但由于对涂料的选择及施工控制较为严格，其最低的附着力仍然较为理想，超过欧洲及国内规范对附着力的最低要求。

12.3.2　电弧喷涂的金属结合力质量控制要求

金属热喷涂中，最终反映到核心质量因素的就是热喷涂金属与钢材基体之间的结合力，低压电弧喷金属层与钢结构表面主要以机械齿合的形式结合，其结合力的影响因素很多，经调研研究，建议应对如下几个方面做好重点把控：

（1）粗糙度和粗糙表面的形态

一般而言，钢材表面粗糙度越大，其电弧喷金属涂层的结合力越高，通常 Ra80～120μm 为宜，表面形态表现为陡峭锯齿状的峰谷，表面进行干磨料喷砂处理，磨料选用棱角钢砂或者矿渣等。选用金属磨料粒度 0.5～1.5mm，非金属磨料一般为 0.5～2.0mm。

（2）清洁度要求 Sa2½ 和 Sa3.0

利用洁净干燥的压缩空气进行喷砂至最高的表面处理等级，金属热喷锌涂层，钢材表面处理等级不低于 Sa2½ 级；金属热喷铝涂层，表面处理等级应达到 Sa3.0 级。且要求必须进行喷砂处理，而不允许手工或动力工具处理。在喷砂、吹除清理灰尘和电弧喷金属的过程中所涉及的压缩空气，必须经过油水分离系统和干燥装置。任何外来油污和湿气的污染都会影响涂层的结合力。

（3）环境要求

空气温度大于5℃，露点温度大于基体表面温度3℃以上，一般要求4～6h之内喷涂完毕，待喷涂时间越长，基体表面返锈退化越严重，即表面清洁度降低而影响涂层质量。若环境温度小于5℃或相对湿度大于80%，对待喷基体进行预热处理，可以增强其结合力。

（4）工艺参数的控制

一般来说电弧喷涂，输出电压28～34V，电流160～200A，喷射的方向与工作面尽可能垂直，喷枪与工件的角度控制在65°～80°的范围内，距离250～350mm，干净干燥的压缩空气（雾化压力）大于0.5MPa，下一枪与上一枪的重叠区域为1/3。操作者在施工过程中应随时检查喷涂状态和工艺参数，以调整到适合的工艺参数。

（5）喷涂机设备中，枪口处熔融铝丝的雾化程度和雾化压力

通常熔融铝丝雾化程度愈高，其喷涂至基体表面的涂层越致密，即与基体齿合越紧密，细小的雾化颗粒充分填入粗糙峰谷以均匀覆盖基体，涂层的空隙率也就越低。喷涂空气压力越大，涂层与基体结合强度越高。

（6）其他影响因素

操作技术和疲劳程度、丝材的纯度、拉力试验设备型号要求、所选粘结胶水对涂层是否腐蚀及环境影响、涂层厚度和边角棱等受应力影响的薄弱部位。

12.3.3 PTC包覆防腐工程应用情况

江苏如东150MW海上风电场进行复层矿脂包覆（以下简称PTC）防腐的风机基础主要针对华锐3.0MW单桩基础（17台）、西门子2.3MW5桩导管架基础（21台）及金风2.5MW风机的单桩基础（19台），基础的主要组成部分包括：基础主体结构、操作平台、栏杆、爬梯、靠船构件等附属构件组成。

考虑到风电机组基础暴露于腐蚀环境的实际情况，根据ISO 12944—2的要求，风机基础钢结构表面属于C5-M或Im2腐蚀性环境类别。其中导管架、单桩桩体内部表面的泥面以上部分、内平台等为C5-M环境，其余部分均为Im2环境。

本次复层矿脂包覆（PTC）主要针对基础主体结构部分进行保护，其中单桩基础主要对钢管桩泥面以上部位进行包覆防腐，如彩图153所示。包裹范围：牺牲阳极安装顶高程以上0.1m至基础顶法兰部位；5桩导管架基础主要导管架部分进行包覆防腐处理，包裹范围：泥面以上至9.0m高程的导管架部位。由于防撞钢管、爬梯与电缆管等附属构件通过连杆与风机基础主体结构连接在一起，而本项目PTC包覆防腐仅针对风机基础主体结构，因此附属构件的连杆与钢管桩相交部位外延0.3m的圆周范围内亦按照原有防腐设计执行。

风机基础PTC施工主要流程为：

1）直管结构PTC施工流程

施工设计→准备工作（搭建脚手架、吊笼；标记施工部位和范围；预制防蚀保护罩）→表面处理（除去浮锈和表面附着生物）→下部焊接固定卡箍→涂刷矿质防蚀膏

（$300\sim500g/m^2$）→缠绕矿脂防蚀带（2～3 层）→安装预制防蚀保护罩→端部处理。

2）导管架节点结构 PTC 施工流程

施工设计→准备工作（搭建脚手架、吊笼；标记施工部位和范围）→表面处理（除去浮锈和表面附着生物）→涂刷矿质防蚀膏（$300\sim500g/m^2$）→缠绕矿脂防蚀带（2～3 层）→防蚀保护罩现场制作（粘贴无纺布、粘贴玻璃丝布、粘贴玻璃丝毡、涂刷树脂）。

3）防腐监检测系统布置及防护评价

本次 PTC 施工过程中，同时建立了 PTC 防腐监检测系统，根据规定时间检查试片，利用腐蚀失重法评价该腐蚀修复工程的防护效果和工程质量。对于需要安装检测试片的基础，需要在安装检测试片的部位焊接固定螺栓，并进行钢结构的厚度测量。确定安装保护试片用试验窗螺栓的焊接位置，并焊接试验窗螺栓，注意试验窗口方向，便于安装和检测。未保护试片要求安装在与保护试片高度相同的位置上。根据钢结构所处腐蚀环境的不同，在具有代表性的 9 个钢桩上安装检测试片来评价该技术的保护效果。

① PTC 工程完成后分 3 次提取试片，每隔 5 年取出 3 组保护试片和 2 组未保护试片，对保护效果进行检验，将实验窗外盖打开，揭去两层缠带，露出保护试片，对其进行拍照，取出试片，用预先剪好的矿脂防蚀带包好，放入样品带。

② 在实验室将保护试片放入石油醚中清洗两次，洗去表面的油脂，参考《金属和合金的腐蚀 腐蚀试样上腐蚀产物的清除》GB/T 16545—1996 的标准方法，对试片进行表面处理，根据试样在腐蚀前后的质量变化来测定腐蚀速率。

③ 将每次取出的保护试片测定的腐蚀速率对比，进一步验证 PTC 的在海洋环境下对风机基础的保护效果。

12.4　海洋生物污损防护工程应用

12.4.1　添加辣椒素涂层防污案例

笔者通过结合海洋生物污损防护技术，尝试在海工涂料中添加辣椒素的措施，相对于传统的添加铜等毒性离子的方式，辣椒素更加环保。在海上风电试点项目中，对海洋飞溅区及水位变动区的钢构面漆中掺加辣椒素（浓度 0.5%～0.7%，纯度 99%），而在施工完成后，结构物表面与常规海工涂料并无明显差异，而添加辣椒素防护的风机基础涂层表面在一段时间内防海生物效果较明显，很少有海生物附着，如彩图 154 所示。

通过工程运行后期观察，由于辣椒素逐步消耗，在 0.5～2 年（不同机位有所差异）后海生物会重新附着，也就是说辣椒素添加后有效期不超过 2 年。

12.4.2　电化学 ICCP 防腐系统的污损防护案例

海工结构物的阴极保护防腐方案一般分为牺牲阳极（CP）与外加电流（ICCP）两种方案。外加电流阴极保护方案是以要保护的钢结构作为阴极，另外用难溶性电极作为辅助阳极，两者都放在电解质溶液里，接上外加直流电源。通电后，大量电子被强制流向被保护的钢铁设备，使钢铁表面产生负电荷（电子）的积累，只要外加足够强的电压，金属腐蚀而产生的原电池电流就不能被输送，因而防止了钢铁的腐蚀，通过外加直流电源以及辅助阳极，迫使电流流向被保护金属，使被保护金属结构电位低于周围环境，以起到防海水腐蚀保护的目的。

外加电流（ICCP）系统主要功能是对海上钢结构起到防腐蚀作用，具体在第 5 章有详细说明，笔者在依托的海上风电场中试点性采用 ICCP 方案进行防腐，因一般认为 ICCP 系统由于电流作用也会对海生物污染起到一定抑制作用。因此，在工程实施后，对采用 ICCP 的风机机位进行了跟踪观察，确实发现了海生物附着明显减少的情况，如彩图 155～彩图 159 所示。

外加电流系统（ICCP）在投入运行前海生物生长一直呈增长态势，在 ICCP 系统投入运行时达到峰值，在一定高度（高潮位水面线附近）下风机基础的外表面长满了海蛎子；在 ICCP 系统通电运行后，海生物还是减少，主要原因在于电流作用下，部分海蛎子开始离开风机基础表面，而在 ICCP 系统投入运行后 1.5 个月时，海生物虽尚未完全脱落，但表观颜色明显变浅，海蛎子附着厚度降低。

由此可见，ICCP 的阴极保护系统对海生物生长有一定的抑制作用，可减少海生物的附着量及厚度，但尚不能完全阻止海生物的污损作用。由于 ICCP 系统在风电场使用期内，均在持续运行，意味着 ICCP 系统在风电场运行期内对海生物均有抑制作用。

12.5 小结

（1）本章以上海东海跨海大桥和江苏如东潮间带海上风电场为典型案例，说明海洋工程实际实施的防腐涂层＋牺牲阳极配套体系，在工程中应积极调查类似工程经验，尽量在工程实施前制定较完备的防腐方案及施工质量控制的技术要求等。

（2）金属热浸镀层、金属热喷涂和铜镍合金防护等措施有一定的相似性，甚至某些工程中尝试采用热喷不锈钢的措施，但其较热喷锌、铝或锌铝合金效果要差，故本章暂未对此进行叙述，金属热浸镀层和金属热喷涂在淡水中具有非常好的应用效果，甚至在金属层外部不再涂装涂料也可达到长效防护的目标，但在海水中，则应涂装薄层封闭漆之后再涂装性能优良的中间漆和面漆，可达到长效防护的目的；而铜镍合金实施案例很少，且随着国家对环境保护的要求越来越高，合金中的铜和镍、铬离子对海洋环境也存在一定的污染，不推荐大量采用。

（3）包覆防腐蚀在近 20 年的海洋飞溅区防护中应用越来越广泛，且包覆材料的种类繁多，有无机包覆，也有有机包覆，PTC 覆层矿脂包覆防腐自起初日本海洋工程应用至引进国内，经过 20 余年的革新，在国内跨海大桥及港口行业中也逐步得到推广，本章依托海上风电试验项目予以实施，并取得良好的效果，其存在的不足在于费用较为昂贵。

（4）在前期研究中实施了添加辣椒素的措施，但在初期防污效果理想而有效期不超过 2 年；另外实施了 ICCP 阴极防腐并防污的措施，在风电场使用期内，ICCP 系统由于电流作用，对海生物生长有一定的抑制作用，可减少海生物的附着量及厚度，但尚不能完全阻止海生物的污损作用。随着相关研究的不断进行，未来应加大对生物污损的生态学机理及污损生物附着机理的研究，逐步开发出新型、高效、无毒、环境友好型的防污措施，其趋势如微生物黏膜防污技术、表面植绒型防污技术、纳米防污技术、自抛光型防污涂料技术、超声及次声波防污技术等。

第 13 章 结论及建议

13.1 背景及必要性

风能作为最成熟及最具商业化发展前景的清洁可再生能源，越来越受到世界各国的重视，我国陆上风电装机容量已跃居世界第一位，截至 2013 年底，全国风电总装机容量已达到 9141 万 kW。我国海上风电起步较晚，虽然自国家政策层面在积极推动，但真正实施的海上风电项目极为稀少。

腐蚀会造成各行各业，包括冶金、化工、矿山、交通、机械、农业、海洋开发和基础设施等的材料和能源的消耗以及设备的失效，而且还会进一步引起环境污染、爆炸以及人员伤亡等重大问题。据 2001 年统计我国腐蚀造成的损失就达到 5000 亿元，而随着近十几年经济高速发展，相应的腐蚀损失也呈高速增长态势。

海上风电属于新生事物、交叉领域，海上风电机组的设计寿命一般为 20～25 年，由于海洋复杂的运行环境，防腐蚀问题尤为突出，其防腐系统的可靠性与安全性对风机的安全运行有直接影响，对其防腐系统进行研究具有极为重要的意义。

13.2 海上风电结构腐蚀机理

海洋工程钢结构，长期处于海洋大气、浪溅、水位变动、水下和泥下的复杂腐蚀环境中，其在不同的水位区域其腐蚀行为有着明显的区别。海洋环境条件下金属腐蚀指的是在环境中发生化学或电化反应，金属由单质变为化合物的过程，这一腐蚀机理过程既涉及使腐蚀能够进行的热力学问题，同时也涉及影响腐蚀速度的动力学问题。

分布于海洋不同腐蚀环境，如海洋大气区、浪花飞溅区、潮差区、海水全浸区和海泥区，混凝土结构的不同部位的腐蚀特点则不尽相同；同时海洋工程中混凝土结构腐蚀和破坏机理众多，常见的有：氯盐腐蚀机理、氯离子的导电作用、混凝土碳化、碱 - 集料反应、硫酸根离子腐蚀、镁离子破坏、冻融破坏和钢筋锈蚀作用等。

海上风电结构的腐蚀环境特征与其他海洋工程有一定的相似性，同时也具有其不同的环境腐蚀特征和腐蚀特性，应针对其腐蚀特点，采用高效、持久的腐蚀防护措施。

13.3 涂层防腐蚀技术研究

本章对海洋工程的涂层防腐蚀技术进行了相关的调研分析，对涂层发展及海工重防腐主要品种进行了论述，并结合国内外海工重防腐的主要供应商说明其典型涂层配套体系，并说明了涂层防腐蚀技术的施工工艺及关键环节，对涂层施工主要缺陷及修补方案相应的归类，对风机基础运输、安装等过程中可能造成的涂层损坏说明其现场修补的相关要求。主要结论与建议如下：

（1）涂层是海上风电防腐的主要手段之一，其主要作用有屏蔽作用、缓蚀钝化作用和牺牲阳极保护作用等。

（2）海洋防腐领域应用的重防腐涂料主要有：环氧类防腐涂料、聚氨酯防腐涂料、玻璃鳞片涂料、橡胶类防腐涂料、环氧粉末涂料、氟树脂防腐涂料、有机硅树脂涂料、富锌涂料以及聚脲弹性体防腐涂料等，其中环氧类防腐涂料所占的市场份额最大。

（3）目前海洋工程中涂层供应商提供的涂料体系，主要以环氧重防腐、聚酯或聚氨酯以及玻璃鳞片重防腐为主。并在实施中，联合阴极保护及预留腐蚀裕量的综合保护措施。

（4）国内海洋工程涂层施工质量及技术水平与国外差异较大，对于海上风电工程，特别需要重视结构物表面处理和涂装过程的质量控制，本章列出主要的涂层施工缺陷，在实施中应注意，并针对出现的施工缺陷及时予以调整工艺或修复。在海上风电结构物堆放、运输、安装等过程中，应做好保护，最大程度减少对涂层的损坏，对于已出现的涂层损坏，应按照要求做好相应的修补。

（5）本章以上海东海跨海大桥和江苏如东潮间带海上风电场为典型案例，说明海洋工程实际实施的防腐涂层体系，在工程中应积极调查类似工程经验，尽量在工程实施前制定较完备的防腐方案及施工质量控制的技术要求等。

13.4　阴极防护技术研究

阴极保护的基本原理就是给金属补充大量的电子，使被保护金属整体处于过剩状态，使金属表明各点达到同一负电位，金属原子不容易失去电子而变成离子溶于溶液。目前有两种方法可以实现这一目的，即牺牲阳极的阴极保护（CP）和外加电流的阴极保护（ICCP），阴极保护不仅可以防止一般性全面腐蚀，而且可以防止局部腐蚀、电偶腐蚀等其他性质的腐蚀。

两种阴极保护方式，原理上都可以应用，但各有优缺点。牺牲阳极法的优点是系统简单，不用外部电源。然而，其设计安装后保护参数不能随意调整，由于阳极会不断溶解和消耗，因此保护的期限较短，需要周期性更换阳极，对于风电基桩来说，工作量大，现场条件艰苦，耗费巨大。此外，由于担心牺牲阳极可能提前消耗，使得管桩保护不足，往往带来过度设计，造成浪费。外加电流保护法突出的优点是阳极服役寿命长，还可根据系统的运行情况随时调整保护参数。其缺点是需外加电源，对调节、控制系统的稳定性、可靠性有较高要求。

基于我国能源行业标准对于阴极保护的一般要求，推荐采用牺牲阳极法，因其技术含量相对低，施工质量容易保证，且施工单位对牺牲阳极的施工经验丰富。不过目前国际上认为，对于海上风电基桩的阴极保护，牺牲阳极法保护并不是一种理想的保护方式，因为它不能随着外部条件的变化进行调节，并不智能化，于是提出了风电场钢管桩的外加电流法阴极保护系统，辅助阳极采取分散埋置方式，并且国外的外加电流阴极保护一般会配套设置监测系统，便于对风机基础进行实时监测，并设置相应的网络端口后，通过 Internet 或者局域网即可随时看到风机基础腐蚀电位情况，当腐蚀电位超过允许值时会及时发布报警信号。

由于目前国内采用外加电流法的应用实例较少，缺乏相关的设计、安装参考资料和工程实践经验，因此，在当前需要开展用外加电流法对海上风电钢管桩进行阴极保护的试验和研究，积累必要的工程数据，认识其中的规律，总结相关的经验。若需实施，则应对恒电位仪、辅助阳极、参比电极等核心部件进行较严格的质量控制与筛选，在设计时也应进行数值仿真，以评价辅助阳极和参比电极等布置方式及位置，并对焊接部位按需要进行相应的水密性检测。

通过多年的实践证明海港、跨海大桥、海上石油平台等海洋海岸工程的钢结构（或混凝土结构中的钢筋），采用阴极保护均能起到比较有效的保护作用。从总体上讲，如果设计精确、合理，维护管理得当，使钢结构随时均处于保护电位所要求的范围内，那么不论是选择外加电流阴极保护，或者选择牺牲阳极保护，均能取到满意的防腐蚀效果。

13.5 海工混凝土结构的腐蚀性与耐久性研究

混凝土结构与钢结构的防腐蚀手段与方法有较大的差异，本章针对海工混凝土结构自腐蚀机理出发，研究提高混凝土自身耐久性的方法，并对海工混凝土原材料、质量及等级要求、配合比设计等方面开展了研究。

总体而言，影响混凝土耐久性及抗腐蚀性的因素主要有：混凝土的碳化、冻融、氯离子侵蚀、其他离子侵蚀、碱－骨料反应、钢筋锈蚀等，对提高混凝土耐久性提出了较全面的技术措施。

13.6 浪花飞溅区新型防腐技术研究

长期以来，海洋浪花飞溅区的腐蚀防护都是腐蚀界最为关注的技术难题，至今也未提出价格低廉并且超过 20 年以上具备免维护的防护体系，本章对该区域的防腐技术进行了调研分析，汇总主要的防护手段及特点，并在海上风电项目中尝试采用了金属热喷涂和 PTC 包覆防腐的方案，总体上取得较理想的效果，主要结论与建议如下：

（1）海洋浪花飞溅区的主要防护措施有：海工重防腐涂层、采用添加合金元素的特种钢材、金属热浸镀层、金属热喷涂、铜镍合金防护、包覆防腐蚀等，均有一定的应用业绩。

（2）海工重防腐涂层在欧洲海上风电场中有少部分超过 25 年的免维护运行业绩（大部分在运维期间还需维护、维修），并且绝大部分海上风机基础还是采用该类型的防护方案，若在我国海上风电场中采用传统的海工重防腐措施，涂层厚度建议应达到 800μm 甚至 1000μm 以上，且应针对涂层开展严格的测试，其耐海水浸渍、腐蚀性蔓延、人工循环老化、耐阴极剥离、抗冲耐磨以及耐候性均应满足较高的要求，并加强施工过程质量的管控。

（3）采用添加合金元素的特种钢材的措施，总体上并不理想，仅靠金属自身的耐蚀性难以达到长效防护的效果。

（4）金属热浸镀层、金属热喷涂和铜镍合金防护等措施有一定的相似性，甚至某些工程中尝试采用热喷不锈钢的措施，但其较热喷锌、铝或锌铝合金效果要差，故本章暂未对此进行叙述，金属热浸镀层和金属热喷涂在淡水中具有非常好的应用效果，甚至在金属层外部不再涂装涂料也可达到长效防护的目标，但在海水中，则应涂装薄层封闭漆之后再涂装性能优良的中间漆和面漆，可达到长效防护的目的；而铜镍合金实施案例很少，且随着国家对环境保护的要求越来越高，合金中的铜和镍、铬离子对海洋环境也存在一定的污染，不推荐大量采用。

（5）包覆防腐蚀在近 20 年的海洋飞溅区防护中应用越来越广泛，且包覆材料的种类繁多，有无机包覆，也有有机包覆，PTC 覆层矿脂包覆防腐自起初日本海洋工程应用至引进国内，经过 20 余年的革新，在国内跨海大桥及港口行业中也逐步得到推广，依托海上风电试验项目予以实施，并取得良好的效果，其存在的不足在于费用较为昂贵。

（6）总体而言，经过广泛调研分析及工程应用，推荐海上风电结构物的浪花飞溅区考虑高性能海工重防腐涂层、金属热喷涂（对小型构件则建议金属热浸镀层）+高性能海工封闭漆+面漆（必要时，增加中间漆）、PTC 覆层矿脂等包覆防腐蚀的腐蚀防护方案。

13.7　海上风电涂层防腐测试试验

笔者在研究中，在国内外海工涂料供应商中选择了 4 家涂料厂家的 5 种型号的涂料委托第三方测试机构进行测试，总体而言，测试结果能较客观地反映在试验中的几种规格涂料的各项性能，但由于真正实施于海上风电中与针对性的涂层配套体系有所差异，且实施效果与涂料供应商的质量技术规范书和提供的技术支持密切相关，故不可因此而判断各家涂料实际性能的优劣。结合测试试验，给出以下建议：

（1）海上风电场属于新生事物，涂料体系作为腐蚀防护最重要的手段之一，在工程实施前，务必选择三家以上涂料供应商，针对风机基础等结构物提交其认为最合适的涂层配套体系以及施工技术规范书及破损修复规范等。并要求涂料供应商在工程实施全过程中，提供针对性的技术指导。

（2）本章经充分调研国内外腐蚀防护方面的技术标准，提出涂层测试的项目及要求，总体上是合适的，在海上风电项目中，应针对不同的腐蚀防护区域选择相应的测试项目，并制定科学合理的测试值要求。

（3）在边缘保持性测试项目中，因相关条件受限，均由涂料供应商提供已涂装好的测试试板，导致涂层厚度不一，直角的圆角也差异很大，因此该项测试没有任何实质意义。建议在实际工程中，应按相同规格要求制作完试板后，按相同工艺要求统一涂装相同厚度的涂层、并在试验室内相同条件固化后再进行测试比较。

（4）结合 ISO 20340 和 NORSOK M501 等国际标准开展了耐人工循环老化的测试项目，在国内的海洋及海岸工程中一般无此测试项目，而仅开展紫外线照射的老化试验。但测试结果比预期的更为理想，其中两种涂层体系通过测试，均未发生明显的起泡、生锈、裂纹、剥落、粉化现象，该项试验也是欧洲海洋工程对涂层进行的最严酷测试，建议在初期海上风电场中应予以考虑。

（5）测试成果在实际工程中应用的建议：① 漆膜厚度和涂层结合力，建议在试验室和工程现场均应测试，并记录测试中涂层脱开的位置，建议现场测试的结合力也应达到 8.0MPa 以上；② 耐冲击性和耐磨性，试验室测试项目，对船舶停靠的防护区域涂层体系应测试，耐磨性测试时加载偏高，实际工程中可参考规范要求实施；③ 耐海水浸渍与腐蚀性蔓延，试验室测试，对飞溅区及全浸区的防腐涂层体系，该项要求属常规要求，必须测试；④ 耐人工循环老化，试验室测试，对于飞溅区（大气区防腐涂层必要时也应包括）的防腐涂层体系应予以开展；⑤ 耐阴极剥离试验，试验室测试，对于全浸区和水位变动区的防腐涂层体系应予以开展。

13.8　海洋生物腐蚀污损防护研究

海洋生物腐蚀与海洋生物污损息息相关，控制海洋生物污损是最有效的控制海洋生物腐蚀的重要策略。针对海洋污损生物群落的形成过程及附着机理，人们采取了各种各样的防除方法，根据其原理的不同可大致分为物理防污法、化学防污法和生物防污法三大类，但这些防污方法本身都存在着一定的局限性，其防污除污效果还不能满足日益增长的海洋开发工作对高效经济环保的防除手段的需要。

对于海上风电工程而言，其特殊的环境条件限制了多种防污、除污措施的使用，而海上风电结构物多为静态的，相对于船舶等动态防污，其难度更大。目前，海上风电生物污损防护方法也仅限于添加重金属离子（如铜）的防污涂料。

本书的研究中，实施了添加辣椒素的措施，但在初期防污效果理想而有效期不超过 2 年；另外实施了 ICCP 阴极防腐并防污的措施，在风电场使用期内，ICCP 系统由于电流作用，对海生物生长有一定的抑制作用，可减少海生物的附着量及厚度，但尚不能完全阻止海生物的污损作用。

随着相关研究的不断进行，未来应加大对生物污损的生态学机理及污损生物附着机理的研究，逐步开发出新型、高效、无毒、环境友好型的防污措施，其趋势如微生物黏膜防污技术、表面植绒型防污技术、纳米防污技术、自抛光型防污涂料技术、超声及次声波防污技术等。

13.9　海上风电工程基础结构防腐蚀技术导则

本章结合前述的 ISO 12944、NACE 等标准、本阶段研究成果以及在海上风电实际工程应用的情况，提出我国海上风电工程基础结构防腐蚀技术导则，导则内容包括：一般要求、钢结构基础典型防腐蚀配套系统、钢筋混凝土基础防腐蚀指导建议及要求、重防腐涂层测试要求、重防腐涂层施工技术要求、阴极保护系统技术要求、防腐系统运行期检查与维护要求等。

其中，对涂层测试建议开展的项目包括：漆膜厚度检测、耐冲击性能测试、耐磨性能测试、柔韧性试验、耐海水浸渍及腐蚀性蔓延试验、耐盐雾试验、耐湿热试验、边缘保持性试验、耐人工循环老化试验、耐阴极剥离性试验等。

导则中“钢结构基础典型防腐蚀配套系统”“钢筋混凝土基础防腐蚀指导建议及要求”等章节内容，可供海上风电工程防腐配套选用时参考；而“重防腐涂层测试要求”“重防腐涂层施工技术要求”“阴极保护系统技术要求”“防腐系统运行期检查与维护要求”等章节内容，则可为海上风电工程基础结构防腐蚀实施过程中的材料、测试、施工、检验等各环节应遵照技术标准的参考。

总体而言，该导则对于工程设计、施工、检验、工程管理等具有一定的实际指导意义，并可供后续海上风电工程防腐蚀方面的技术规范编制、标准修编等参考使用。

13.10　研究体会及建议

本书的前期研究内容包括：国内外海洋工程防腐蚀经验总结；海洋腐蚀环境分析与腐蚀机理研究；重防腐涂层技术研究；阴极保护技术的研究；依托实际工程开展防腐蚀方案应用及实证研究；对海洋生物腐蚀防护技术开展研究；防腐工程施工技术的研究等。笔者为海上风电项目的技术骨干，同时兼任了多个已建和在建海上风电场的项目负责人，因此，通过科学研究、测试试验以及工程应用，完成了较科学并经工程验证的成果报告。

在本书的前期研究中，实际上也逐步补充增加了原工作大纲中未涉及的一些新技术，如：空腔式混凝土重力式基础、负压筒基础等新型基础形式，而已建海上风电场中也在国内首次设计并建设完成了群桩式混凝土高或低桩承台基础、多桩导管架基础、超大直径单桩基础等，本书针对海洋结构物的特性，对海洋钢结构和混凝土结构分别开展了相关研究；依托实际工程，研究了 ICCP 系统的特点及相关技术参数，并在工程后期观察到该系统对海生物具备一定的抑制作用，这项发现也是起初并未想到的；长期以来，海洋浪花飞溅区的腐蚀防护都是腐蚀界最为关注的技术难题，针对飞溅区的特殊防护进行了专项研究，而依托工程中则率先在国内尝试采用了一些新技术，并取得较好的效果。

本书收集了国内几乎所有防腐蚀的技术规范标准，并对国外海洋防腐领域的主要技术标准进行了学习，调研并深入交流了海洋工程领域防腐涂料、ICCP 系统等几乎所有顶尖的供应商，并提出了对国内防腐蚀行业的一些浅薄建议。但从深入比较的结果看，国内海洋防腐蚀领域在知识上的积累确实与欧美强国中间的差距较大，国内防腐蚀领域相对落后，而中国腐蚀与防护学会也致力于提高国民对腐蚀与防护的认识。

总体而言，本书通过前期项目研究，形成了一些符合海上风电工程的成果，但也仍存在诸多不足，也望在今后的工作中进一步学习、积累、总结。前期研究期间，得到了中国水电工程顾问集团有限公司、中国腐蚀与防护学会、中科院海洋防腐研究所、木联能科技工程有限公司、江苏海上风力发电有限公司、江苏惠天新能源科技有限公司、浙江华东机电工程有限公司等单位相关专家的指导，在此致以衷心的感谢！

参 考 文 献

[1] 侯保荣.海洋腐蚀环境理论及其应用[M].北京：科学出版社，1999.

[2] 王健，刘会成，刘新.防腐蚀涂料与涂装[M].北京：化学工业出版社，2006.

[3] 王健，刘会成，刘新.防腐蚀涂料与涂装[M].北京：化学工业出版社，2006.

[4] 徐云泽，黄一，盈亮，等.管线钢在沉积物下的腐蚀行为及有机膦缓蚀剂的作用效果[J].金属学报，2016, 52(3): 320-330.

[5] ABBAS M, SHAFIEE M. An overview of maintenance management strategies for corroded steel structures in extreme marine environments [J]. Marine Structures, 2020, 71.

[6] ANGST U M. Predicting the time to corrosion initiation in reinforced concrete structures exposed to chlorides [J]. Cement and Concrete Research, 2019, 115: 559-567.

[7] ASADI Z S, MELCHERS R E. Clustering of corrosion pit depths for buried cast iron pipes [J]. Corrosion Science, 2018, 140: 92-98.

[8] B. REDDY J M S. Degradation of organic coatings in a corrosive environment: a study by scanning Kelvin probe and scanning acoustic microscope [J]. Progress in Organic Coatings, 2004, 52: 280-287.

[9] BINBIN ZHANG W X Q Z. Mechanically robust superhydrophobic porous anodized AA5083 for marine corrosion protection [J]. Corrosion Science, 2019, 158.

[10] CHEN C, JIANG L, GUO M, et al. Effect of sulfate ions on corrosion of reinforced steel treated by DNA corrosion inhibitor in simulated concrete pore solution [J]. Construction and Building Materials, 2019, 228: 116752.

[11] CHOE S, LEE S. Effect of flow rate on electrochemical characteristics of marine material under seawater environment [J]. Ocean Engineering, 2017, 141: 18-24.

[12] DAROWICKI K, SZOCIŃSKI M, ZIELIŃSKI A. Assessment of organic coating degradation via local impedance imaging [J]. Electrochimica Acta, 2010, 55(11): 3741-3748.

[13] DARVISH A, NADERI R, ATTAR M M. The impact of pigment volume concentration on the protective performance of polyurethane coating with second generation of phosphate based anticorrosion pigment [J]. Progress in Organic Coatings, 2014, 77(11): 1768-1773.

[14] de la FUENTE D, ALCÁNTARA J, CHICO B, et al. Characterisation of rust surfaces formed on mild steel exposed to marine atmospheres using XRD and SEM/Micro-Raman techniques [J]. Corrosion Science, 2016, 110: 253-264.

[15] DONG S, ZHAO B, JIAN C, et al. Corrosion behavior of epoxy/zinc duplex coated rebar embedded in concrete in ocean environment [J]. Construction and Building Materials, 2012, 28: 72-78.

[16] DU F, JIN Z, SHE W. Chloride ions migration and induced reinforcement corrosion in concrete with cracks: A comparative study of current acceleration and natural marine exposure [J]. Construction and Building Materials, 2020, 263: 120099.

[17] DU J, WANG H, WANG S, et al. Fatigue damage assessment of mooring lines under the effect of wave climate change and marine corrosion [J]. Ocean Engineering, 2020, 206.

[18] FAN Y, LIU W, SUN Z, et al. Effect of chloride ion on corrosion resistance of Ni-advanced weathering steel in simulated tropical marine atmosphere [J]. Construction and Building Materials, 2021, 266: 120937.

[19] FENG X, YAN Q, LU X, et al. Protection performance of the submerged sacrificial anode on the steel reinforcement in the conductive carbon fiber mortar column in splash zones of marine environments [J]. Corrosion Science, 2020, 174: 108818.

[20] GHAFFARI M S, NADERI R, SAYEHBANI M. The effect of mixture of mercaptobenzimidazole and zinc phosphate on the corrosion protection of epoxy/polyamide coating [J]. Progress in Organic Coatings, 2015, 86: 117-124.

[21] GKATZOGIANNIS S, WEINERT J, ENGELHARDT I, et al. Correlation of laboratory and real marine corrosion for the investigation of corrosion fatigue behaviour of steel components [J]. International Journal of Fatigue, 2019, 126: 90-102.

[22] GONG K, WU M, LIU G. Comparative study on corrosion behaviour of rusted X100 steel in dry/wet cycle and immersion environments [J]. Construction and Building Materials, 2020, 235: 117440.

[23] HOWELL G R, CHENG Y F. Characterization of high performance composite coating for the northern pipeline application [J]. Progress in Organic Coatings, 2007, 60(2): 148-152.

[24] HU J, DENG P, LI X, et al. The vertical Non-uniform corrosion of Reinforced concrete exposed to the marine environments [J]. Construction and Building Materials, 2018, 183: 180-188.

[25] JIA J, CHENG X, YANG X. A study for corrosion behavior of a new-type weathering steel used in harsh marine environment [J]. Construction and Building Materials, 2020, 259: 119760.

[26] JINJIE SHI M W J M. Long-term corrosion resistance of reinforcing steel in alkali-activated slag mortar after exposure to marine environments [J]. Corrosion Science, 2021, 179: 109175.

[27] KONG D, WANG Y, ZHANG W, et al. Correlation between electrochemical impedance and current distribution of carbon steel under organic coating [J]. Materials and Corrosion, 2012, 63: 475-480.

[28] L. P C. Mechanism of corrosion protection in reinforced concrete marine structures [J]. Nature, 1975, 258: 514-515.

[29] LIANG M, MELCHERS R, CHAVES I. Corrosion and pitting of 6060 series aluminium after 2 years exposure in seawater splash, tidal and immersion zones [J]. Corrosion Science, 2018, 140: 286-296.

[30] LIU L, XU Y, XU C, et al. Detecting and monitoring erosion-corrosion using ring pair electrical resistance sensor in conjunction with electrochemical measurements [J]. Wear, 2019, 428-429: 328-339.

[31] LIU L, XU Y, ZHU Y, et al. The Roles of Fluid Hydrodynamics, Mass Transfer, Rust Layer and Macro-Cell Current on Flow Accelerated Corrosion of Carbon Steel in Oxygen Containing Electrolyte [J]. Journal of The Electrochemical Society, 2020, 167: 141510.

[32] LÓPEZ-ORTEGA A, BAYÓNA R, ARANA J L. Evaluation of protective coatings for offshore applications. Corrosion and tribocorrosion behavior in synthetic seawater [J]. Surface & Coatings Technology, 2018, 349: 1083-1097.

[33] LU B, LUO J. A phenomenological model for non-Faradaic material loss in flowing electrolyte without solid particle [J]. Electrochimica Acta, 2010, 56: 559-565.

[34] LU Q, WANG L, XIN J, et al. Corrosion evolution and stress corrosion cracking of E690 steel for marine construction in artificial seawater under potentiostatic anodic polarization [J]. Construction and Building Materials, 2020, 238: 117763.

[35] MA Y, ZHANG Y, ZHANG R, et al. Microbiologically influenced corrosion of marine steels within the interaction between steel and biofilms: a brief view [J]. Applied Microbiology and Biotechnology, 2020, 104: 515-525.

[36] MAHDAVI F, FORSYTH M, TAN M Y J. Techniques for testing and monitoring the cathodic disbondment of organic coatings: An overview of major obstacles and innovations [J]. Progress in Organic Coatings, 2017, 105: 163-175.

[37] MAHDAVI F, FORSYTH M, TAN M Y J. Understanding the effects of applied cathodic protection potential and environmental conditions on the rate of cathodic disbondment of coatings by means of local electrochemical measurements on a multi-electrode array [J]. Progress in Organic Coatings, 2017, 103: 83-92.

[38] MAHDAVI F, TAN M Y J, FORSYTH M. Electrochemical impedance spectroscopy as a tool to measure cathodic disbondment on coated steel surfaces: Capabilities and limitations [J]. Progress in Organic Coatings, 2015, 88: 23-31.

[39] MAHDAVI F, TAN M Y, FORSYTH M. Communication—An Approach to Measuring Local Electrochemical Impedance for Monitoring Cathodic Disbondment of Coatings [J]. Journal of the Electrochemical Society, 2016, 163(5): C228-C231.

[40] MAHIDASHTI Z, SHAHRABI T, RAMEZANZADEH B. The role of post-treatment of an ecofriendly cerium nanostructure Conversion coating by green corrosion inhibitor on the adhesion and corrosion protection properties of the epoxy coating [J]. Progress in Organic Coatings, 2018, 114: 19-32.

[41] MONTOYA R, GARCÍA-GALVÁN F R, JIMÉNEZ-MORALES A, et al. A cathodic delamination study of coatings with and without mechanical defects [J]. Corrosion science, 2014, 82: 432-436.

[42] NADERI R, ATTAR M M. Effect of zinc-free phosphate-based anticorrosion pigment on the cathodic disbondment of epoxy-polyamide coating [J]. Progress in Organic Coatings, 2014, 77(4): 830-835.

[43] PRASANNAKUMAR R S, BHAKYARAJ K, CHUKWUIKE V I, et al. An investigation of the effect of pulse electrochemical deposition parameters on morphology, hardness and corrosion behaviour in the marine atmosphere [J]. Surface engineering, 2019, 35(12): 1021-1032.

[44] RAMEZANZADEH B, VAKILI H, AMINI R. The effects of addition of poly(vinyl) alcohol (PVA) as a green corrosion inhibitor to the phosphate conversion coating on the anticorrosion and adhesion properties of the epoxy coating on the steel substrate [J]. Applied Surface Science,

2015, 327: 174-181.

[45] REDDY B, DOHERTY M J, SYKES J M. Breakdown of organic coatings in corrosive environments examined by scanning kelvin probe and scanning acoustic microscopy [J]. Electrochimica Acta, 2004, 49(17-18): 2965-2972.

[46] ROSE T, TÉLOUK P, FIEBIG J, et al. Iron and oxygen isotope systematics during corrosion of iron objects:a first approach [J]. Archaeological and Anthropological Sciences, 2020, 12: 113.

[47] SHREEPATHI S. Physicochemical parameters influencing the testing of cathodic delamination resistance of high build pigmented epoxy coating [J]. Progress in Organic Coatings, 2016, 90: 438-447.

[48] SØRENSEN P A, DAM-JOHANSEN K, WEINELL C E, et al. Cathodic delamination: Quantification of ionic transport rates along coating–steel interfaces [J]. Progress in Organic Coatings, 2010, 68(1-2): 70-78.

[49] SØRENSEN P A, WEINELL C E, DAM-JOHANSEN K, et al. Reduction of cathodic delamination rates of anticorrosive coatings using free radical scavengers [J]. Journal of Coatings Technology and Research, 2010, 7(6): 773-786.

[50] STEFANONI M, ANGST U, ELSENER B. Corrosion rate of carbon steel in carbonated concrete – A critical review [J]. Cement and Concrete Research, 2018, 103: 35-48.

[51] TIAN Y, DONG C, WANG G, et al. The effect of nickel on corrosion behaviour of high-strength low alloy steel rebar in simulated concrete pore solution [J]. Construction and Building Materials, 2020, 246: 118462.

[52] Treseder R S. NACE corrosion engineer's reference book [M]. 1991.

[53] UPADHYAY V, BATTOCCHI D. Localized electrochemical characterization of organic coatings: A brief review [J]. Progress in Organic Coatings, 2016, 99: 365-377.

[54] VARELA F, TAN M Y, FORSYTH M. Electrochemical Method for Studying Localized Corrosion beneath Disbonded Coatings under Cathodic Protection [J]. Journal of the Electrochemical Society, 2015, 162(10): C515-C527.

[55] WANG H, WANG J, WANG W, et al. The study of the varying characteristics of cathodic regions for defective coating in 3.5% sodium chloride solution by EIS and WBE [J]. Journal of Ocean University of China, 2015, 14(2): 269-276.

[56] WANG H, ZHUANG J, QI H, et al. Laser-chemical treated superhydrophobic surface as a barrier to marine atmospheric corrosion [J]. Surface & Coatings Technology, 2020, 401.

[57] WILLIAMS G, MCMURRAY H N. Inhibition of corrosion driven delamination on iron by smart-release bentonite cation-exchange pigments studied using a scanning Kelvin probe technique [J]. Progress in Organic Coatings, 2017, 102: 18-28.

[58] WU W, HAO W, LIU Z. Comparative study of the stress corrosion behavior of a multiuse bainite steel in the simulated tropical marine atmosphere and seawater environments [J]. Construction and Building Materials, 2020, 239: 117903.

[59] WUA J, WANG P, GAO J, et al. Comparison of water-line corrosion processes in natural and artificial seawater: The role of microbes [J]. Electrochemistry Communications, 2017, 80: 9-15.

[60] XIA D, SONG S, QIN Z, et al. Review—Electrochemical Probes and Sensors Designed for Time-Dependent Atmospheric Corrosion Monitoring: Fundamentals, Progress, and Challenges [J]. Journal of the Electrochemical Society, 2020, 167.

[61] XU Y, HE L, YANG L, et al. Electrochemical study of steel corrosion in saturated calcium hydroxide solution with chloride ions and sulfate ions [J]. Corrosion, 2018, 74(10): 1063-1082.

[62] XU Y, HUANG Y, WANG X, et al. Experimental study on pipeline internal corrosion based on a new kind of electrical resistance sensor [J]. Sensors and Actuators B: Chemical, 2016, 224: 37-47.

[63] XU Y, LI K, LIU L, et al. Experimental Study on Rebar Corrosion Using the Galvanic Sensor Combined with the Electronic Resistance Technique [J]. Sensors, 2016, 16: 1451.

[64] XU Y, LIU L, XU C, et al. Electrochemical characteristics of the dynamic progression of erosion-corrosion under different flow conditions and their effects on corrosion rate calculation [J]. Journal of Solid State Electrochemistry, 2020, 24: 2511-2524.

[65] XU Y, TAN M Y. Probing the initiation and propagation processes of flow accelerated corrosion and erosion corrosion under simulated turbulent flow conditions [J]. Corrosion Science, 2019, 151: 163-174.

[66] XU Y, TAN M Y. Visualising the dynamic processes of flow accelerated corrosion and erosion corrosion using an electrochemically integrated electrode array [J]. Corrosion Science, 2018, 139: 438-443.

[67] YANG H, ZHANG Q, TU S, et al. Effects of inhomogeneous elastic stress on corrosion behaviour of Q235 steel in 3.5% NaCl solution using a novel multi-channel electrode technique [J]. Corrosion Science, 2016, 110: 1-14.

[68] YOU N, SHI J, ZHANG Y. Corrosion behaviour of low-carbon steel reinforcement in alkali-activated slag-steel slag and Portland cement-based mortars under simulated marine environment [J]. Corrosion Science, 2020, 175: 108874.

[69] YU Y, CHEN X, GAO W, et al. Impact of atmospheric marine environment on cementitious materials [J]. Corrosion Science, 2019, 148: 366-378.

[70] ZHANG L, NIU D, WEN B. Corrosion behavior of low alloy steel bars containing Cr and Al in coral concrete for ocean construction [J]. Construction and Building Materials, 2020, 258: 119564.

[71] ZHU Y, XU Y, LI K, et al. Experimental study on non-uniform corrosion of elbow-to-pipe weldment using multiple ring form electrical resistance sensor array [J]. Measurement, 2019, 138: 8-24.

[72] ZHU Y, XU Y, WANG M, et al. Understanding the influences of temperature and microstructure on localized corrosion of subsea pipeline weldment using an integrated multi-electrode array [J]. Ocean Engineering, 2019, 189: 106351.

[73] ZUQUAN J, XIA Z, TIEJUN Z. Chloride ions transportation behavior and binding capacity of concrete exposed to different marine corrosion zones [J]. Construction and Building Materials, 2018, 177: 170-183.

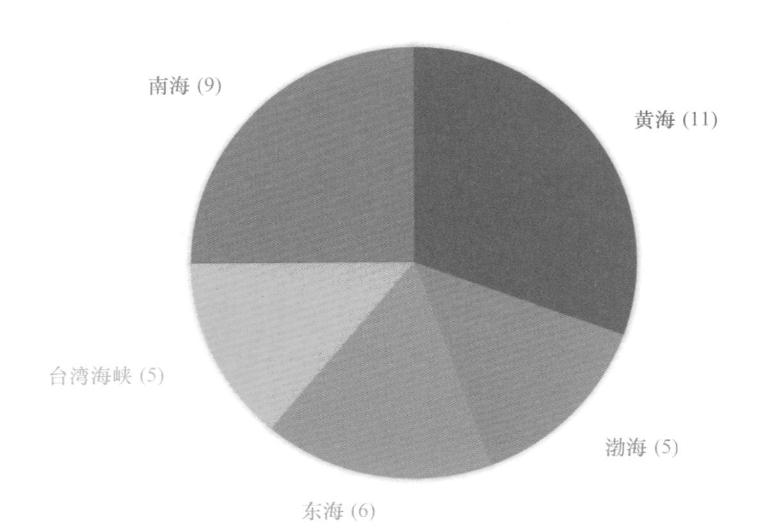

彩图 1　我国 2006 ～ 2008 年期间沿海港口码头调查区域

彩图 2　我国 2006 ～ 2008 年期间沿海港口码头调查——丹东港

彩图 3　我国 2006 ～ 2008 年期间沿海港口码头调查——湛江港

彩图 4　海上风力发电机组结构示意图

彩图 5　单桩基础示意图

（*a*）　　　　　　　　（*b*）

彩图 6　导管架基础示意图

（*a*）简单桁架结构；（*b*）复杂桁架结构

（*a*）　　　　　　　　（*b*）

彩图 7　高桩承台基础示意图

（*a*）高桩承台基础；（*b*）低桩承台基础

彩图 8　重力式基础示意图

彩图 9　筒型基础示意图

彩图 10 **Barrow** 海上风电场升压站

彩图 11 **Lillgrund** 海上风电场升压站

彩图 12 **Alpha Ventus** 风电场海上升压站

彩图 13　**Dudgeon** 项目吸力式海上升压站基础

彩图 14　**Anholt** 海上风电场升压站

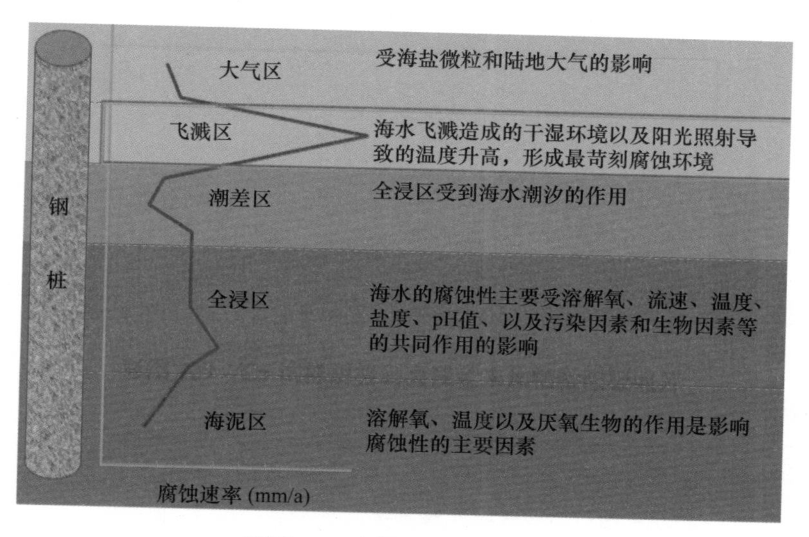

彩图 15　金属腐蚀区域划分

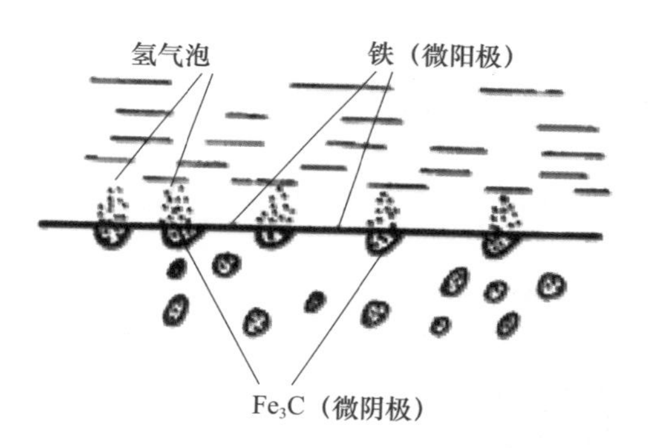

彩图 16　微观电池示意图

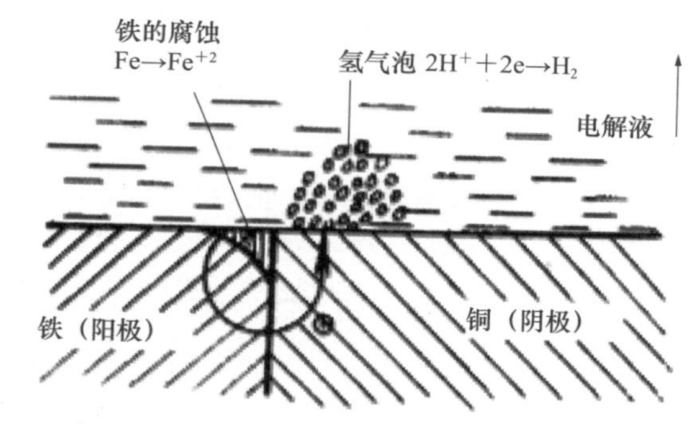

彩图 17　宏观电池示意图

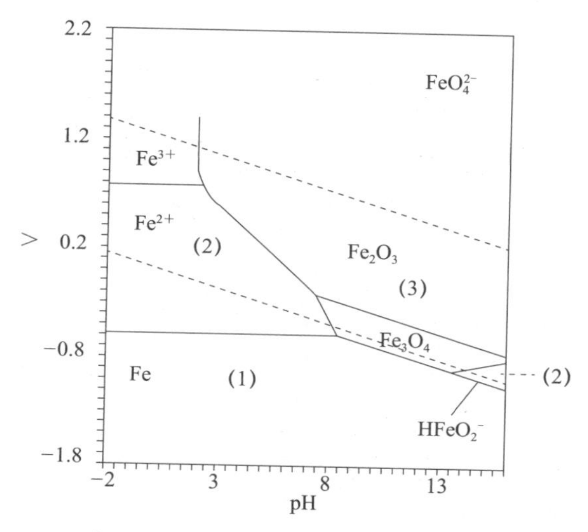

彩图 18　铁 / 水的电位（V）—pH 图

（1）免蚀区；（2）腐蚀区；（3）纯化区

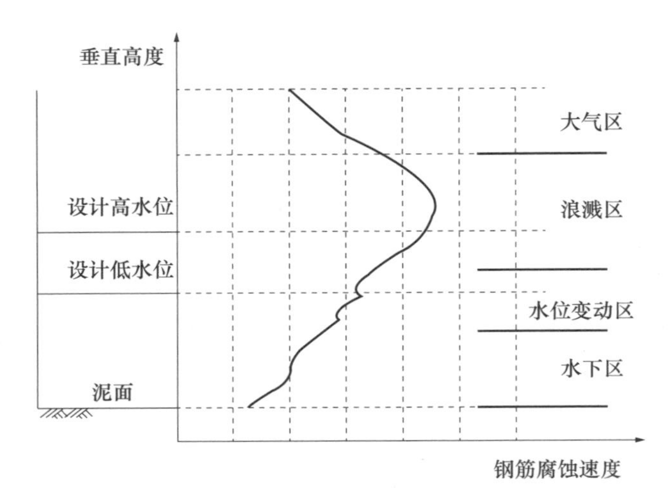

彩图 19　混凝土结构在海洋不同区带的腐蚀速度图

彩图 20　海上固定平台 SIGMASHIELD 880 防腐涂层案例（1500μm）

彩图 21　欧洲海上风机基础 SIGMASHIELD 880 防腐涂层案例

	Aluminium Flake 铝粉	Glass Flake Reinforced 玻璃鳞片		
Pure Epoxy 纯环氧耐磨漆	Jotacote Universal 400μm			
Epoxy mastic 改性环氧耐磨漆	Jotamastic 87 400μm	Jotamastic 87 GF 500μm		
Pure Epoxy 厚浆环氧耐磨漆		Marathon XHB 800μm	Marathon XHB 2000μm	
Polyester 聚酯漆			Baltoflake 1500μm	Baltoflake 3000μm
Design Life 设计寿命	20 Y 20年	25 Y 25年	30 Y 30年	50 Y 50年

彩图 22　**Jotun** 海上腐蚀环境推荐配套涂料系统

彩图 23　海上钻井平台 **Baltoflake** 防腐涂层案例

彩图 24　欧洲海上固定平台 **Batloflake** 防腐涂层案例（已建成超过 25 年）

彩图 25　海上钻井平台 954 防腐涂层案例（右侧图片已运行多年）

彩图 26　海上风电基础 Interzone 防腐涂层案例

彩图 27　欧洲海上风电基础 Hempel 防腐涂层案例

彩图 28　跨海大桥 725L 系列防腐涂层案例

彩图 29　海上风电 725L 系列防腐涂层案例

彩图 30　喷砂除锈用钢丸及石英砂

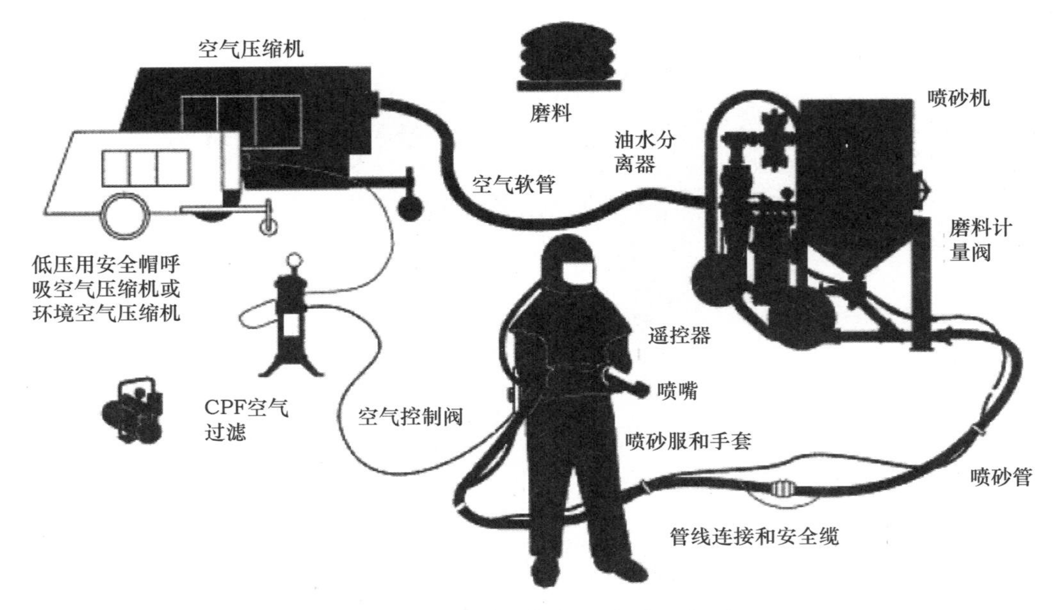

彩图 31　喷砂系统主要构成示意图

彩图 32　喷砂除锈设备及喷砂作业

彩图 33　防腐涂料施工

彩图 34　涂料施工缺陷——漆膜夹砂

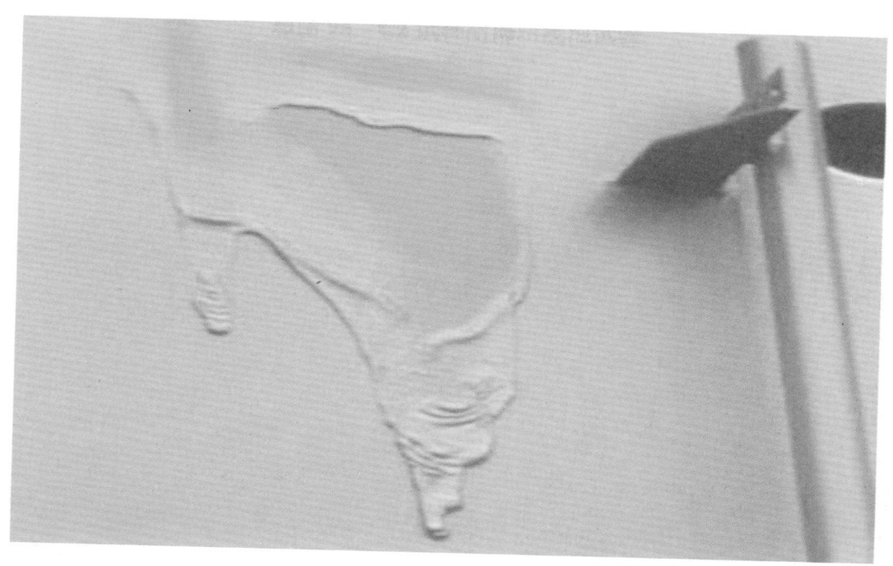

彩图 35　涂料施工缺陷——流挂

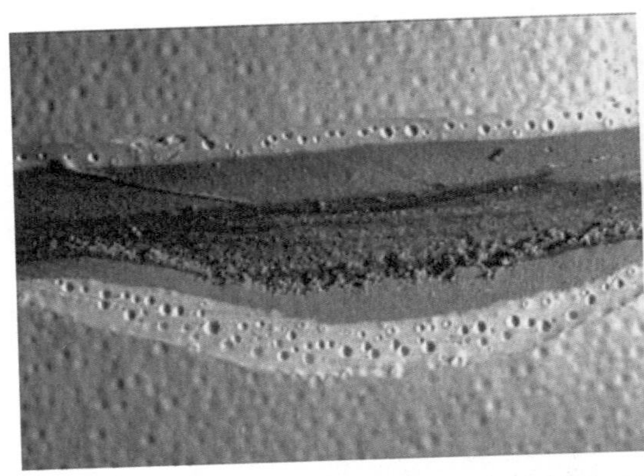
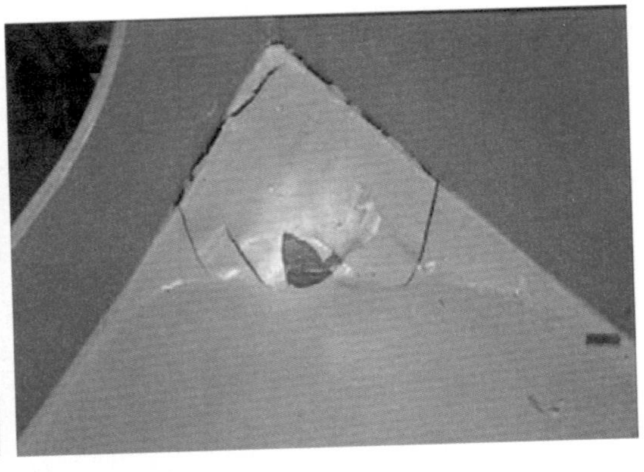

彩图 36　涂料施工缺陷——局部漆膜过厚

彩图 37　涂料施工缺陷——针孔

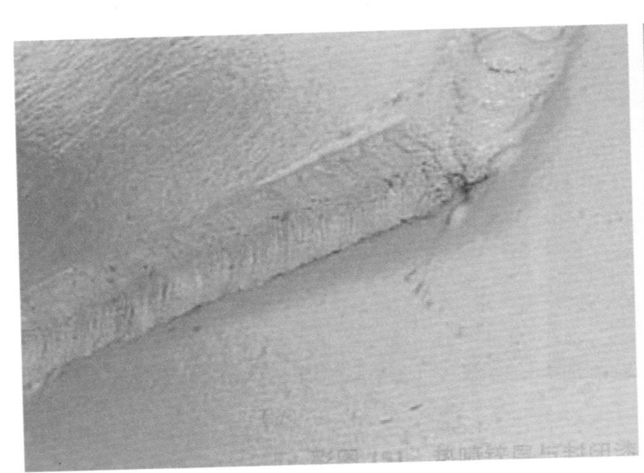
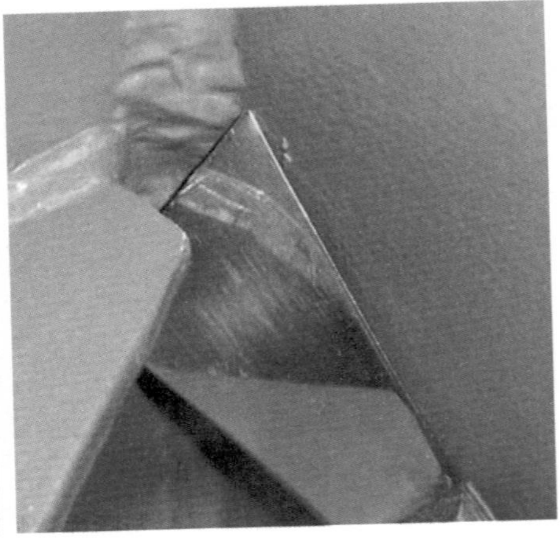

彩图 38　涂料施工缺陷——漏涂

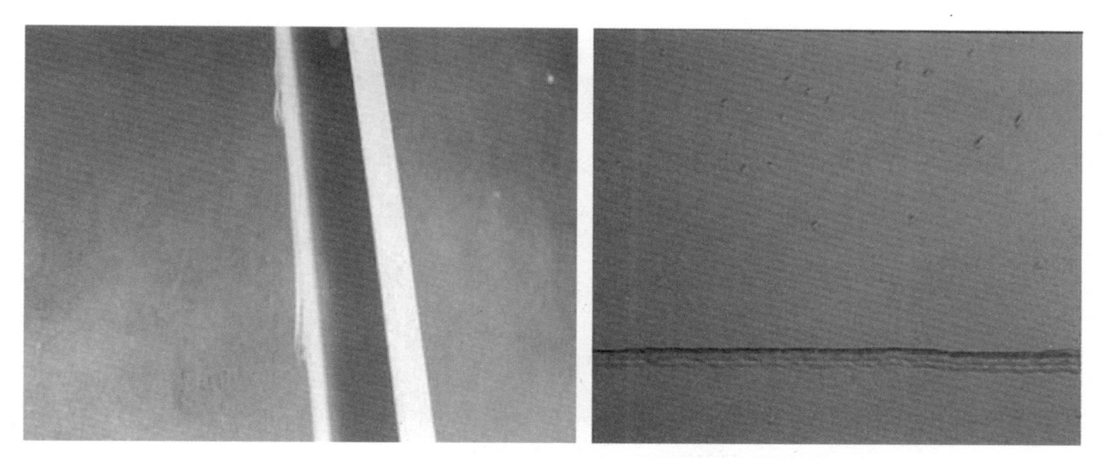

彩图 **39**　涂料施工缺陷——过碰或干喷

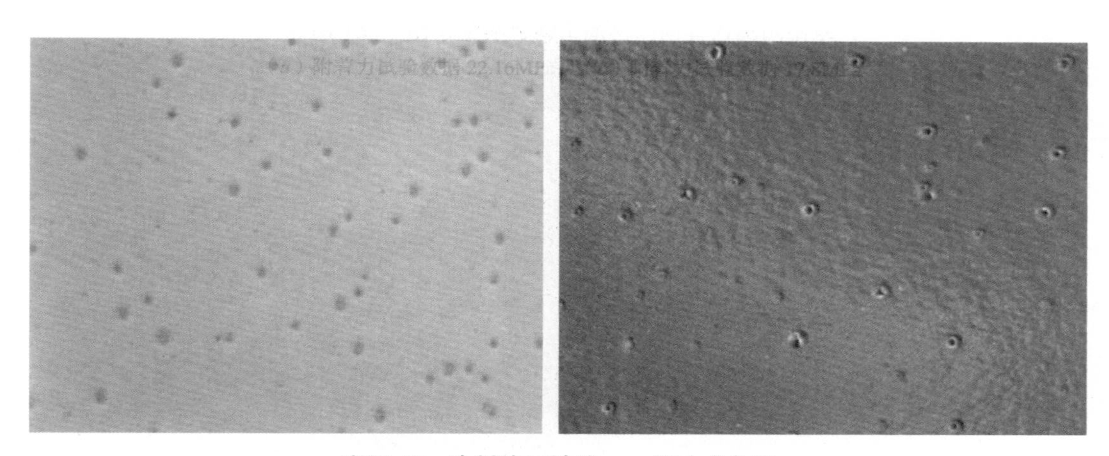

彩图 **40**　涂料施工缺陷——缩孔或鱼眼

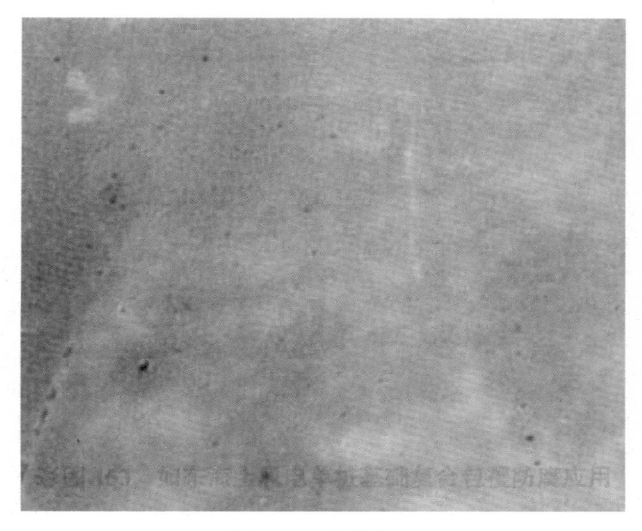

彩图 **41**　漆膜的白化

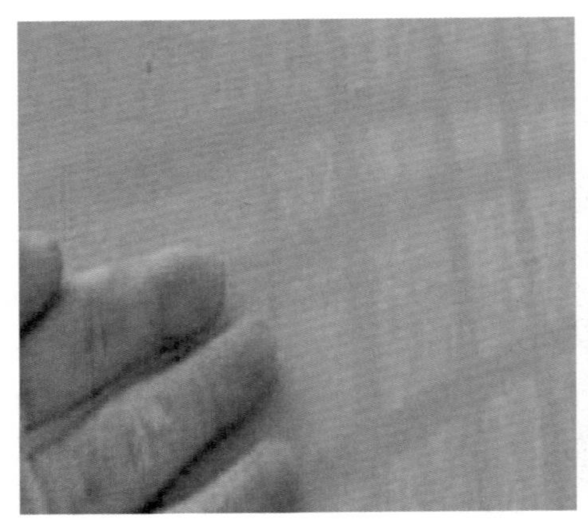

彩图 **42**　涂料施工缺陷——粉化

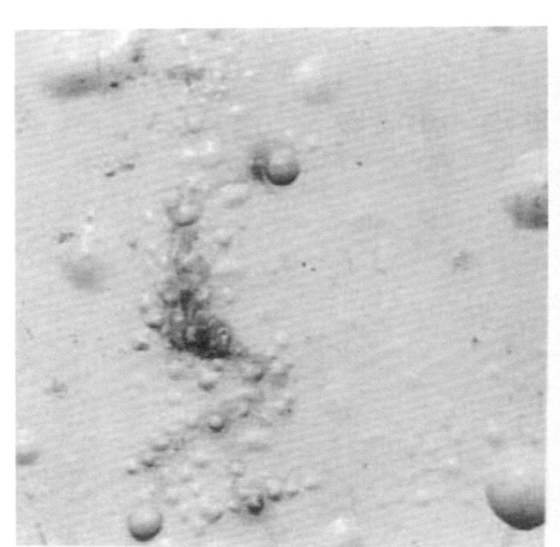
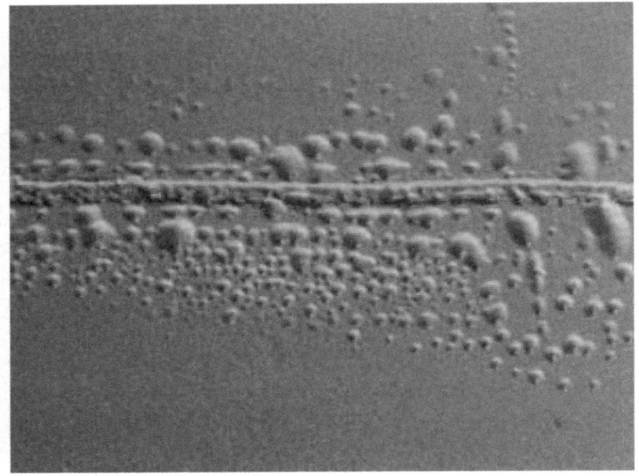

彩图 **43**　涂料施工缺陷——起泡

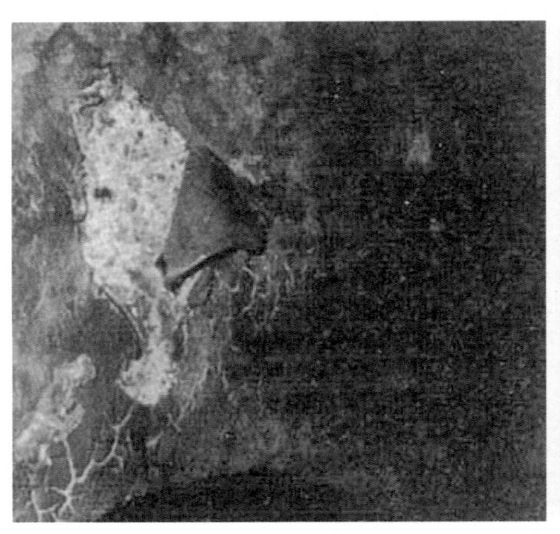

彩图 **44**　涂料施工缺陷——脱皮或剥落（一）

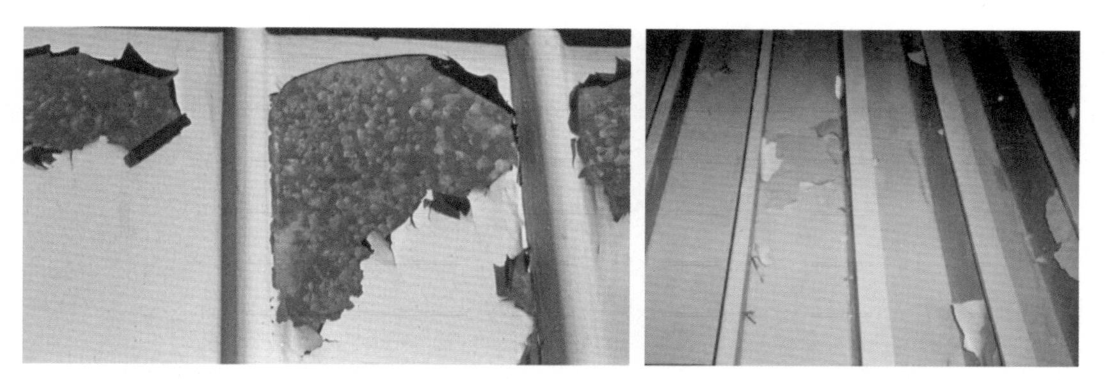

彩图 44　涂料施工缺陷——脱皮或剥落（二）

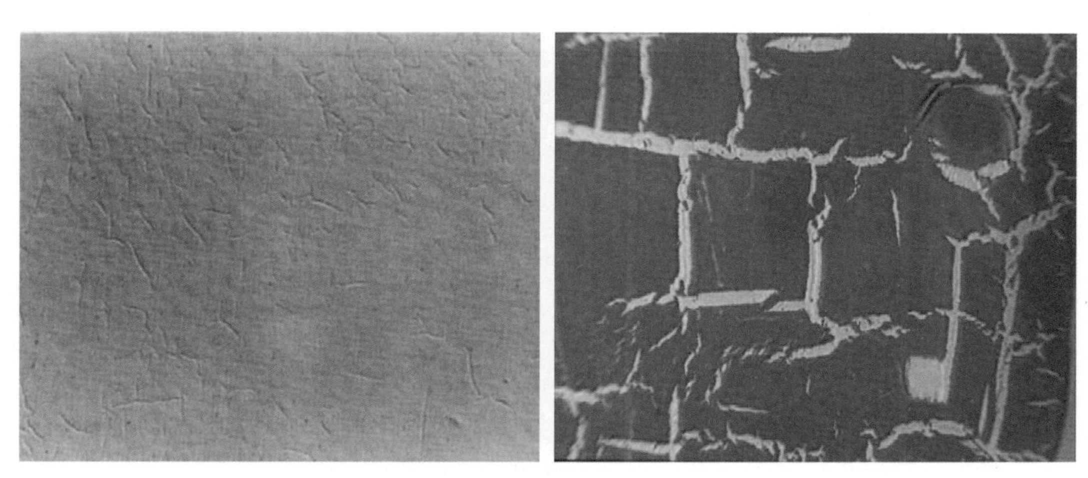

彩图 45　涂料施工缺陷——开裂

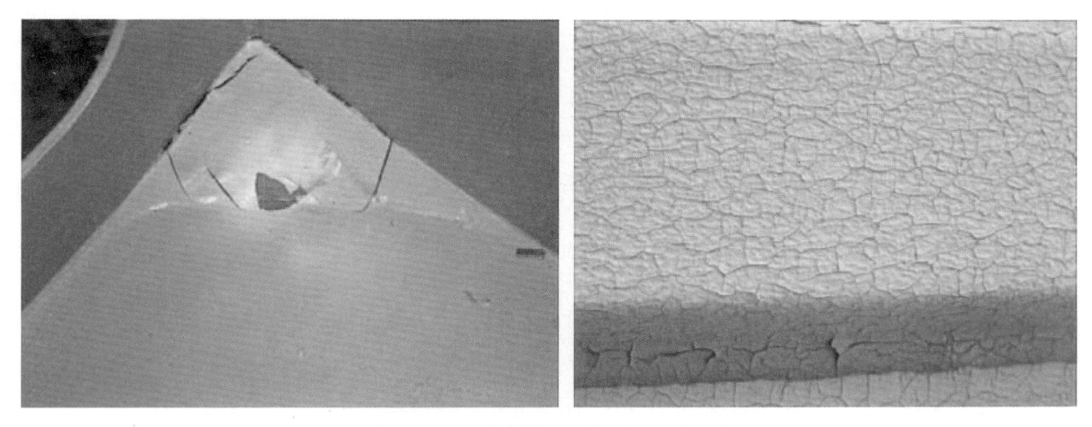

彩图 46　涂料施工缺陷——龟裂

彩图 47　涂料施工缺陷——咬底和皱皮

彩图 48　防腐涂层在工程现场的修复

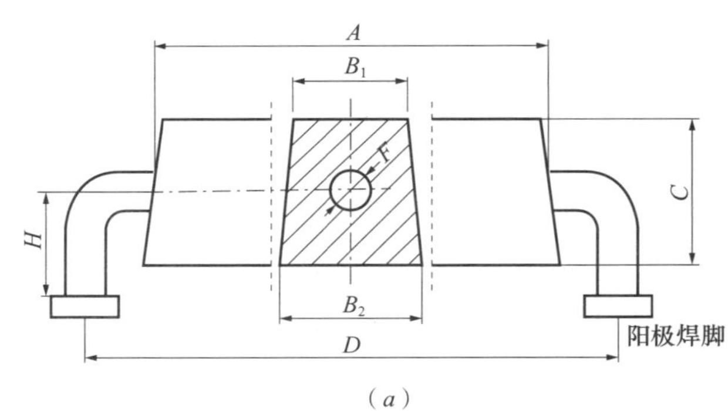

(a)

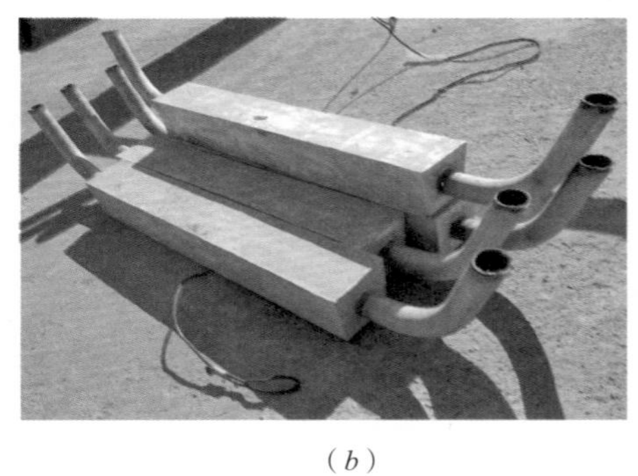
(b)

彩图 49　铝 - 锌 - 铟系合金牺牲阳极结构图

(a) 牺牲阳极块示意图；(b) 牺牲阳极块实体图

彩图 50　海洋石油平台牺牲阳极阴极保护

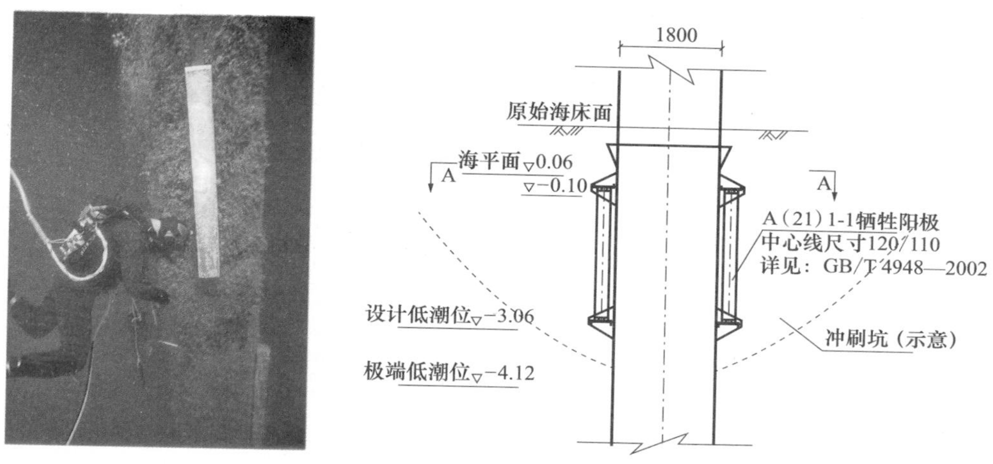

彩图 51　牺牲阳极阴极保护水下安装　　彩图 52　典型预制式牺牲阳极布置立面示意图

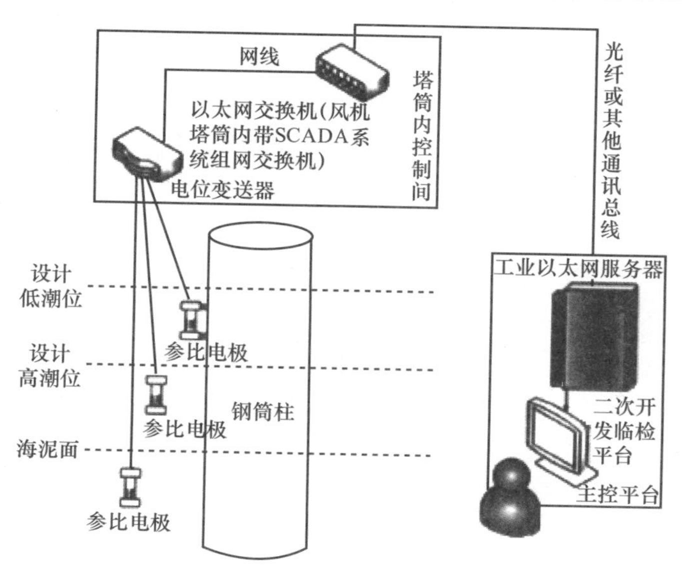

彩图 53　牺牲阳极阴极保护系统组成示意图

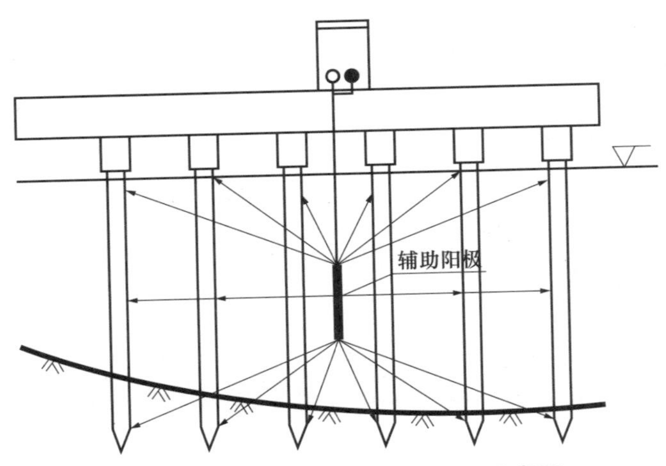

彩图 54　外加电流阴极保护原理示意图

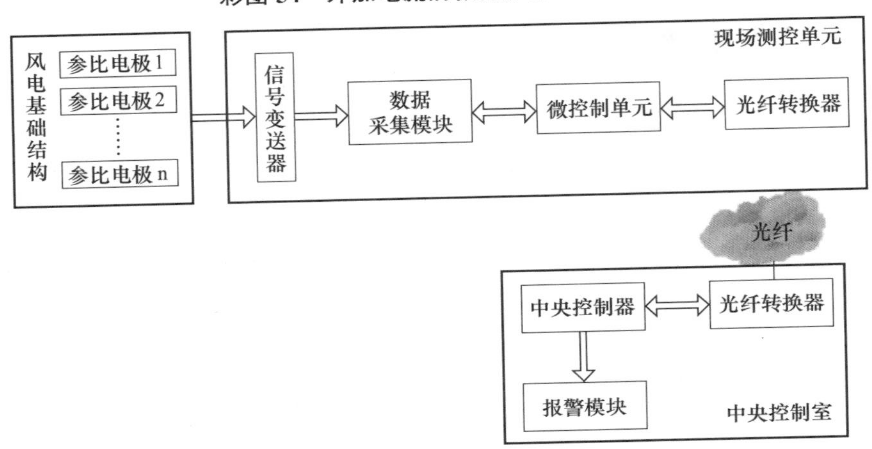

彩图 55　海上风电场基础结构阴极保护远程监控系统组成示意图

（*a*）　　（*b*）

彩图 56　海上风电场三桩导管架基础外加电流保护

（*a*）德国阿尔法文图斯风电场外加电流保护（一）；（*b*）德国阿尔法文图斯风电场外加电流保护（二）

（*a*）

（*b*）

彩图 57　海上风电场单桩基础外加电流保护

（*a*）单桩基础外加电流保护（一）；（*b*）单桩基础外加电流保护（二）

彩图 58　混凝土碳化

彩图 59　混凝土冻融

彩图 60　混凝土碱骨料反应

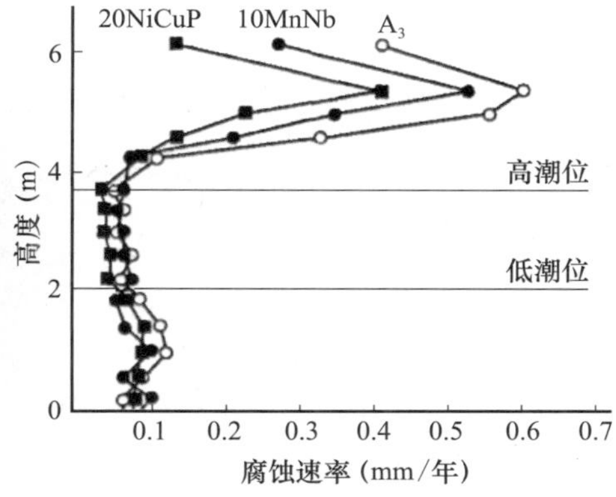

彩图 61　三种海洋用钢在青岛海域的腐蚀规律

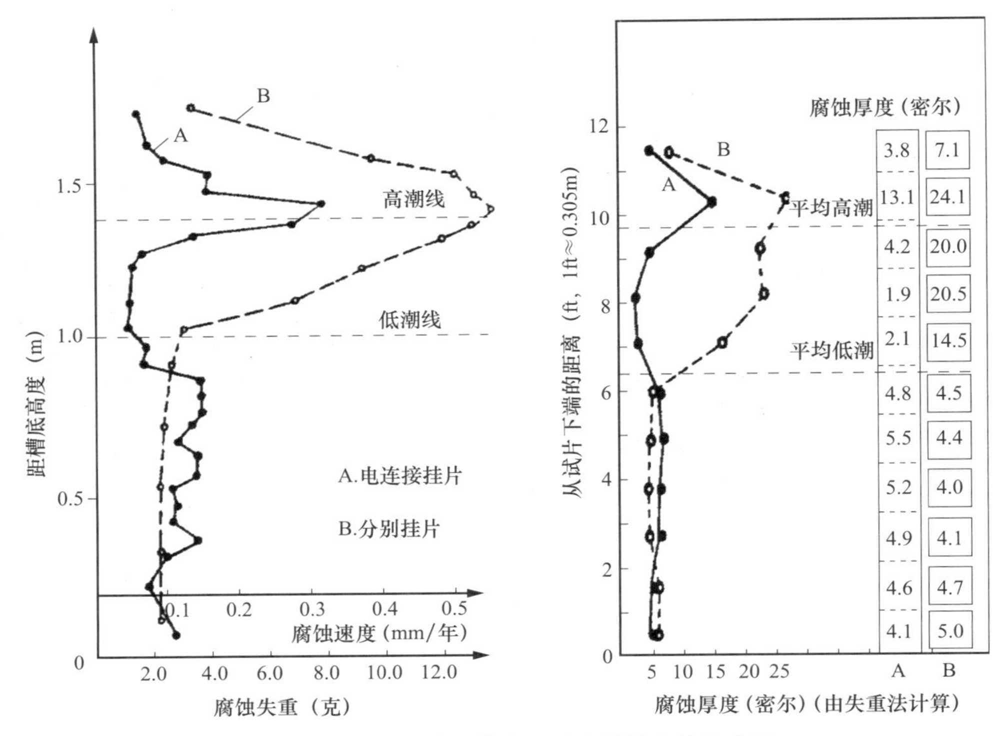

彩图 **62**　海洋钢铁设施在不同区域的腐蚀速度图

彩图 **63**　飞溅区钢结构腐蚀情况

彩图 **64**　飞溅区钢结构腐蚀情况

彩图 65　欧洲某石油平台导管架的飞溅区防护

彩图 66　海上风机基础平台全部钢格栅的热浸锌防护

彩图 67　海上风机部分附属构件的热浸锌防护

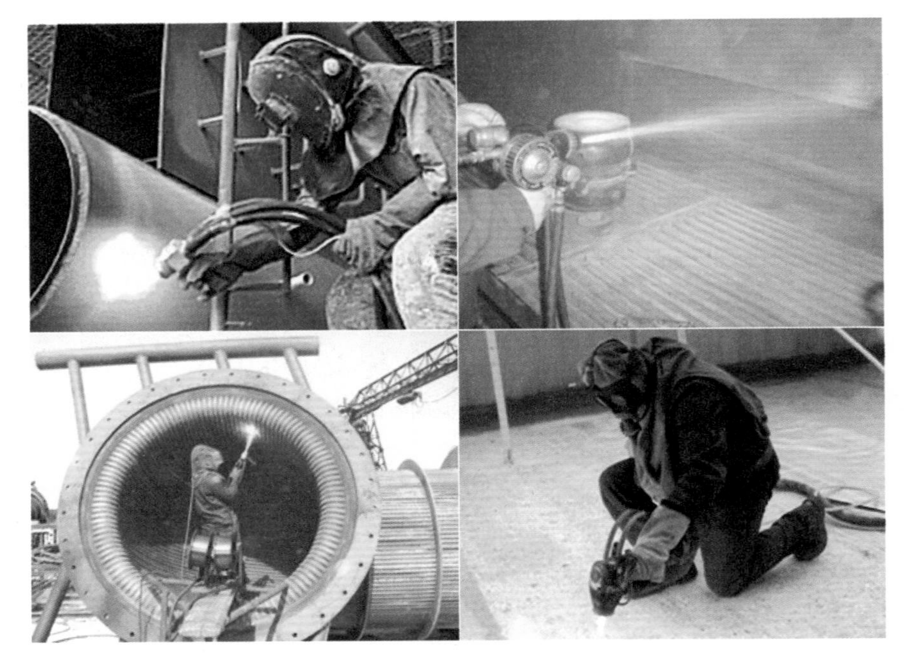

彩图 68　金属热喷涂施工照片

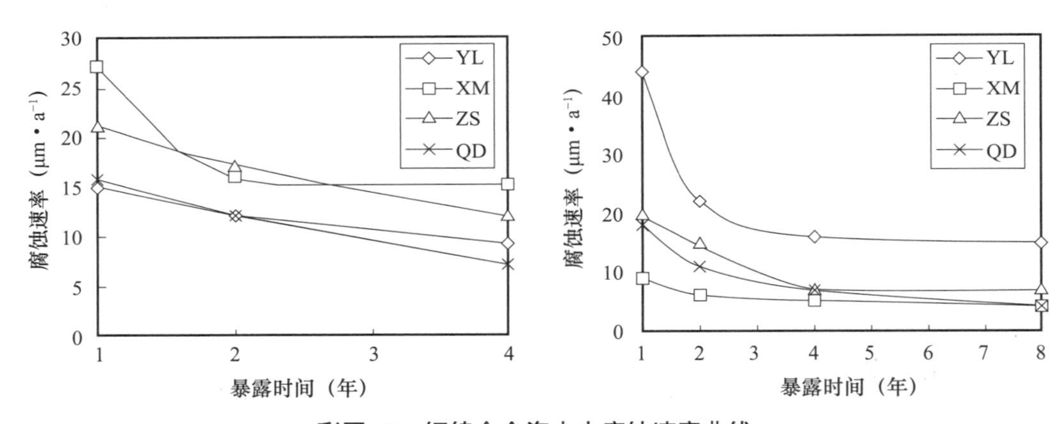

彩图 69　铜镍合金海水中腐蚀速率曲线

彩图 70　PTC 技术应用实例（一）

彩图 70　PTC 技术应用实例（二）

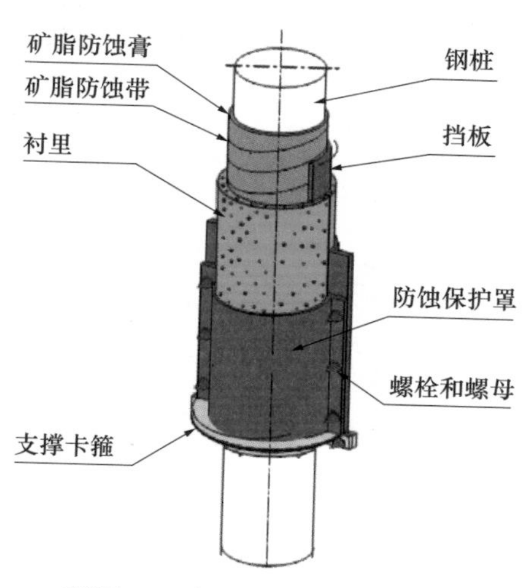

彩图 71　复合包覆技术示意图

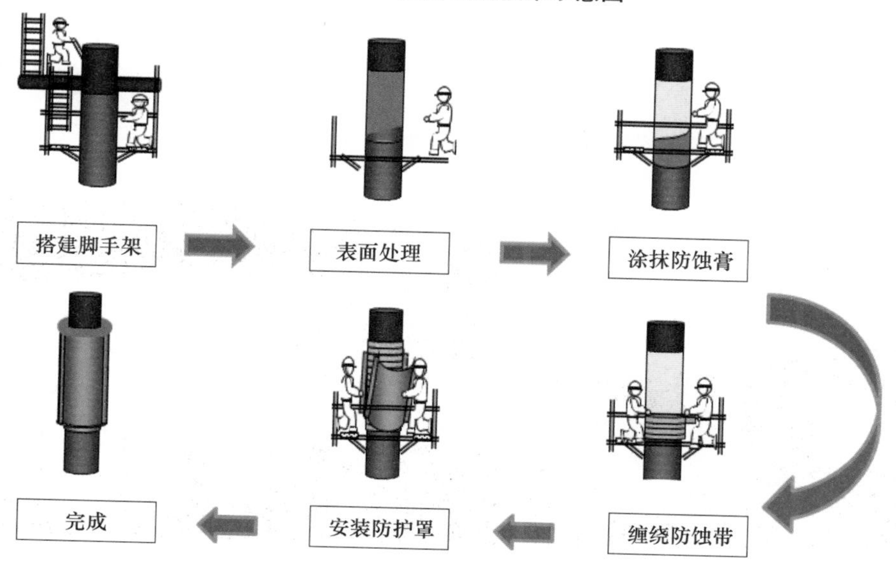

彩图 72　PTC 包覆产品施工流程图

彩图 73　C1 部分测试试样照片

彩图 74　C2 部分测试试样照片

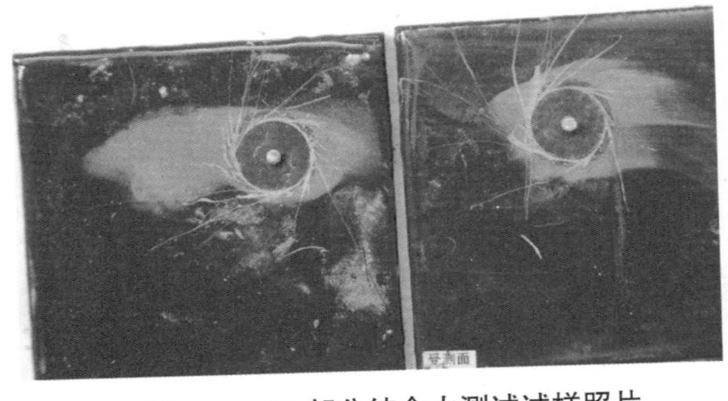

彩图 75　C3 部分结合力测试试样照片

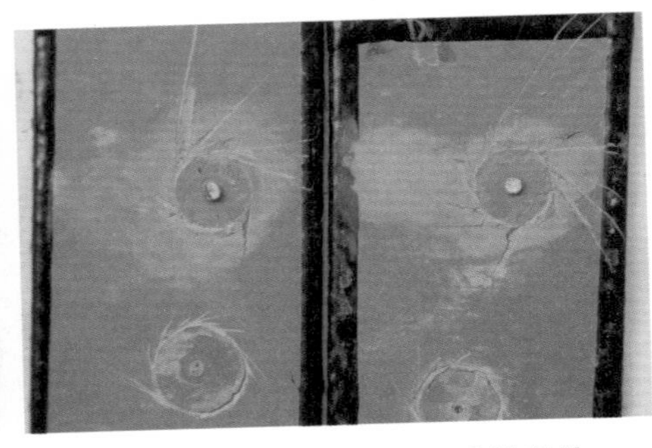

彩图 76　C5 部分测试试样照片

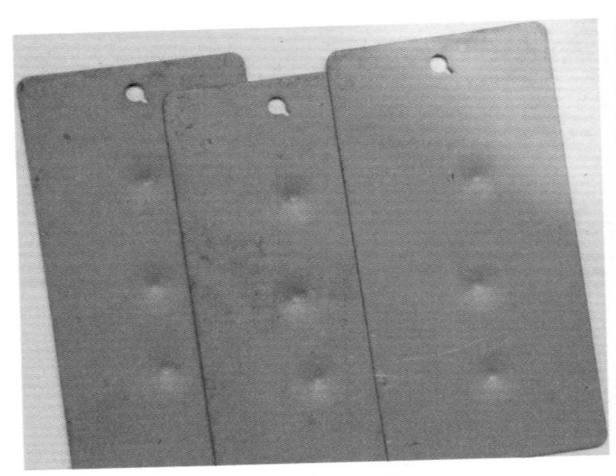

彩图 77　C1 试样冲击试验结果

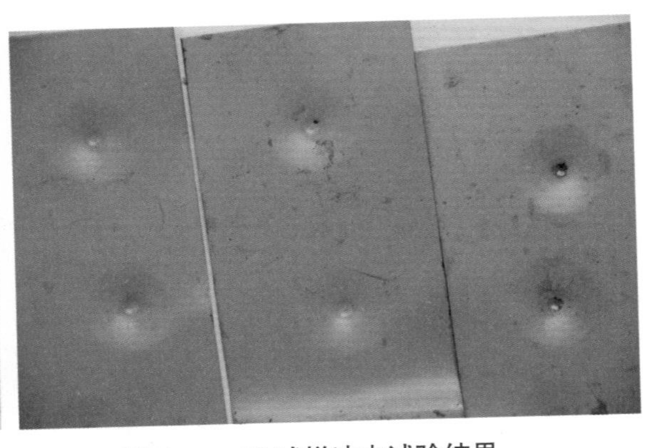

彩图 78　C2 试样冲击试验结果

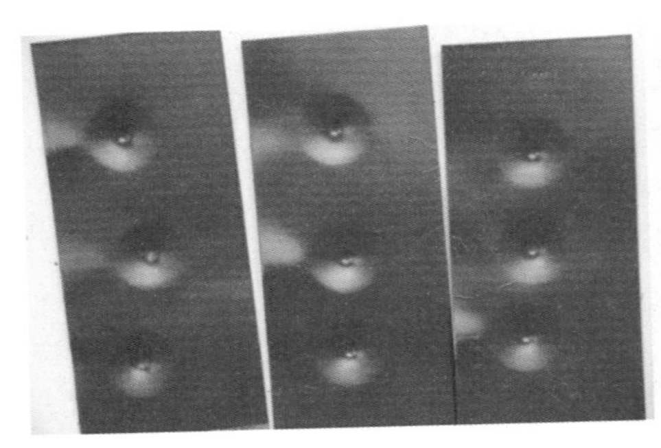

彩图 79　C3 试样冲击试验结果

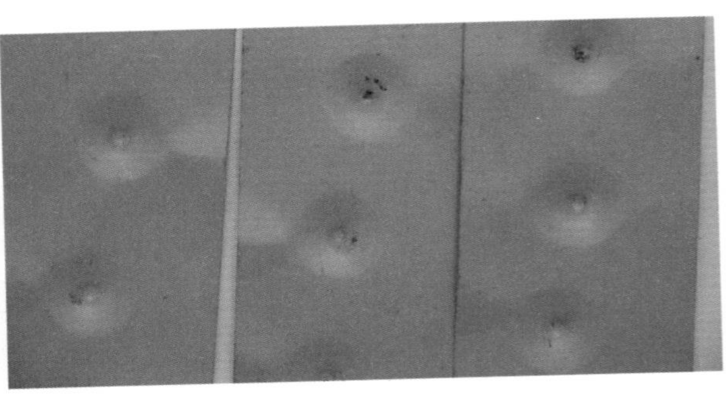

彩图 80　C4 试样冲击试验结果

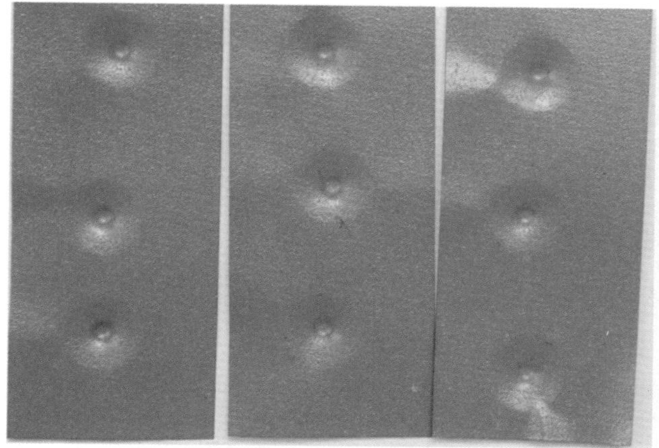

彩图 81 C5 试样冲击试验结果

彩图 82 C1 试样耐磨性试验照片

彩图 83 C2 试样耐磨性试验照片

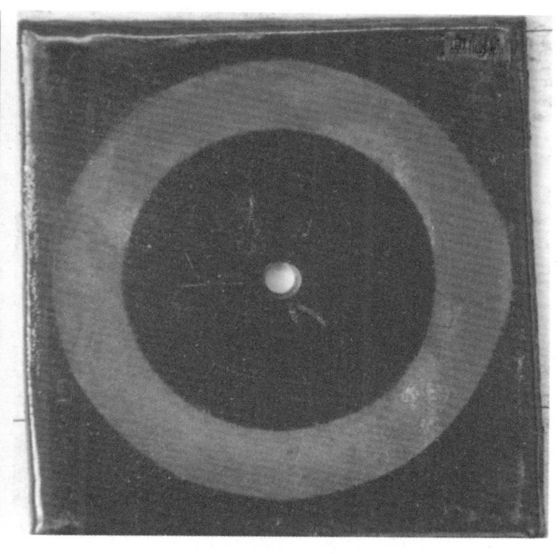

彩图 84 C3 试样耐磨性试验照片

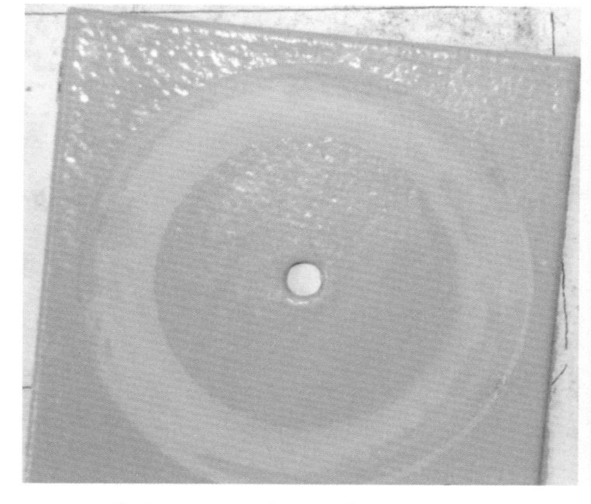

彩图 85 C4 试样耐磨性试验照片

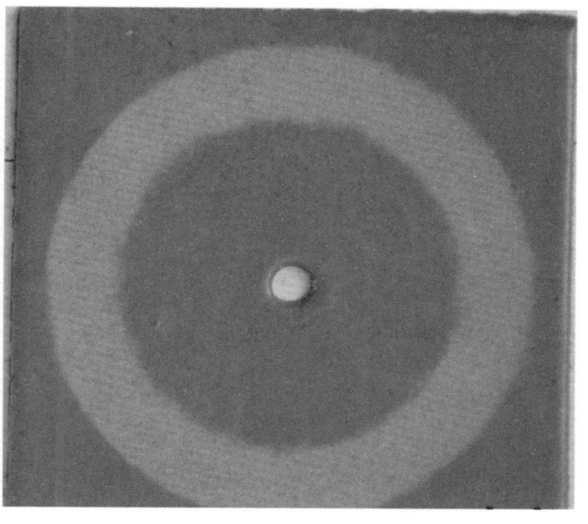

彩图 86 C5 试样耐磨性试验照片

彩图 87　C1 试样柔韧性试验正面

彩图 88　C1 试样柔韧性试验背面

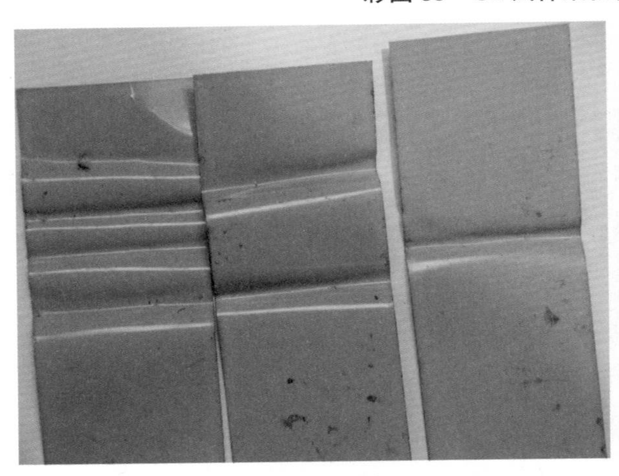

彩图 89　C2 试样柔韧性试验

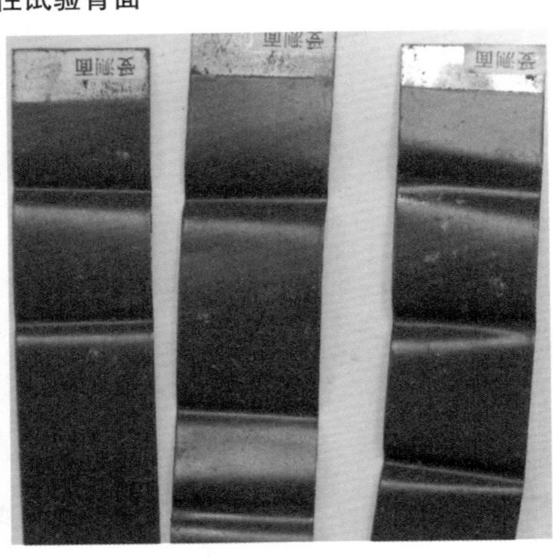

彩图 90　C3 试样柔韧性试验

彩图 91　C4 试样柔韧性试验

彩图 92　C5 试样柔韧性试验

彩图 93　C1 试样耐海水浸泡试验

彩图 94　C2 试样耐海水浸泡试验

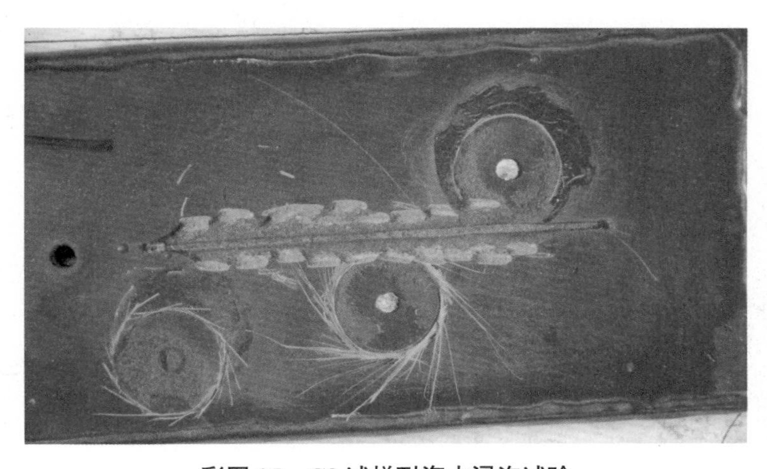

彩图 95　C3 试样耐海水浸泡试验

彩图 96　C4 试样耐海水浸泡试验

彩图 97　C5 试样耐海水浸泡试验

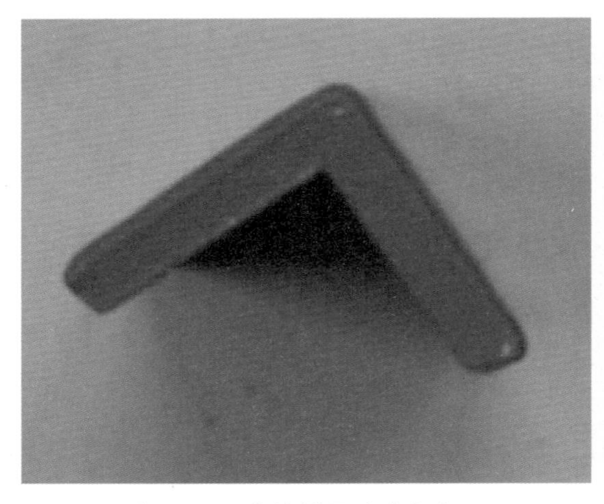

彩图 98　合格样品（直角）

彩图 99　不合格样品（圆弧过渡）

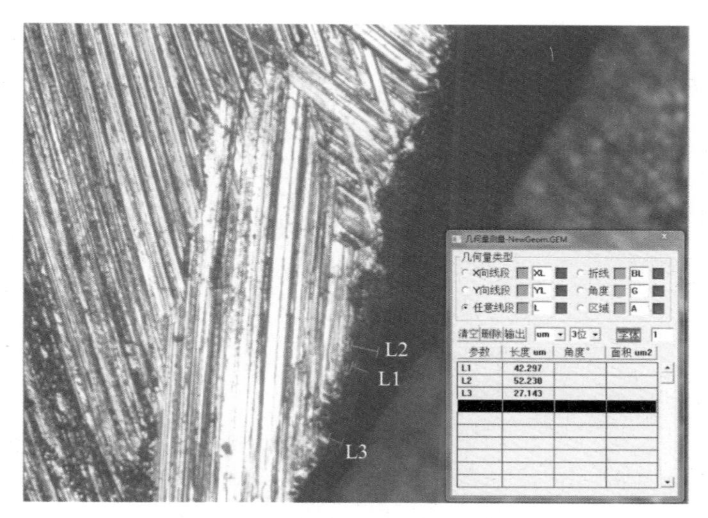

彩图 100　**C1** 试样圆弧过渡不符合要求

彩图 101　**C2** 试样边缘保持性试样代表性照片

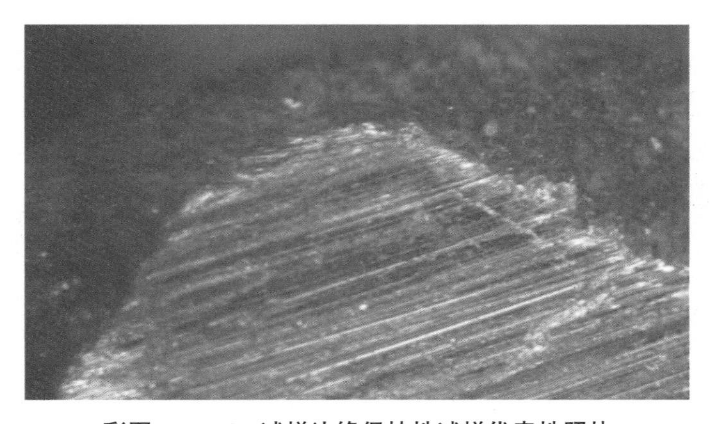

彩图 102　**C3** 试样边缘保持性试样代表性照片

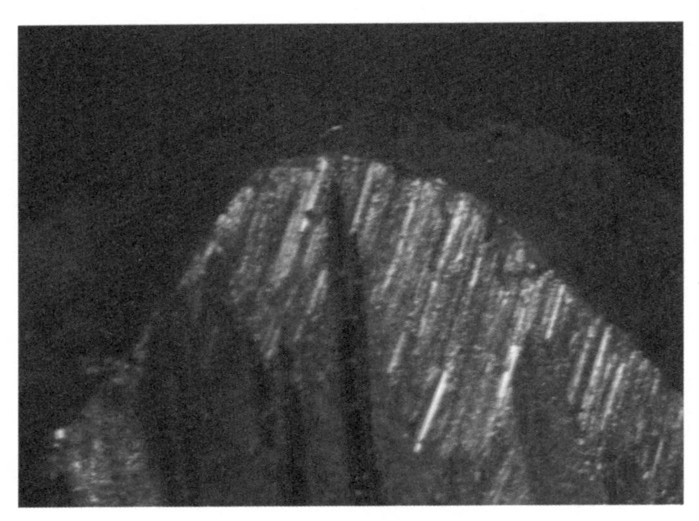

彩图 **103**　**C4** 试样边缘保持性试样代表性照片

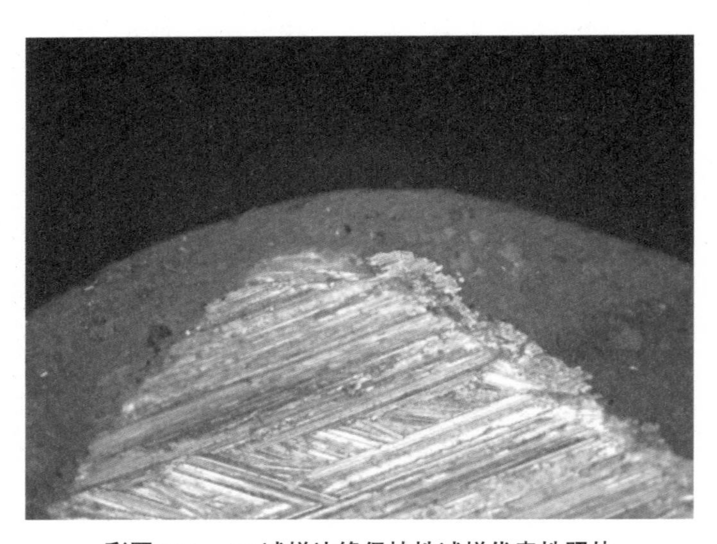

彩图 **104**　**C5** 试样边缘保持性试样代表性照片

第 1 天	第 2 天	第 3 天	第 4 天	第 5 天	第 6 天	第 7 天
UV/ 冷凝—ISO 11507			盐雾试验—ISO 7253			低温暴露（−20±2）℃

彩图 **105**　人工循环老化试验单个循环程序

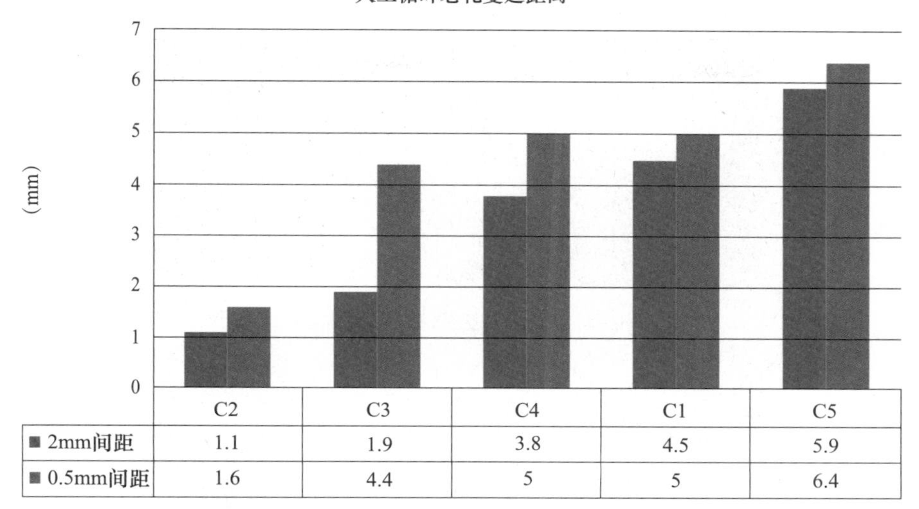

	C2	C3	C4	C1	C5
■ 2mm间距	1.1	1.9	3.8	4.5	5.9
■ 0.5mm间距	1.6	4.4	5	5	6.4

彩图 106 五种涂层循环老化蔓延距离计算结果

彩图 107 五种涂层局部位置胶带法粉化结果

彩图 108 **C1** 涂层人工循环试验蔓延距离照片

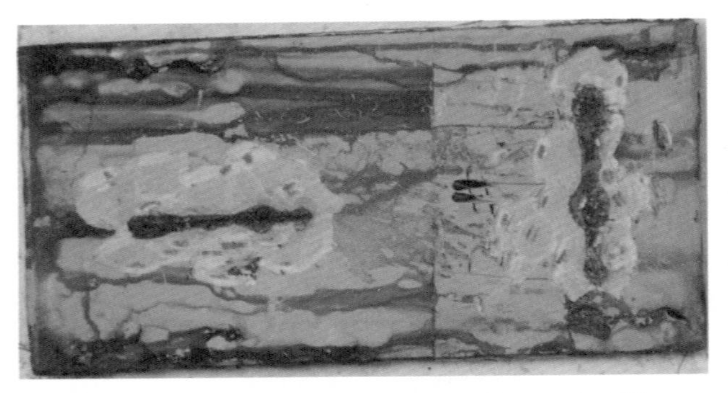

彩图 109　C2 涂层人工循环试验蔓延距离照片

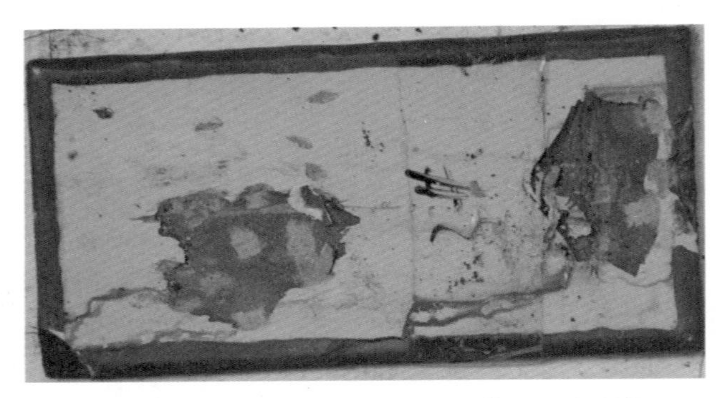

彩图 110　C3 涂层人工循环试验蔓延距离照片

彩图 111　C4 涂层人工循环试验蔓延距离照片

彩图 112　C5 涂层人工循环试验蔓延距离照片

彩图 113　C1 试样阴极剥离试验未加牺牲阳极照片

彩图 114　C1 试样阴极剥离试验未加牺牲阳极人造孔扩展距离照片

彩图 115　C1 试样阴极剥离试验试样表面出现起泡照片

彩图 116　C1 试样阴极剥离试验试样表面人造孔划线处涂层翘起扩展照片

彩图 117　C2 试样阴极剥离试验未加牺牲阳极照片

彩图 118　C2 试样阴极剥离试验未加牺牲阳极人造孔扩展距离照片

彩图 119　C2 试样阴极剥离试验加牺牲阳极照片

彩图 120　C2 试样阴极剥离试验试样表面人造孔划线处涂层翘起扩展照片

彩图 121　C3 试样阴极剥离试验未加牺牲阳极照片

彩图 122　C3 试样阴极剥离试验未加牺牲阳极人造孔扩展距离照片

彩图 123　C3 试样阴极剥离试验加牺牲阳极照片

彩图 124　C3 试样阴极剥离试验试样表面人造孔划线处涂层翘起扩展照片

彩图 125　C4 试样阴极剥离试验未加牺牲阳极照片

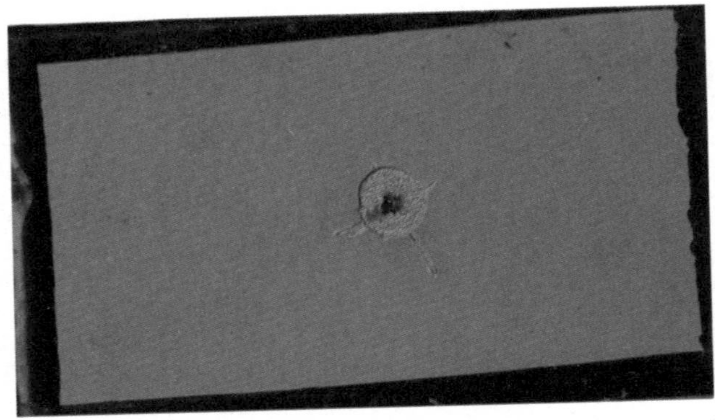

彩图 126　C4 试样阴极剥离试验未加牺牲阳极人造孔扩展距离照片

彩图 127　C5 试样阴极剥离试验加牺牲阳极照片

彩图 128　C5 试样阴极剥离试验试样表面人造孔划线处涂层翘起扩展照片

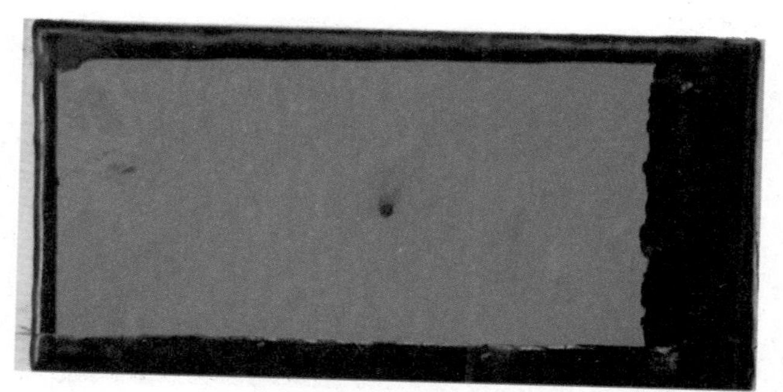

彩图 129　C5 试样阴极剥离试验未加牺牲阳极照片

彩图 130　C5 试样阴极剥离试验未加牺牲阳极人造孔扩展距离照片

彩图 131　C5 试样阴极剥离试验加牺牲阳极照片

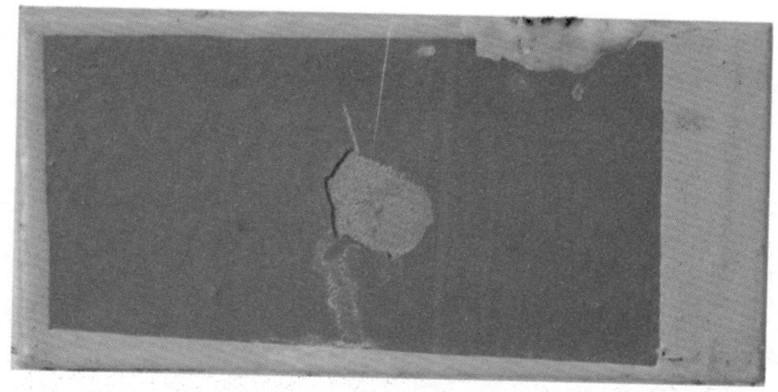

彩图 132　C5 试样阴极剥离试验试样表面人造孔划线处涂层翘起扩展照片

彩图 133　某锚链表层生物污损情况

彩图 134　电解海水防海生物装置

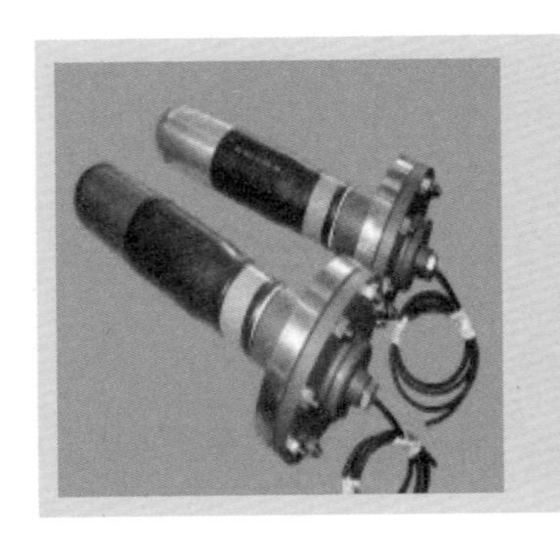
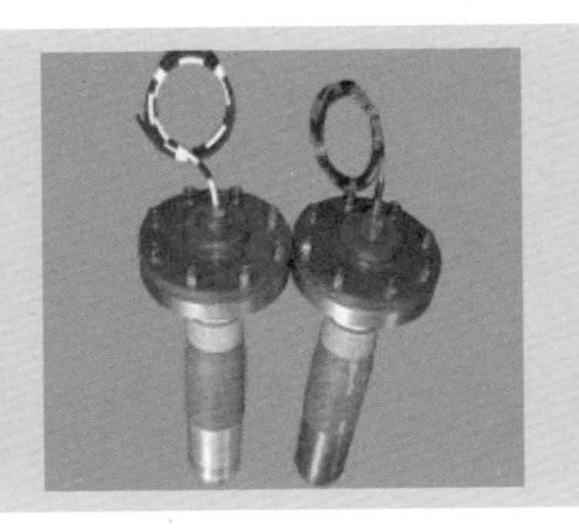
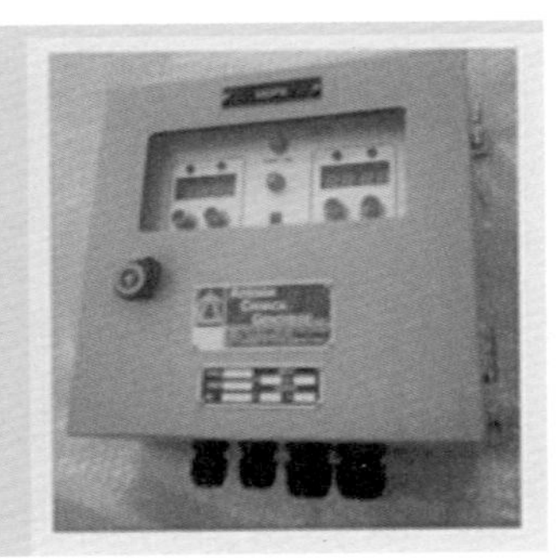

彩图 135　电解重金属防海生物装置

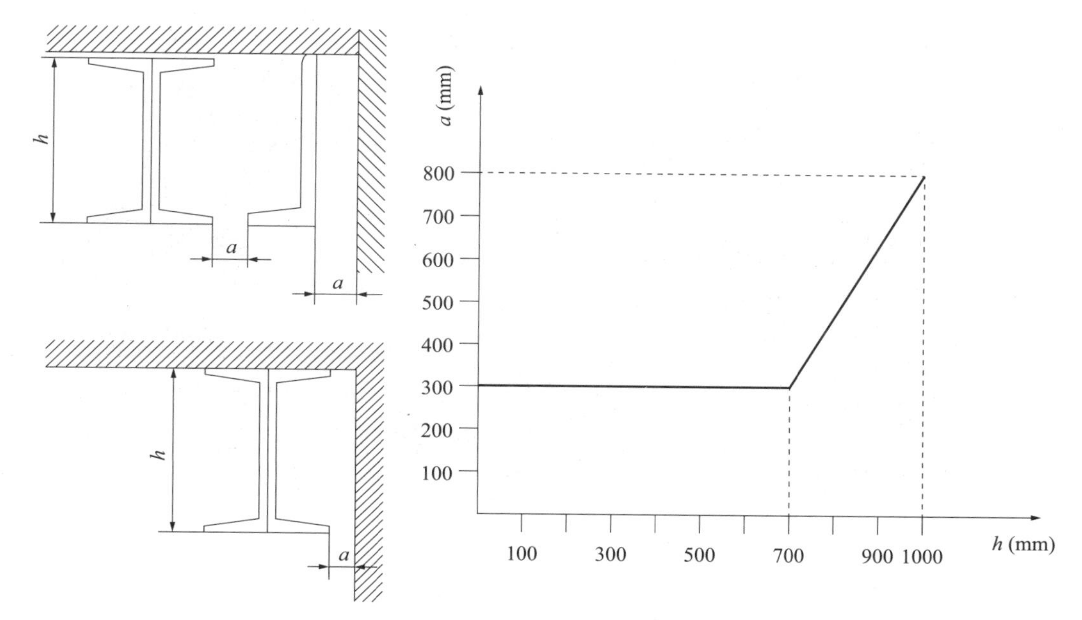

彩图 136　表面间狭窄空间的最小尺寸

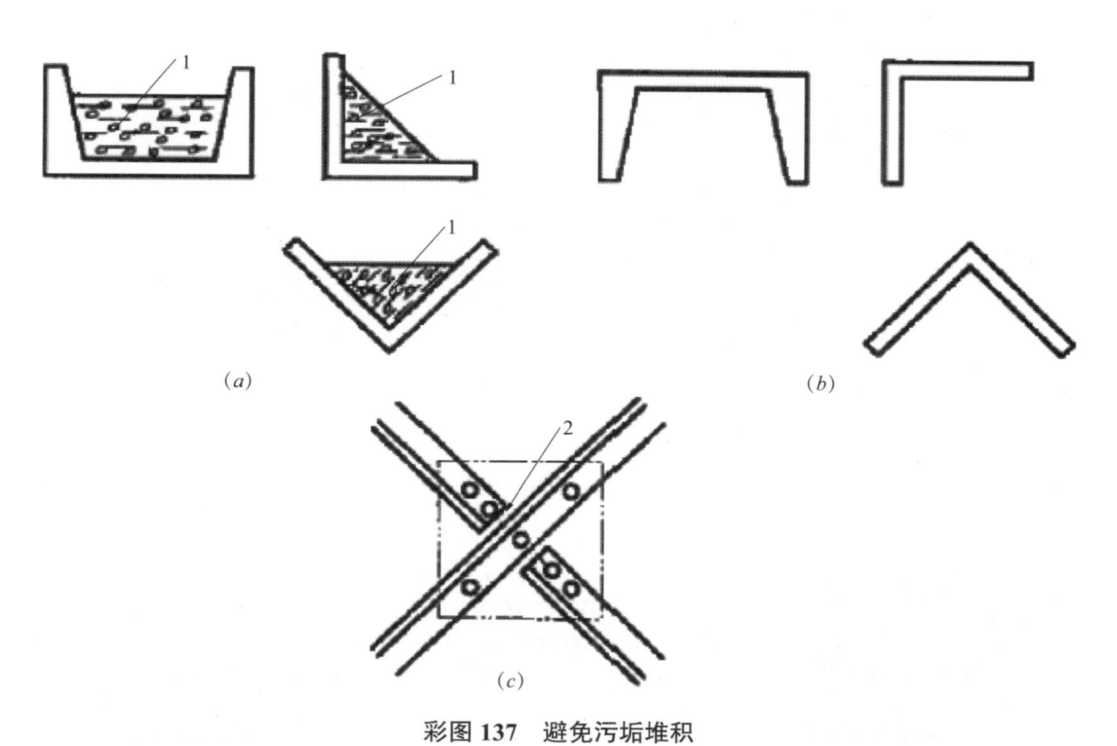

彩图 137　避免污垢堆积

（a）差的设计；（b）好的设计；（c）预留缺口

1—淤泥的泥垢和水；2—预留缺口

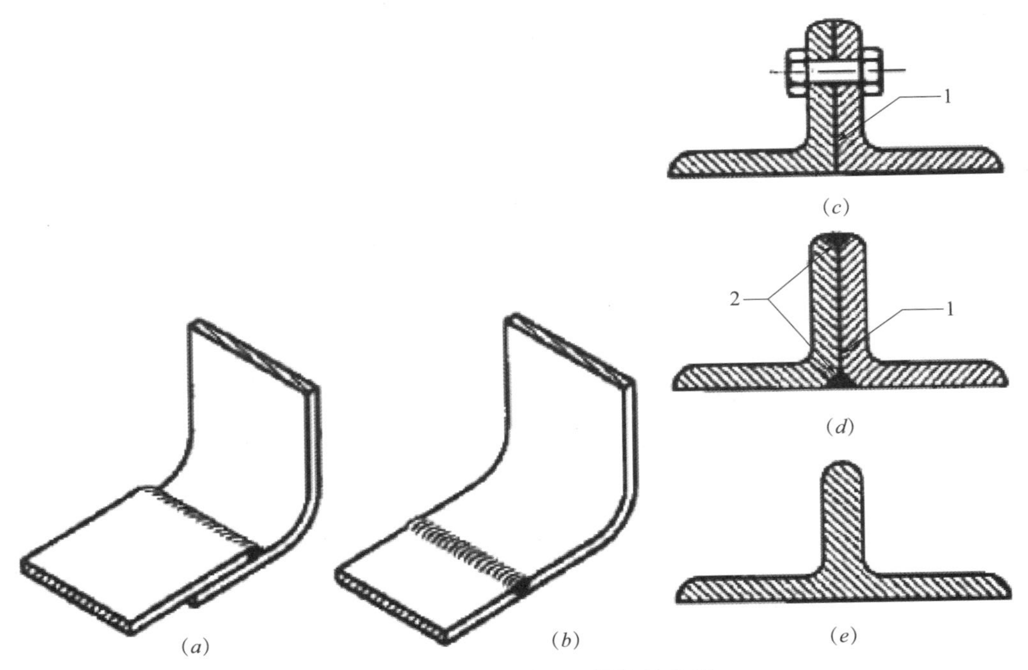

彩图 138　焊接的设计和焊缝的处理

（*a*）难以喷射清理和涂装；（*b*）易于喷射清理和涂装；（*c*）差的设计（狭窄的缝隙难以保护）；（*d*）较好的设计；（*e*）最好的设计（单个部件）

1—裂隙；2—闭合的裂隙

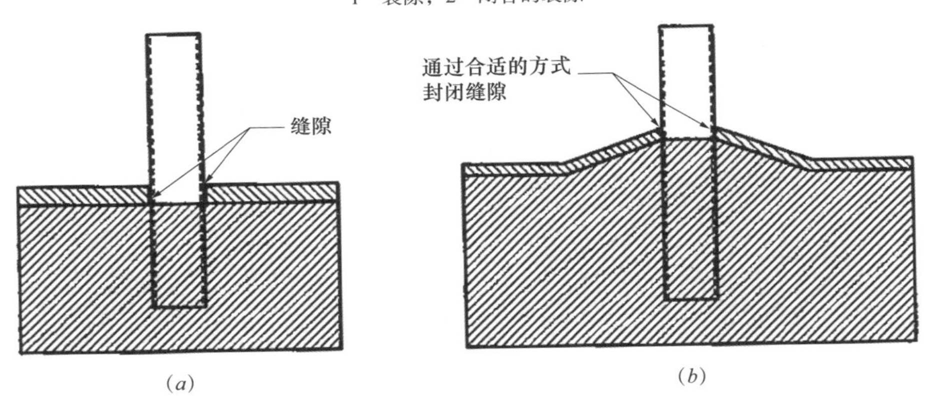

彩图 139　钢材 / 混凝土复合结构防腐

（*a*）易于腐蚀；（*b*）对钢组件涂防护涂料，防护涂层宜延伸至混凝土内大约 5cm

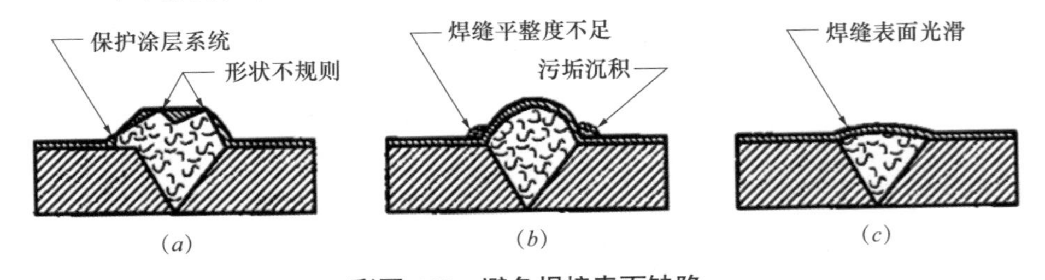

彩图 140　避免焊接表面缺陷

（*a*）较差；（*b*）较好；（*c*）最好

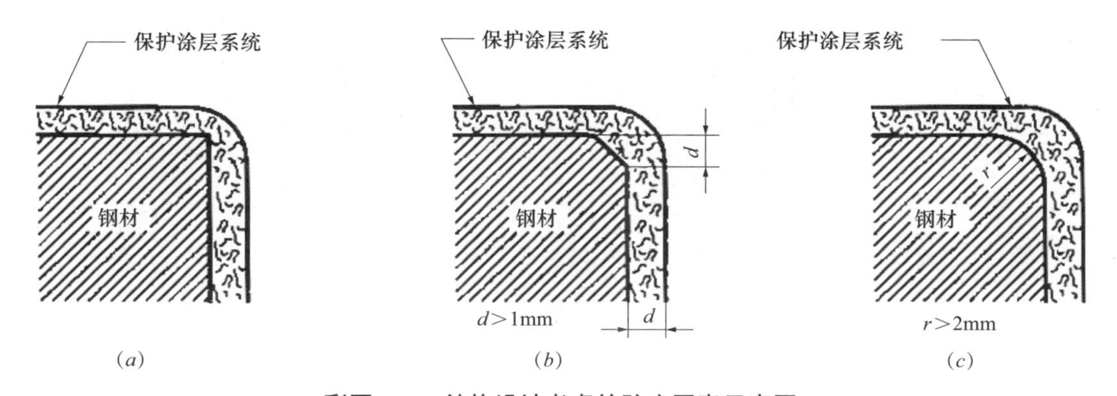

彩图 141　结构设计考虑的防腐因素示意图

(*a*) 尖锐边缘，较差；(*b*) 倒角边缘，稍好；(*c*) 圆形边缘，最好

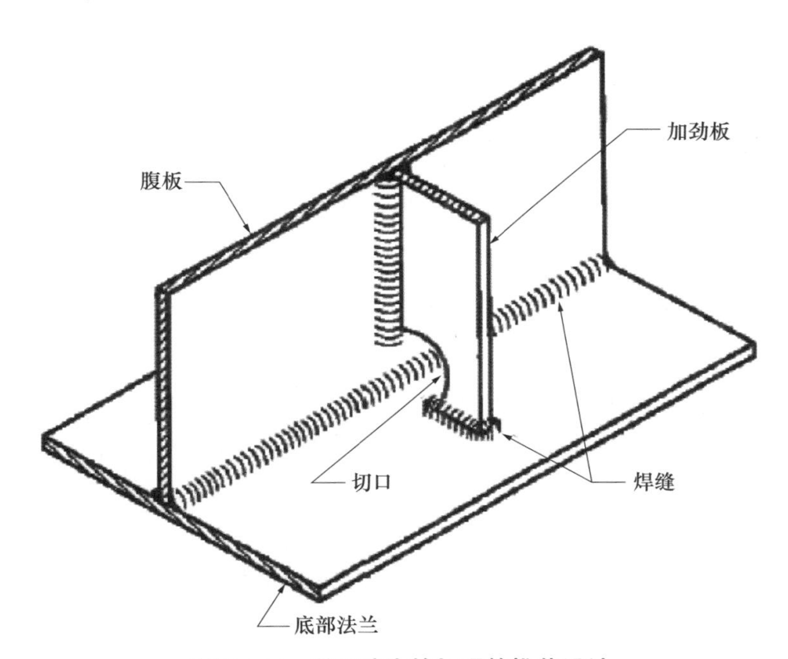

彩图 142　利于防腐的加强筋推荐设计

第 1 天	第 2 天	第 3 天	第 4 天	第 5 天	第 6 天	第 7 天
UV/ 冷凝—ISO 11507 			盐雾试验—ISO 7253 			低温暴露 (−20±2)  ℃

彩图 143　人工循环老化试验每个循环周试验程序

（*a*）

（*b*）

彩图 144　涂料的边缘保持性差异

（*a*）较差的边缘保持性；（*b*）较好的边缘保持性

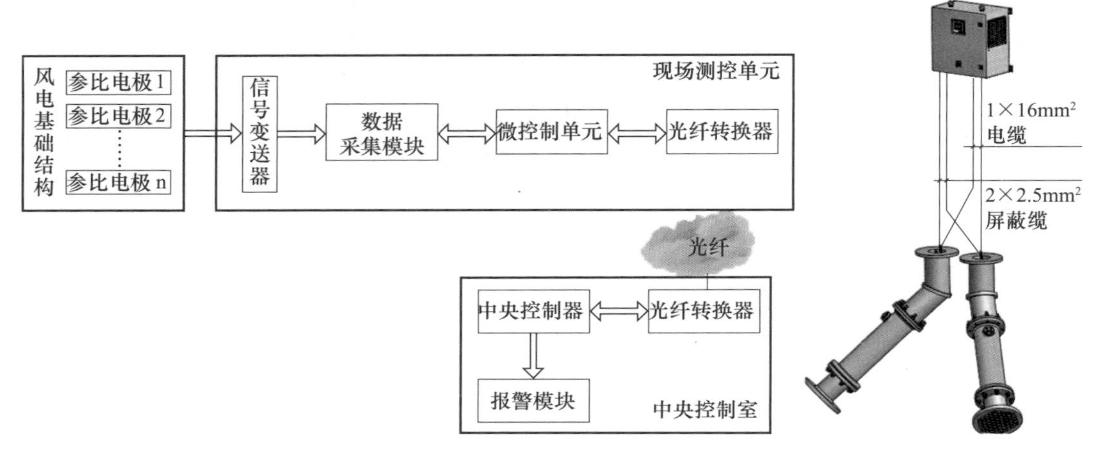

彩图 145　外加电流防腐保护与监测（ICCP）系统

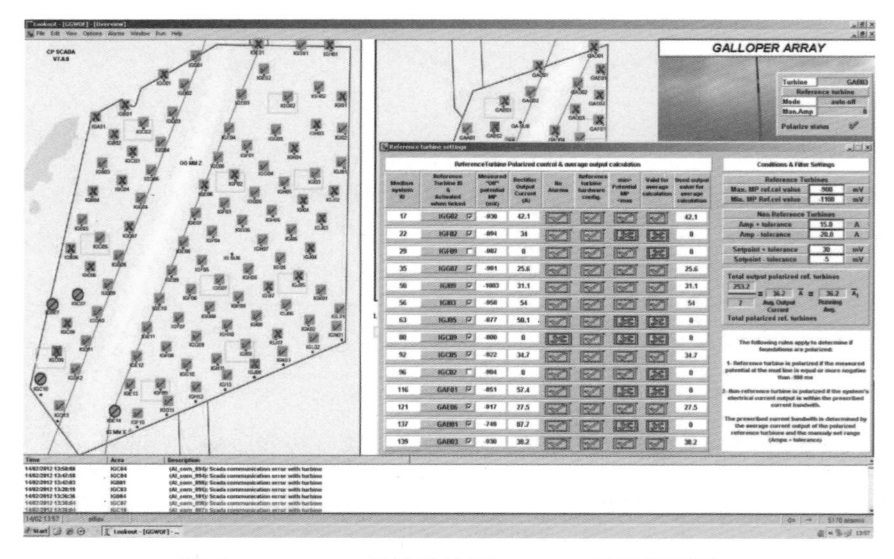

彩图 146　ICCP 系统监检测 SCADA 软件界面图

第1天	第2天	第3天	第4天	第5天	第6天	第7天
UV/冷凝—ISO 11507			盐雾试验—ISO 7253			低温暴露（−20±2）℃

彩图 147　人工循环老化试验每个循环周试验程序

彩图 148　东海跨海大桥钢管桩涂层保护现状

彩图 149　江苏如东潮间带海上风电场运行现状

彩图 **150**　金属热喷锌施工工艺场地

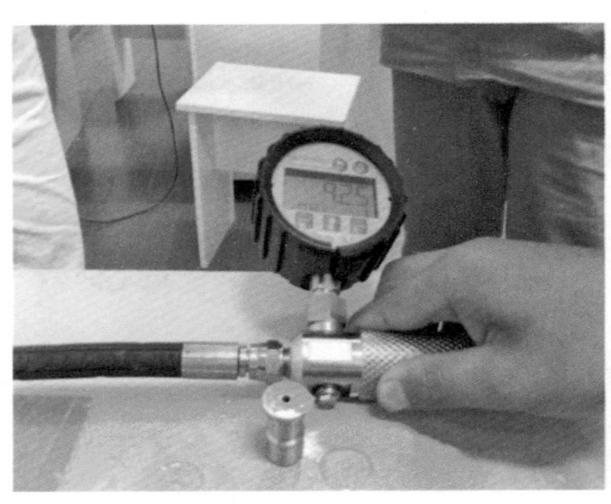

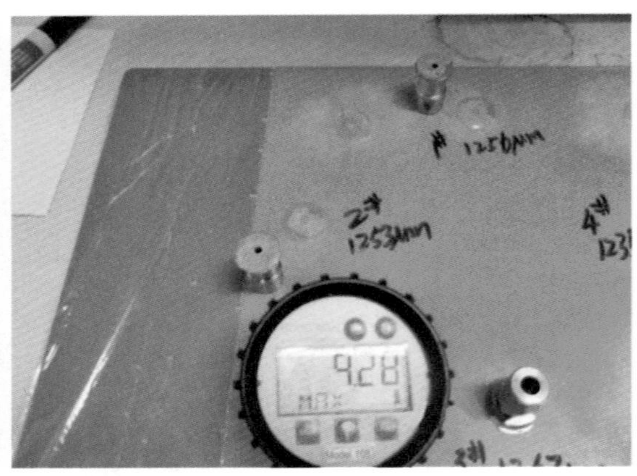

（*a*）　　　　　　　　　　（*b*）

彩图 **151**　热喷锌层与封闭漆附着力测试结果

（*a*）9.25MPa；（*b*）9.28MPa

（*a*）

（*b*）

彩图 152　钢材基体与海工涂料间附着力测试结果

（*a*）附着力试验数据 22.16MPa；（*b*）附着力试验数据 17.8MPa

彩图 153　如东海上风电单桩基础复合包覆防腐应用

彩图 154　风机基础面漆添加辣椒素后防腐应用效果

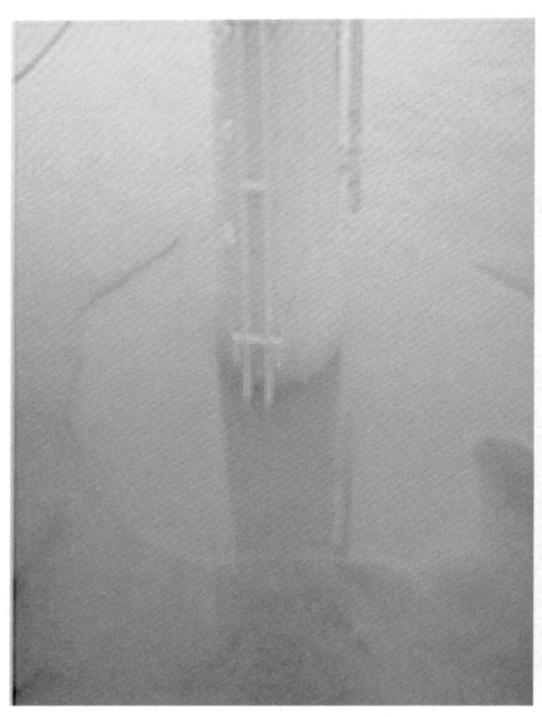

彩图 155　打桩完成时海生物暂未生长

彩图 156　风机基础施工后约 1 个月海生物生长情况

彩图 157　风机基础 ICCP 系统通电投入使用时海生物生长情况

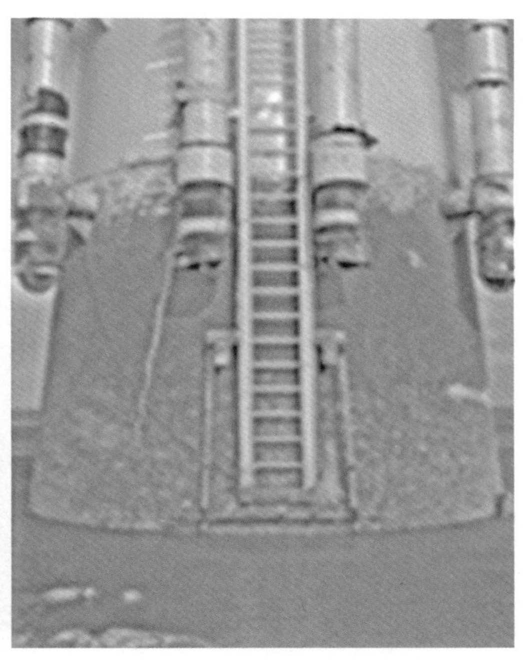

彩图 158　风机基础 ICCP 系统运行约 1 个月时海生物生长情况

彩图 159　ICCP 系统运行后约 1.5 个月时海生物生长情况